建筑与市政工程施工现场专业人员职业标准培训教材

试验员岗位知识与专业技能

本书编委会 编

中国建筑工业出版社

图书在版编目（CIP）数据

试验员岗位知识与专业技能/本书编委会编. —北京：
中国建筑工业出版社，2016.4
建筑与市政工程施工现场专业人员职业标准培训教材
ISBN 978-7-112-19296-0

Ⅰ.①试…　Ⅱ.①本…　Ⅲ.①建筑材料-材料试验-职
业培训-教材　Ⅳ.①TU502

中国版本图书馆 CIP 数据核字（2016）第 060959 号

　　本教材是建筑与市政工程施工现场专业人员职业标准培训教材之一。全书分为 6 部分
内容，包括：试验管理相关的法规和标准、试验员岗位概述、施工现场试验室的管理、材
料的进场复检及取样频率、结构检测及现场试验准备、现场试验资料的管理。
　　本教材既可作为试验员职业资格考核培训学习用书，也可供相关职业院校师生参考
使用。

责任编辑：朱首明　李　明　李　阳　周　觅
责任校对：李美娜　党　蕾

建筑与市政工程施工现场专业人员职业标准培训教材
试验员岗位知识与专业技能
本书编委会　编

*

中国建筑工业出版社出版、发行（北京西郊百万庄）
各地新华书店、建筑书店经销
北京科地亚盟排版公司制版
环球东方（北京）印务有限公司印刷

*

开本：787×1092 毫米　1/16　印张：14½　字数：356 千字
2016 年 7 月第一版　　2018 年 1 月第三次印刷
定价：**39.00** 元
ISBN 978 - 7 - 112 - 19296 - 0
（28560）

本书编委会

主　　编：梅进琴　　郭正敏

副主编：杨碧华　　易　侃　　段军朝

主　审：石中林

编　委：安光勇　　傅振昌　　门杰敏　　毛晓晴　　李洪松

前　言

随着建筑工程施工现场的规范化，现场试验检测工作越来越重要，因此，提高施工现场试验人员的职业标准更是迫在眉睫。

本书按照岗位知识和专业技能两部分编写。内容包括试验管理相关的法规和标准、试验员岗位概述、施工现场试验室的管理、材料的进场复检及取样频率、结构检测及现场试验准备、现场试验资料的管理。

本书以建筑与市政工程施工项目现场试验管理为主线，较完整的提供了现场施工所涉及的工程材料的技术信息及取样频率，并阐述了工程结构检测时，施工现场所需做好的前期准备工作，以及一些检测内容必须由现场试验人员进行检测的详细试验步骤。本书除用于培训外，还可作为一本便捷实用的现场试验管理工作手册。

本书编写分工如下：试验管理相关的法规和标准、材料的进场复检及取样频率、现场试验资料的管理由郭正敏、杨碧华、易侃编写；试验员岗位概述和施工现场试验室的管理由段军朝、安光勇编写；结构检测及现场试验准备由傅振昌、门杰敏、毛晓晴、李洪松编写。本书在编写中引用最新的国家技术标准，同时也参考一些相关资料，在此向有关作者致以衷心的感谢！

推行施工现场专业人员职业标准和考核评价机制，对加强建设工程项目管理、提高施工现场专业人员素质、规范施工管理行为、保证施工项目的质量和安全具有重要的意义，同时也必将推进各施工企业和一线的技术管理人员在实践中的管理创新。诚挚希望本书的读者和各地培训单位在使用中提出宝贵意见，以便及时修订。

由于编写时间仓促，加之编者水平有限，书中难免存在缺点和错误，敬请广大读者和专家学者批评指正。

目　　录

一、试验管理相关的法规和标准

（一）试验管理的相关法规

1. 规范试验管理的有关规定

（1）《中华人民共和国建筑法》（以下简称《建筑法》）

第五十九条

建筑施工企业必须按照工程设计要求、施工技术标准和合同的约定，对建筑材料、建筑构配件和设备进行检验，不合格的不得使用。

（2）《建设工程质量管理条例》

1）第十四条

按照合同约定，由建设单位采购建筑材料、建筑构配件和设备的，建设单位应当保证建筑材料、建筑构配件和设备符合设计文件和合同要求。

建设单位不得明示或者暗示施工单位使用不合格的建筑材料、建筑构配件和设备。

2）第三十一条

施工人员对涉及结构安全的试块、试件以及有关材料，应当在建设单位或者工程监理单位监督下现场取样，并送具有相应资质等级的质量检测机构进行检测。

（3）《中华人民共和国环境保护法》

1）第四十二条

排放污染物的企业事业单位和其他生产经营者，应当采取措施，防止在生产建设或者其他活动中产生的废气、废水、废渣、医疗废物、粉尘、恶臭气体、放射性物质以及噪声、振动、光辐射、电磁辐射等对环境的污染和危害。

排放污染物的企业事业单位，应当建立环境保护责任制度，明确单位负责人和相关人员的责任。

重点排污单位应当按照国家有关规定和监测规范安装使用监测设备，保证监测设备正常运行，保存原始监测记录。

严禁通过暗管、渗井、渗坑、灌注或者篡改、伪造监测数据，或者不正常运行防治污染设施等逃避监管的方式违法排放污染物。

2）第四十六条

国家对严重污染环境的工艺、设备和产品实行淘汰制度。任何单位和个人不得生产、销售或者转移、使用严重污染环境的工艺、设备和产品。

禁止引进不符合我国环境保护规定的技术、设备、材料和产品。

（4）《建设工程质量检测管理办法》

1）第四条

检测机构是具有独立法人资格的中介机构。检测机构从事本办法附件一规定的质量检测业务，应当依据本办法取得相应的资质证书。

检测机构资质按照其承担的检测业务内容分为专项检测机构资质和见证取样检测机构资质。

检测机构未取得相应的资质证书，不得承担本办法规定的质量检测业务。

2）第十三条

质量检测试样的取样应当严格执行有关工程建设标准和国家有关规定，在建设单位或者工程监理单位监督下现场取样。提供质量检测试样的单位和个人，应当对试样的真实性负责。

3）第十四条

检测机构完成检测业务后，应当及时出具检测报告。检测报告经检测人员签字、检测机构法定代表人或者其授权的签字人签署，并加盖检测机构公章或者检测专用章后方可生效。检测报告经建设单位或者工程监理单位确认后，由施工单位归档。

见证取样检测的检测报告中应当注明见证人单位及姓名。

4）第十五条

任何单位和个人不得明示或者暗示检测机构出具虚假检测报告，不得篡改或者伪造检测报告。

（5）《实施工程建设强制性标准监督规定》

1）第五条

工程建设中拟采用的新技术、新工艺、新材料，不符合现行强制性标准规定的，应当由拟采用单位提请建设单位组织专题技术论证，报批准标准的建设行政主管部门或者国务院有关主管部门审定。

工程建设中采用国际标准或者国外标准，现行强制性标准未作规定的，建设单位应当向国务院建设行政主管部门或者国务院有关行政主管部门备案。

2）第十条

强制性标准监督检查的内容包括：

① 有关工程技术人员是否熟悉、掌握强制性标准。

② 工程项目的规划、勘察、设计、施工、验收等是否符合强制性标准的规定。

③ 工程项目采用的材料、设备是否符合强制性标准的规定。

④ 工程项目的安全、质量是否符合强制性标准的规定。

⑤ 工程中采用的导则、指南、手册、计算机软件的内容是否符合强制性标准的规定。

2. 确保试验检测的相关规定

（1）《建筑法》

第五十六条

建筑工程的勘察、设计单位必须对其勘察、设计的质量负责。勘察、设计文件应当符合有关法律、行政法规的规定和建筑工程质量、安全标准、建筑工程勘察、设计技术规范以及合同的约定。设计文件选用的建筑材料、建筑构配件和设备，应当注明其规格、型号、性能等技术指标，其质量要求必须符合国家规定的标准。

（2）《建设工程质量管理条例》

1）第二十九条

施工单位必须按照工程设计要求、施工技术标准和合同约定，对建筑材料、建筑构配件、设备和商品混凝土进行检验，检验应当有书面记录和专人签字；未经检验或者检验不合格的，不得使用。

2）第三十一条

施工人员对涉及结构安全的试块、试件以及有关材料，应当在建设单位或者工程监理单位监督下现场取样，并送具有相应资质等级的质量检测机构进行检测。

3）第三十七条

工程监理单位应当选派具备相应资格的总监理工程师和监理工程师进驻施工现场。

未经监理工程师签字，建筑材料、建筑构配件和设备不得在工程上使用或者安装，施工单位不得进行下一道工序的施工。未经总监理工程师签字，建设单位不拨付工程款，不进行竣工验收。

（3）《中华人民共和国产品质量法》

1）第二十一条

产品质量检验机构、认证机构必须依法按照有关标准，客观、公正地出具检验结果或者认证证明。

产品质量认证机构应当依照国家规定对准许使用认证标志的产品进行认证后的跟踪检查；对不符合认证标准而使用认证标志的，要求其改正；情节严重的，取消其使用认证标志的资格。

2）第二十七条

产品或者其包装上的标识必须真实，并符合下列要求：

① 有产品质量检验合格证明。

② 有中文标明的产品名称、生产厂厂名和厂址。

③ 根据产品的特点和使用要求，需要标明产品规格、等级、所含主要成分的名称和含量的，用中文相应予以标明；需要事先让消费者知晓的，应当在外包装上标明，或者预先向消费者提供有关资料。

④ 限期使用的产品，应当在显著位置清晰地标明生产日期和安全使用期或者失效日期。

⑤ 使用不当，容易造成产品本身损坏或者可能危及人身、财产安全的产品，应当有警示标志或者中文警示说明。

裸装的食品和其他根据产品的特点难以附加标识的裸装产品，可以不附加产品标识。

3）第五十七条

产品质量检验机构、认证机构伪造检验结果或者出具虚假证明的，责令改正，对单位处五万元以上十万元以下的罚款，对直接负责的主管人员和其他直接责任人员处一万元以上五万元以下的罚款；有违法所得的，并处没收违法所得；情节严重的，取消其检验资格、认证资格；构成犯罪的，依法追究刑事责任。产品质量检验机构、认证机构出具的检验结果或者证明不实，造成损失的，应当承担相应的赔偿责任；造成重大损失的，撤销其检验资格、认证资格。

产品质量认证机构违反本法第二十一条第二款的规定，对不符合认证标准而使用认证标志的产品，未依法要求其改正或者取消其使用认证标志资格的，对因产品不符合认证标准给消费者造成的损失，与产品的生产者、销售者承担连带责任；情节严重的，撤销其认证资格。

（二）试验的技术标准

1. 技术标准和体系框架

试验检测必须依据国家和地方的法律、法规，以及设计文件的规定对建设工程的材料和设备性能、施工质量及使用功能等技术标准进行测试。

根据《中华人民共和国标准化法》的规定，我国的标准分为国家标准、行业标准、地方标准、企业标准四级，并将标准分为强制性标准和推荐性标准两类。

国际标准由国际标准化组织（ISO）理事会审查，ISO理事会接纳国际标准并由中央秘书处颁布。国际标准在世界范围内统一使用。

2. 常用技术标准的有关规定

（1）国家标准是指由国家标准化主管机构批准发布，对全国经济、技术发展有重大意义，且在全国范围内统一的标准，是全国范围内统一的技术要求，各有关行业必须执行。法律对国家标准的制定另有规定的，依照法律的规定执行。强制性国家标准代号为GB；推荐性国家标准GB/T（"T"是推荐的意思）。

（2）行业标准是指由我国各主管部、委（局）批准发布，在该部门范围内统一使用的标准。与工程建设相关的强制性行业标准有：

1）工程建设的质量、安全、卫生行业标准；

2）重要的涉及技术衔接的技术术语、符号、代号（含代码）、文件格式和制图方法行业标准；

3）行业范围内需要控制的产品通用试验方法、检验方法和重要的工农业产品行业标准。

推荐性行业标准的代号是在强制性行业标准代号后面加"/T"，如：住房和城乡建设部JGJ/T，就是工程建设推荐性标准。

（3）地方标准是指对没有国家标准和行业标准，而又需要在省、自治区、直辖市范围内统一技术要求所制定的标准；地方标准由省、自治区、直辖市标准化行政主管部门制定，并报国务院标准化行政主管部门和国务院有关行政主管部门备案，在公布国家标准或者行业标准之后，该地方标准即应废止。地方标准编号由四部分组成："DB（地方标准代号)"＋"省、自治区、直辖市行政区代码前两位"＋"／"＋"顺序号"－"年号",例如:DB 11/ 883—2012《建筑弱电工程施工及验收规范》。

(4) 企业标准是对企业范围内需要协调、统一的技术要求、管理要求和工作要求所制定的标准。企业标准一般以"Q"开头。

二、试验员岗位概述

根据《建设工程质量检测管理办法》及《建筑施工企业试验室管理规定》的要求，成立检测试验机构，其人员配置应满足检测机构的资质要求。从事试验检测工作的试验员应熟悉相关规定与技术要求，必须经培训合格后执证上岗。试验检测机构应对试验员进行必要的继续教育和培训，以提高试验员的总体水平。

（一）施工现场试验员的职责范围

1. 工程项目试验检测

根据 2000 年 9 月 26 日建设部发布的《房屋建筑工程和市政基础设施工程实行见证取样和送检的规定》的要求"第三条　本规定所称见证取样和送检是指在建设单位或工程监理单位人员的见证下，由施工单位的现场试验人员对工程中涉及结构安全的试块、试件和材料在现场取样，并送至经过省级以上建设行政主管部门对其资质认可和质量技术监督部门对其计量认证的质量检测机构（以下简称'检测机构'）进行检测。"可知，为房屋建筑工程和市政基础设施工程提供检测服务的有相应资质的检测机构是为社会中介机构。承担建筑工程施工试验任务的检测机构应符合下列规定：

（1）检测机构的资质必须符合行政法规、国家现行标准或合同要求，并在技术能力和资质规定范围内开展检测工作。

（2）检测机构应建立完善的管理体系，并增强纠错能力和持续改进能力。

（3）对检测试验结果有争议时，应委托共同认可的具备相应资质的检测机构重新检测；

（4）检测机构的检测试验能力应与其所承接检测试验项目相适应。

2. 建立工地试验站

单位工程建筑面积超过 10000m² 或造价超过 1000 万元人民币时，可设立现场试验站。

（1）现场试验人员应掌握相关标准，并经过培训、考核，取得取样员证及试验员证，持证上岗。

（2）现场试验站的基本条件应根据项目试验要求配备如操作间（面积不宜小于 15m²）、标准养护室或养护箱或养护池（温、湿度应符合规范要求）、试模、环刀、坍落度筒、温度计、湿度计等。

3. 工地试验员的职责范围

（1）严格按照国家、地方政府的有关工程建筑材料检验检测的法律法规、规章制度等，建立"工程项目部建材检验检测制度"。

（2）在项目技术负责人的领导下，认真贯彻国家有关法规、标准、规范、规程和公司各项质量、检测试验管理制度，根据规范标准及设计图纸要求，编制工地的检测试验计划，及时报验监理审批。认真实施项目的建筑材料等取样送检工作。

（3）工程开工前，按照监理、业主要求，根据国家行业标准，建立现场的养护室，并配备基本的检测试验工具，形成台账，并做好定期标定。

（4）根据工程所需的建筑材料及工程检测试验计划，按照国家标准、规范、规程规定的原材批量要求及取样方法，对现场的建筑材料及时取样送检。在接到物资部门的取样通知后，及时报请驻现场的见证员，在监理见证员的监督下（理论上见证试验应不小于试验总量的30％），按照规范要求和试验标准要求的取样方法、数量进行取样，形成见证记录，双方签字盖章确认，将样品送到具有相应资质的试验检测机构进行相关指标的检测，并及时取回检验报告报验监理。

（5）根据工程进度，提前委托有相应资质的机构做好各类配合比试验，并及时报验监理审批。

（6）建立项目检验及试验设备台账，对设备进行日常的维护、保养，按照规定的鉴定周期进行检验试验设备的校验（主要是养护控制设备）。

（7）对现场的对焊、电渣压力焊等焊接件进行取样送检，检验合格后方可及时通知成批焊接，并按时间、部位作好记录。

（8）混凝土、砂浆搅拌前，应到搅拌站抽检原材料。

（9）按照规范要求的数量、方法对现场混凝土和砂浆在浇筑、使用地点进行取样，按规范要求制作试件，并按要求养护、保管，同时作好坍落度、温度、稠度等测量，并作好记录。

（10）每次检验完毕后，及时将试验结果通知施工现场各部门，并报送到监理方审批、存档。经检验不合格的材料及时通知相关人员禁止使用，避免给工程造成工期延误或经济损失。

（11）对项目的检验、试验资料要及时进行收集、整理、归档，防止资料丢失。

（12）完成领导临时交办的其他任务。

（二）施工现场试验员的职业道德

1. 职业道德的概念及遵循原则

（1）职业道德的概念

职业道德是指人们在职业生活中应遵循的基本道德，即一般社会道德在职业生活中的具体体现，是职业品德、职业纪律、专业胜任能力及职业责任等的总称，属于自律范围，它通过公约、守则等对职业生活中的某些方面加以规范。

职业道德既是本行业人员在职业活动中的行为规范，又是人们在从事职业活动中必须遵从的最低道德底线和行业规范，更是行业对社会所负的道德责任和义务。

（2）职业道德的遵循原则

职业道德的基本原则是国家利益、集体利益、个人利益相结合的集体主义。因此加强职业道德建设是社会主义物质文明和精神文明建设的重要内容，是提高职工整体素质，建设有理想、有道德、有文化、有纪律职工队伍的内在要求，是纠正社会不正之风的重要措施之一。

现场试验员的职业道德应遵循以下几个原则：忠于职守，依法行事，实事求是，不弄虚作假，严守秘密，服务项目。

2. 施工现场试验员职业道德内容

根据《房屋建筑和市政基础设施工程质量检测技术管理规范》GB 50618—2011 要求：施工方要对检测试件取样的规范性、真实性负责。这就要求了现场试验人员应遵守下面的职业道德：

（1）认真学习，坚决贯彻国家、部门、地方有关文件、政策法令、纪律，严格按照有关标准规范、方法及设计要求进行各项取样工作，对取样的工作质量负全部责任。严格执行业主、监理及项目下发的有关文件和指令，实事求是，依法办事，保持高度的工作责任感和事业心，遵守劳动纪律，工作上必须服从项目领导的安排。

（2）试验人员应恪尽职守、廉洁自律，提高防腐拒变的能力，全心全意服务于工程项目，维护工程项目的利益及良好声誉。

（3）坚持工作原则，忠于职守，秉公办事，不准弄虚作假，坚决抵制"吃、拿、卡、要"腐败、受贿等不良行为的发生。

（4）不泄露工程试验的秘密，当试验数据说明工程质量存在的问题时，应及时向上级汇报；并提出合适的处理意见，决不隐瞒事实真相。

（5）严守参与项目的技术、专利及商情机密。

三、施工现场试验室的管理

为促进建设工程整体质量水平的提高，保证工程试验检测工作的质量，根据建设工程的规模建立施工现场试验室。

1. 现场试验室设施人员的配置及验收

根据《房屋建筑和市政基础设施工程质量检测技术管理规范》GB 50618—2011 规定："见证取样是在见证人员见证下，由取样单位的取样人员，对工程中涉及结构安全的试块、试件和建筑材料在现场取样、制作，并送至有资格的检测机构进行检测的活动。"

（1）对于承担建设工程施工检测试验任务的检测机构，应符合下列要求：

1）应配备满足试验需要的试验人员、仪器设备、设施及相关标准。

2）检测机构的检测试验能力应与其所承接检测试验项目相适应。

3）检测方法应符合国家现行相关标准的规定。

4）检测机构应确保检测数据和检测报告的真实性和准确性。

（2）施工单位根据工程需要在施工现场设置的主要从事试样制取、养护、送检以及对部分检测试验项目进行试验时，可建立现场试验室。现场试验室的配置应满足以下基本条件：

1）应建立健全检测试验管理制度，施工项目技术负责人应组织检查检测试验管理制度的执行情况。

2）根据工程规模和试验工作的需要配备试验员 1～3 人，试验人员应掌握相关标准，并经过技术培训。

3）一般配备的仪器设备包括：天平、台秤、温湿度计、混凝土振动台、试模、坍落度筒、砂浆稠度仪、尺子、环刀等。

4）现场试验室的环境应满足检测试验工作的要求，应配置标准养护室，温湿度应满足规范要求，做好温湿度记录。

（3）承担建设工程施工检测试验任务的检测机构的验收：

1）将检测机构的资质证书、计量认证等表明检测业务范围的证明文件，机械设备标定证书以及人员证书，报送工程监理方审批。

2）监理、业主方共同对检测机构进行实地查看，综合评价检测机构是否符合建设项目的施工检测要求。

2. 现场试验室的工作范围与管理要求

根据《房屋建筑和市政基础设施工程质量检测技术管理规范》GB 50618—2011 规定："工程质量检测机构（简称检测机构）是具有法人资格，并取得建设主管部门颁发的相应资质证书，对社会出具工程质量检测数据或检测结论的机构。"

（1）由于房屋建筑和市政基础设施工程的特殊性，检测样品是由施工单位在见证人员的见证下取样送检到检测机构，在检测机构的检测场所进行试验检测，只有在现场需要进行结构检测时，检测机构应委托到现场进行现场检测工作。所以，检测机构在现场的工作范围主要表现在结构检测时：

1）收集被检测建筑结构的设计图纸、设计变更及施工资料、地勘资料。

2）调查被检测结构现状缺陷、环境条件、使用期间的加固与维修情况和用途，与荷载等变更情况。

3）向有关人员进行调查。

4）进一步明确委托方的检测目的和具体要求，并了解是否已进行过检测。

（2）对于施工单位现场建立的试验站，其工作范围主要包括下面几个方面：

1）建立健全的检测试验管理制度。

2）做好检测试验样品的制取、标识、养护及保护工作。

3）确保提供的检测试验样品具有真实性和代表性，并及时送至检测机构进行检测试验。

4）对于施工工艺参数控制的工作，比如土方和集料的压实度检测。

5）做好取样、试验台账。

（3）由于检测机构工作的特殊性，检测机构在现场管理要求主要表现在以下几个方面：

1）检测人员要到现场进行检测时，首先应提前根据规范要求，准备好试验检测设备，保证设备正常运行；其次根据试验项目，认真了解施工方的委托要求，对不明白的地方及时沟通，以免出现差错。

2）检测人员在现场进行检测时，对检测的结果要及时分析问题，并协助施工方解决问题，为施工方提供技术支持。

（4）对于施工单位现场建立的试验站，现场管理要求主要表现在以下几个方面：

1）建立健全各类试验记录和试验台账，所有资料均要做到准确可靠、字迹清楚、清洁整齐，资料不能随意涂改、抽撤，要统一编号以便查找，防止丢失。

2）配备试验用规范、规程、标准。应及时更换作废版本，保证所有规范、规程、标准为有效版本。

3）现场试验员负责试验资料的建立、收集、整理、分类、归档、汇总统计及上报。

3. 有关见证取样计划和送检制度的规定

（1）见证取样的规定

1）为贯彻《建设工程质量管理条例》，规范房屋建筑工程和市政基础设施工程中涉及结构安全的试块、试件和材料的见证取样和送检工作，保证工程质量，住房和城乡建设部发布了建建［2000］211号《房屋建筑工程和市政基础设施工程实行见证取样和送检的规定》。文件规定，工程建设中的下列试块、试件和材料必须实现见证取样和送检。

① 用于承重结构的混凝土试块。

② 用于承重墙体的砌筑砂浆试块。

③ 用于承重结构的钢筋及连接接头试件。

④ 用于承重墙的砖和混凝土小型砌块。

⑤ 用于拌制混凝土和砌筑砂浆的水泥。

⑥ 用于承重结构的混凝土中的外加剂和掺和料。

⑦ 地下、屋面、厕浴间使用的防水材料。

⑧ 国家规定必须实行见证取样和送检的其他试块、试件和材料。

2）见证取样和送检计划书、见证员授权书、见证记录表、见证取样检测报告应及时归集到工程技术档案和监理资料档案中。

3）代表工程或工程相关部位质量状况，并按国家标准规定的进行见证取样试块（试件），经检测（包括复检）达不到设计及强制性标准要求的，工程或工程相关部位必须返工或进行加工处理后，经检验合格的工程，方可投入使用。经见证取样检测或按国家检测标准的规定进行复检后，经检验合格的工程，方可投入使用。经见证取样检测或按国家检测标准的规定复检后，仍不符合设计及强制性标准的材料、构配件，应采取退货处理。

4）住房和城乡建设部在《房屋见证工程和市政基础设施工程实行见证取样和送检的规定》中指出，凡未按规定实行见证取样和送检的，工程不得验收，建设行政主管部门或其委托的监督机构不予办理工程竣工验收备案手续。

（2）见证取样计划的编制

1）了解工程概况，熟悉图纸。

2）对工程所需的材料、半成品、成品进行分类。

3）根据设计、规范要求，确定工程所需的材料、半成品、成品的抽检频率，制定抽检次数。

4）根据抽检频率、工程的形象进度，编制材料、半成品、成品的见证取样计划。

5）根据实际工程施工进度和材料、半成品的进场次数，再相应地调整见证取样计划。

（3）建设工程见证取样和送检制度

1）见证取样和送检

①《建设工程质量管理条例》第三十一条规定，"施工人员对涉及结构安全的试块、试件以及有关材料，应当在建设单位或者工程监理单位监督下现场取样，并送具有相应资质等级的检测机构进行检测。"这是迄今为止对见证取样和送检最全面、最具权威性的定义。

② 以上定义明确了见证什么，由谁见证，哪些工程项目需要在谁的见证下取样和送检，以及送到哪里、由谁检测的问题。

③《建设工程质量管理条例》所指的施工人员，泛指所有从事工程建设人员。

④ 所有的施工人员应当明确，"对涉及结构安全的试块、试件以及有关材料，要在建设单位或者工程监理单位督促下现场取样，并送具有相应资质等级的检测机构进行检测"，是不能违反的原则。违反了这个原则，没有执行这个规定，对涉及结构安全的试块、试件以及有关材料没有进行见证取样检测，就是违法，就要受到惩罚。

⑤ 违法了见证取样和送检制度，会受到什么样的处罚？《建设工程质量管理条例》第

六十五条作出了规定："违反本条例规定，施工单位未对建筑材料、建筑构配件、设备和商品混凝土进行检验，或者未对涉及结构安全的试块、试件以及有关材料取样检测的，责令改正，处 10 万以上 20 万以下的罚款；情节严重的，责令停业整顿，降低资质等级或者吊销资质证书；造成损失的，依法承担赔偿责任。"

⑥ 是否实行见证取样送检制度，是否进行见证取样送检，是关系到工程质量优劣的大事。建设单位或者受建设单位委托的监理单位没有履行管理职责，不执行见证取样制度，没有履行见证取样送检职责，属于违反了《建设工程质量管理条例》中关于建设（监理）单位不得"明示或者暗示施工单位使用不合格的建筑材料、建筑构配件和设备"、"降低工程质量"的规定，也要受到相应的处罚。

2）见证取样和送检的程序

① 工程开工前，施工单位应依据国家建设标准关于试验检验的规定，结合工程实际情况编制见证取样和送检计划。见证取样和送检计划应经建设单位项目技术负责人或其委托的监理单位项目总监批准，报工程质量监督机构备案。

② 建设单位应向各施工现场委派或委托监理单位向各施工现场委派具备见证取样送检资格的见证人员（见证员），见证工程施工现场试块（试件）和材料的取样和送检。建设单位或监理单位确定见证员后，应向见证员发出"见证人员授权书"。"见证人员授权书"要送达施工单位、检测机构，并向工程质量监督机构备案。

③ 施工单位的试验人员（取样员）应当在见证员的见证下，进行现场取样。见证员要依据"见证取样和送检计划书"的规定，在施工现场对取样和送检进行跟踪见证。完成取样后，见证员应在试块、试件上粘贴标识封样，并填写封样标志上规定填写的内容。试件试样应在见证员的见证下，送至具有相应检测资质的试验室进行检测。

④ 见证员应在取样完成的当日，按规定填写"见证记录"。见证记录应报送项目负责人（建设单位）或项目总监（监理单位），并归集于施工技术档案。

⑤ 见证取样的试块、试件和材料送检时，送检单位应填写"见证取样送检委托单"。"见证取样送检委托单"上，应有见证员和送检人员的签名。检测机构应检查见证取样送检委托单和试样标识封样，确认见证取样送检委托单和标识上填写正确，标识封样完整后，方可进行检测。

⑥ 检测机构应严格按国家检测标准的规定进行检测，及时出具公正、真实、准确的检测报告。检测报告应加盖见证取样检测专用章。

4. 试验室或检测机构应具备的资质条件和业务范围

（1）现场试验室的管理

1）现场检测室的机构建立

① 由检测中心下达建立现场试验室的文件，检测中心主任根据工程项目的要求任命试验室负责人。

② 现场试验室负责人负责制定试验室设施建设方案、仪器设备、人员配置计划等，并报检测中心技术负责人审核，检测中心主任批准后实施。

③ 检测中心主任对现场试验室承担的检测业务、试验室负责人、授权签字人进行授

权，授权业务范围不得超出资质认定范围，授权签字人的批准签字领域应与该项目的要求相适应。

④ 现场试验室是检测中心的派出机构，应严格执行中心本部质量体系文件，必要时，补充作业指导书及操作规程，经中心技术负责人批准后实施。

⑤ 配置的人员必须具有相应的资质证书和岗位授权，必要时应进行专项培训和考核，以满足该项目对试验检测的要求。

⑥ 试验室的设施与环境条件应符合技术标准和中心本部质量体系文件的规定。

⑦ 试验室应根据检测项目的需要，正确配备试验检测设备。

2）现场试验室的工作开展

① 现场试验室应按要求完成项目部标段范围内的试验检测工作，及时提供检测报告。

② 现场试验室的检测工作应不超出授权范围，对于超出授权范围的试验检测项目，应委托具有相应资质的第三方检测机构进行检测。

③ 仪器设备应经计量检定/校准（校验）合格后方能使用，并实行标示管理，保持完好的工作状态。仪器设备台账和周期检定计划应报检测中心核备。

④ 现场试验室应参加检测中心组织的《比对和能力验证计划》，做试验室间比对试验检测，必要时，还可与当地有相应资质的试验检测机构进行比对，以确保试验检测的准确可靠。

⑤ 现场试验室的工作在满足以上规定外，还必须满足业主和监理的其他规定和要求。

3）检测中心本部对现场检测室的管理

① 每年对现场试验室进行质量体系内审不少于1次，其内审覆盖全部要素。对内审中发现的不符合项的整改进行监督和验证。

② 由中心技术负责人每季度组织1次质量监督，对发现的问题帮助制定整改措施，并跟踪验证。

③ 委派检测中心试验室人员不定期对现场检测室进行抽检，通过现场检测室与检测中心的比对试验，评价其检测能力，监督其工作质量。

④ 每年对试验室的工作进行全面考核。

4）当项目完工后，试验室应将所有的试验检测设备、仪器、工具进行清理，与设备仪器台账一并交回检测中心并办理交接手续；将所有的技术标准、工作文件、试验检测记录、报告、台账上交检测中心存档。

（2）第三方检测机构选取程序

1）工程的见证取样计划编制。

2）第三方检测机构资质及业务范围的选取。

3）第三方检测机构服务的评价及选取。

4）第三方检测机构的投标选取。

（3）第三方检测机构应具备的资质条件和业务范围

1）具备的资质条件

检测机构应是独立的法人单位，其组织结构分为内部结构和外部结构。外部结构的设置主要是试验室的上级主管部门，如行业主管部门（如各级住房和城乡建设委员会）、计量认证部门（如省质量技术监督局）及能力认可部门（如中国实验室国家认可委员会）。内部组织结构应根据检测机构的规模大小而定，管理层有经理、技术负责人、检测室主任及综合办公室主任等岗位。

2）业务范围

建筑工程检测试验室应具备的基本检测项目主要包括：

① 水泥、砂、石、轻骨料、外加剂、矿物掺料、防水材料、涂料、管材、陶瓷、建材化学分析、砌墙砖和砌块等检测；

② 钢筋、钢筋焊接（机械连接）力学性能检测；

③ 混凝土力学等性能、抗渗等耐久性能及配合比设计检测；

④ 砂浆性能及配合比设计检测；

⑤ 土工检测（如击实、压实度、含水量、颗粒分析、弯沉、CBR 等）；

⑥ 沥青及沥青混合料检测；

⑦ 超声、回弹等无损检测。

除了以上基本检测项目外，还应具有建筑门窗、室内环境、电气设备、地基与基础、预应力等专项检测，可根据工程需要进行筛选。

四、材料的进场复检及取样频率

（一）材料进场复检的重要性

建筑材料是建筑工程的物质基础，是建筑工程构成实体的组成要素，它的质量好坏直接影响着建筑工程的质量和结构安全，而建筑工程的质量关系着建筑企业能否在竞争激烈的市场中立足，关系到人民的生命财产安全和社会的稳定与繁荣，因此确保建筑材料的合格性，进场复检的工作就必不可少。

（1）通过工程材料的复检，可以优化材料的配合比。在进行配合比设计方面，多做几个满足强度要求的试配方案，通过选用主要材料用量比例小的配合比，达到控制成本的经济方案。

（2）通过必要的复检，可科学判断的原材料及其成品、半成品材料的质量好坏。通过进场复检，对于任何一种材料均可通过其规定性能的相关检验，从而评定其产品是否合格，这对于工程质量是非常重要的。

（二）材料进场复检的程序

为了确保工程质量，所有进场用于工程施工并构成工程实体的原材料、构配件等，均要进行进场复检，复检的程序如下：

（1）做好联合验收工作。在材料、半成品及加工订货进场时，项目物资部协同质检部门，组织质检员、技术员、施工员，按国家规范要求对其进行联合检查验收。检查内容包括：产品的规格、型号、数量、外观质量、产品出厂合格证、准用证以及其他应随产品交付的技术资料是否符合要求。对于设备的进场验证，由项目各专业技术负责人主持。专业工程师进行设备的检查和调试，并填写相关记录。

（2）做好现场取样工作。验收合格后，材料员负责填写原材料/设备进场检验单，通知项目试验员，由项目试验员严格按规定进行，进场的材料、构配件等必须在施工现场进行取样，送往有资质的检测机构试验。同时，做好监理参加的见证取样工作，材料及构配件等复试合格后方可使用。

（3）做好复检反馈工作。在检验过程中发现的不合格材料、设备，由项目试验员书面通知物资部门，按"不合格品"进行处置，报项目技术负责人审批。退货过程由监理全程监督并做好记录。如可进行降级使用或改用作其他用途，由项目技术负责人签署处理意见。复检结果合格，由项目试验人员填写检测回执，反馈物资部门，使其具有可追溯性。

（4）做好报告整理工作。在材料、设备的检验工作完成后，及时将产品合格证、试验报告等按要求报给监理单位，并做好归档工作。

（三）常用建筑及市政工程材料的技术要求

1. 水泥

（1）通用硅酸盐水泥

1）分类：按混合材料的品种和掺量分为硅酸盐水泥、普通硅酸盐水泥、矿渣硅酸盐水泥、火山灰质硅酸盐水泥、粉煤灰硅酸盐水泥和复合硅酸盐水泥。

2）强度等级

① 硅酸盐水泥的强度等级分为 42.5、42.5R、52.5、52.5R、62.5、62.5R 六个等级。

② 普通硅酸盐水泥的强度等级分为 42.5、42.5R、52.5、52.5R 四个等级。

③ 矿渣硅酸盐水泥、火山灰质硅酸盐水泥、粉煤灰硅酸盐水泥、复合硅酸盐水泥的强度等级分为 32.5、32.5R、42.5、42.5R、52.5、52.5R 六个等级。

3）技术要求

① 化学指标

通用硅酸盐水泥的化学指标见表 4-1。

通用硅酸盐水泥的化学指标（%）（GB 175—2007/XG1—2009） 表 4-1

品种	代号	不溶物（质量分数）	烧失量（质量分数）	三氧化硫（质量分数）	氧化镁（质量分数）	氯离子（质量分数）
硅酸盐水泥	P·Ⅰ	≤0.75	≤3.0	≤3.5	≤5.0a	≤6.0c
	P·Ⅱ	≤1.50	≤3.5			
普通硅酸盐水泥	P·O	—	≤5.0			
矿渣硅酸盐水泥	P·S·A	—	—	≤4.0	≤6.0b	
	P·S·B	—	—		—	
火山灰质硅酸盐水泥	P·P	—	—	≤3.5	≤6.0b	
粉煤灰硅酸盐水泥	P·F	—	—			
复合硅酸盐水泥	P·C	—	—			

a 如果水泥压蒸试验合格，则水泥中氧化镁的含量（质量分数）允许放宽至 6.0%。
b 如果水泥中氧化镁的含量（质量分数）大于 6.0%时，需进行水泥压蒸安定性试验并合格。
c 当有更低要求时，该指标由买卖双方协商确定。

不溶物是指水泥经酸和碱处理后，不能被溶解的残余物。它是水泥中非活性组分的反映，主要由生料、混合料和石膏中的杂质产生。

烧失量是指水泥经高温灼烧以后的质量损失率，主要由水泥中未煅烧组分产生，如未烧透的生料、石膏带入的杂质、掺合料及存放过程中的风化物等。当样品在高温下灼烧时，会发生氧化、还原、分解及化合等一系列反应并放出气体。

② 碱含量（选择性指标）

若使用活性骨料，水泥中的碱含量应不大于 0.6%或由买卖双方协商确定。

③ 物理指标

A. 凝结时间

硅酸盐水泥初凝不小于 45min，终凝不大于 390min。

普通硅酸盐水泥、矿渣硅酸盐水泥、火山灰质硅酸盐水泥、粉煤灰硅酸盐水泥和复合硅酸盐水泥初凝不小于 45min，终凝不大于 600min。

B. 细度（选择性指标）

硅酸盐水泥和普通硅酸盐水泥以比表面积表示，不小于 $300m^2/kg$；矿渣硅酸盐水泥、火山灰质硅酸盐水泥、粉煤灰硅酸盐水泥和复合硅酸盐水泥以筛余表示，$80\mu m$ 方孔筛筛余不大于 10% 或 $45\mu m$ 方孔筛筛余不大于 30%。

C. 安定性：用沸煮法检验必须合格。

D. 强度：不同品种不同强度等级的通用硅酸盐水泥，其不同龄期的强度应符合表 4-2 的规定。

通用硅酸盐水泥各强度等级各龄期强度值（MPa）（GB 175—2007/XG1—2009） **表 4-2**

品种	强度等级	抗压强度		抗折强度	
		3d	28d	3d	28d
硅酸盐水泥	42.5	≥17.0	≥42.5	≥3.5	≥6.5
	42.5R	≥22.0		≥4.0	
	52.5	≥23.0	≥52.5	≥4.0	≥7.0
	52.5R	≥27.0		≥5.0	
	62.5	≥28.0	≥62.5	≥5.0	≥8.0
	62.5R	≥32.0		≥5.5	
普通硅酸盐水泥	42.5	≥17.0	≥42.5	≥3.5	≥6.5
	42.5R	≥22.0		≥4.0	
	52.5	≥23.0	≥52.5	≥4.0	≥7.0
	52.5R	≥27.0		≥5.0	
矿渣硅酸盐水泥、火山灰硅酸盐水泥、粉煤灰硅酸盐水泥、复合硅酸盐水泥	32.5	≥10.0	≥32.5	≥2.5	≥5.5
	32.5R	≥15.0		≥3.5	
	42.5	≥15.0	≥42.5	≥3.5	≥6.5
	42.5R	≥19.0		≥4.0	
	52.5	≥21.0	≥52.5	≥4.0	≥7.0
	52.5R	≥23.0		≥4.5	

（2）特种水泥

1）分类

特种水泥，具有特殊性能和专门用途的水泥。常用品种有白色硅酸盐水泥、彩色水泥、快硬硅酸盐水泥、快凝快硬硅酸盐水泥、低热水泥、中热水泥、油井水泥、抗硫酸盐硅酸盐水泥、砌筑水泥、耐火水泥、膨胀水泥和防辐射水泥等。

现主要介绍以下几种特种水泥：

① 白色硅酸盐水泥，是由氧化铁含量少的硅酸盐水泥、适量石膏及混合材料（指石灰石或窑灰，掺量为水泥质量的 0～10%），磨细制成水硬性胶凝材料。简称白水泥，代号

为 P·W。

② 中热硅酸盐水泥，常用的大坝水泥的一种，简称中热水泥，是指由适当成分的硅酸盐水泥熟料，加入适量石膏，经磨细制成的具有中等水化热的水硬性胶凝材料，代号为 P·MH。中热水泥具有水化热低，抗硫酸盐性能强，干缩低，耐磨性能好等优点，是我国目前用量最大的特种水泥之一，目前是三峡工程水工混凝土的主要胶凝材料。

③ 低热硅酸盐水泥，是以适当成分的硅酸盐水泥熟料加入适量石膏，经磨细制成的具有低水化热的水硬性胶凝材料，简称低热水泥，代号为 P·LH。该品种水泥具有良好的工作性、低水化热、高后期强度、高耐久性、高耐侵蚀性等通用硅酸盐水泥无可比拟的优点。

④ 低热矿渣硅酸盐水泥，简称低热矿渣水泥，是以适当成分的硅酸盐水泥熟料，加入粒化高炉矿渣、适量石膏，磨细制成的具有低水化热的水硬性胶凝材料，简称低热矿渣水泥，代号为 P·SLH。具有水化热低，抗硫酸盐性能良好，干缩小等性能。一般用在大体积混凝土的内部。

2）强度等级

① 白色硅酸盐水泥强度等级分为 32.5、42.5、52.5 三个等级。

② 中热硅酸盐水泥强度等级为 42.5。

③ 低热硅酸盐水泥强度等级为 42.5。

④ 低热矿渣硅酸盐水泥强度等级为 32.5。

3）技术要求

① 化学指标

A. 三氧化硫

白色硅酸盐水泥中的三氧化硫的含量应不超过 3.5%。

中热、低热硅酸盐水泥及低热矿渣硅酸盐水泥中的三氧化硫的含量应不超过 3.5%。

B. 氧化镁

中热水泥和低热水泥中氧化镁的含量不宜大于 5.0%。

如果水泥经压蒸安定性试验合格，则中热水泥和低热水泥中氧化镁的含量允许放宽到 6.0%。

C. 碱含量

碱含量由供需双方商定，当水泥在混凝土中和骨料可能发生有害反应，并经用户提出低碱要求时，中热水泥和低热水泥中的碱含量应不超过 0.6%，低热矿渣水泥中的碱含量应不超过 1.0%。

D. 烧失量

中热水泥和低热水泥的烧失量应不大于 3.0%。

② 物理指标

A. 比表面积（细度）

中热、低热硅酸盐水泥及低热矿渣硅酸盐水泥的比表面积应不低于 $250m^2/kg$；白色硅酸盐水泥 $80\mu m$ 方孔筛筛余应不超过 10%。

B. 凝结时间

中热、低热硅酸盐水泥及低热矿渣硅酸盐水泥初凝应不早于 60min，终凝不应迟于

12h。白色硅酸盐水泥初凝应不早于 45min，终凝不应迟于 10h。

C. 安定性

中热、低热硅酸盐水泥及低热矿渣硅酸盐水泥用沸煮法检验应合格。白色硅酸盐水泥用沸煮法检验必须合格。

D. 水泥白度

白色硅酸盐水泥的白度值应不低于 87。

E. 强度

不同品种不同强度等级的水泥，其不同龄期的强度应不低于表 4-3 和表 4-4 的数值。

中热、低热硅酸盐水泥及低热矿渣硅酸盐水泥等级与各龄期强度值（MPa）（GB 200—2003）

表 4-3

品种	强度等级	抗压强度			抗折强度		
		3d	7d	28d	3d	7d	28d
中热水泥	42.5	12.0	22.0	42.5	3.0	4.5	6.5
低热水泥	42.5	—	13.0	42.5	—	3.5	6.5
低热矿渣水泥	32.5	—	12.0	32.5	—	3.0	5.5

白色硅酸盐水泥等级各龄期强度值（MPa）（GB/T 2015—2005）　　表 4-4

强度等级	抗压强度		抗折强度	
	3d	28d	3d	28d
32.5	12.0	32.5	3.0	6.0
42.5	17.0	42.5	3.5	6.5
52.5	22.0	52.5	4.0	7.0

F. 水化热

中热、低热硅酸盐水泥及低热矿渣硅酸盐水泥的水化热允许采用直接法或溶解热法进行检验，各龄期的水化热应不大于表 4-5 的数值。

强度等级的各龄期水化热（kJ/kg）（GB 200—2003）　　表 4-5

品种	强度等级	水化热	
		3d	7d
中热水泥	42.5	251	293
低热水泥	42.5	230	260
低热矿渣水泥	32.5	197	230

低热水泥型式检验 28d 的水化热应不大于 310kJ/kg。

4）取样及批量划分

供货单位应提供水泥的产品质量出厂合格证和检验报告。

① 检验批量划分

A. 通用硅酸盐水泥：按同一生产厂家、同一等级、同一品种、同一批号且连续进场的水泥，袋装不超过 200t 为一批，散装不超过 500t 为一批，每批抽样不少于一次。

当在使用中对水泥质量有怀疑或出厂日期逾 3 个月（快硬硅酸盐水泥逾 1 个月）时，

应进行复验，并按复验结果使用。

B. 中热、低热硅酸盐水泥及低热矿渣硅酸盐水泥：袋装水泥和散装水泥应分别进行编号和取样。每一编号为一取样单位，水泥出厂不超过 600t 为一编号。

C. 白色水泥：水泥出厂前按同强度等级编号取样。每一编号为一取样单位。水泥编号按水泥厂年产量规定：5 万吨以上，不超过 200t 为一编号；1 万吨～5 万吨，不超过 150t 为一编号；1 万吨以下，不超过 50t 或不超过 3 天产量为一编号。

② 取样数量

A. 通用硅酸盐水泥：取样时可连续取，亦可从 20 个以上不同部位取等量样品，总数至少 12kg。

B. 中热、低热硅酸盐水泥及低热矿渣硅酸盐水泥：取样应有代表性，可连续取，亦可从 20 个以上不同部位取等量样品，总数至少 14kg。

C. 白色水泥：取样时可连续取，亦可从 20 个以上不同部位取等量样品，总数至少 12kg。

2. 普通混凝土用砂、石

（1）质量要求

1）砂的质量要求

① 砂的粗细程度按细度模数 μ_f 分为粗、中、细、特细四级，其范围应符合以下规定：粗砂 $\mu_f=3.7\sim3.1$；中砂 $\mu_f=3.0\sim2.3$；细砂 $\mu_f=2.2\sim1.6$；特细砂 $\mu_f=1.5\sim0.7$。

② 砂的筛分

砂筛应采用方孔筛。砂的颗粒级配符合表 4-6 要求。

砂颗粒级配区（JGJ 52—2006）   表 4-6

累计筛余（%）\公称粒径	I 区	II 区	III 区
5.00mm	10～0	10～0	10～0
2.50mm	35～5	25～0	15～0
1.25mm	65～35	50～10	25～0
630μm	85～71	70～41	40～16
315μm	95～80	92～70	85～55
160μm	100～90	100～90	100～90

砂的实际颗粒级配与表 4-6 中的累计筛余相比，除公称料径为 5.00mm 和 630μm 的累计筛余外，其余公称料径的累计筛余可稍有超出分界线，但总超出量不应大于 5%。

配制混凝土时宜优先选用 II 区砂。当采用 I 区砂时，应提高砂率，并保持足够的水泥用量，满足混凝土的和易性；当采用 III 区砂时，宜适当降低砂率；当采用特细砂时，应符合相应的规定。配制泵送混凝土，宜选用中砂。

③ 含泥量

天然砂中含泥量符合表 4-7 的要求。

天然砂中含泥量表（JGJ 52—2006）　　　　　　　　　　表 4-7

混凝土强度等级	≥C60	C55～C30	≤C25
含泥量（按重量计,%）	≤2.0	≤3.0	≤5.0

对有抗冻、抗渗或其他特殊要求的不大于 C25 混凝土用砂，含泥量应不大于 3.0%。

④ 泥块含量

砂中的泥块含量应符合下表 4-8 的规定。

砂中的泥块含量表（JGJ 52—2006）　　　　　　　　　　表 4-8

混凝土强度等级	≥C60	C55～C30	≤C25
含泥量（按重量计,%）	≤0.5	≤1.0	≤2.0

对于有抗冻、抗渗或其他特殊要求的不大于 C25 混凝土用砂，其泥块含量不应大于 1.0%。对于砌筑砂浆用砂，其含泥量为 ≤5.0%，泥块含量为 ≤2.0%。

⑤ 砂中的有害物质含量

砂中的有害物质含量应符合表 4-9 的规定。

砂中有害物质含量表（JGJ 52—2006）　　　　　　　　　　表 4-9

项目	质量指标
云母含量（按重量计,%）	≤2.0
轻物质含量（按重量计,%）	≤1.0
硫化物及硫酸盐含量（折算成 SO_3，按重量计,%）	≤1.0
有机物含量（用比色法试验）	颜色不应深于标准色，当颜色深于标准色时，应按水泥胶砂强度试验方法进行强度对比试验，抗压强度比不应低于 0.95

对于有抗冻、抗渗要求的混凝土，砂中云母含量不应大于 1.0%。

⑥ 对于长期处于潮湿环境的重要混凝土结构用砂，应控制混凝土中的碱含量不超过 $3kg/m^3$，或采用能抑制碱-骨料反应的有效措施。

砂中氯离子含量应符合下列规定：

A. 对于钢筋混凝土及砌筑砂浆用砂，其氯离子含量不得大于 0.06%（以干砂的质量百分率计）。

B. 对于预应力混凝土用砂，其氯离子含量不得大于 0.02%（以干砂的质量百分率计）。

2）石的质量要求

① 碎石或卵石的颗粒级配应符合表 4-10 的要求。石筛应采用方孔筛。

混凝土用石应采用连续粒级。单粒级宜用于组合成满足要求级配的连续粒级；也可与连续粒级混合使用，以改善其级配或配成较大粒度的连续粒级。当卵石的颗粒级配不符合表 4-10 的要求时，应采取措施并经试验证实能确保工程质量后，方允许使用。

碎石或卵石颗粒级配（JGJ 52—2006）　　　表 4-10

级配情况	公称料径 (mm)	累计筛余，按质量计（%）										
		方孔筛筛孔尺寸（mm）										
		2.36	4.75	9.5	16	19	26.5	31.5	37.5	53	63	75	90
连续粒级	5～10	95～100	80～100	0～15	0	—	—	—	—	—	—	—	
	5～16	95～100	85～100	30～60	0～10	0	—	—	—	—	—	—	
	5～20	95～100	90～100	40～80	—	0～10	0	—	—	—	—	—	
	5～25	95～100	90～100	—	30～70	—	0～5	0	—	—	—	—	
	5～31.5	95～100	90～100	70～90	—	15～45	—	0～5	0	—	—	—	
	5～40	—	95～100	70～90	—	30～65	—	—	0～5	0	—	—	
单粒级	10～20	—	95～100	85～100	—	0～15	—	0	—	—	—	—	
	16～31.5	—	95～100	—	85～100	—	—	0～10	0	—	—	—	
	20～40	—	—	95～100	—	80～100	—	—	0～10	0	—	—	
	31.5～63	—	—	—	95～100	—	75～100	45～75	—	0～10	0	—	
	40～80	—	—	—	—	95～100	—	70～100	—	30～60	0～10	0	

② 碎石或卵石中针、片状颗粒含量应符合表 4-11 的规定。

碎石或卵石中针、片状颗粒含量（JGJ 52—2006）　　　表 4-11

混凝土强度等级	≥C60	C55～C30	≤C25
针、片状颗粒含量（按重量计,%）	≤8	≤15	≤25

③ 碎石或卵石中的含泥量应符合表 4-12 规定。

碎石或卵石中的含泥量（JGJ 52—2006）　　　表 4-12

混凝土强度等级	≥C60	C55～C30	≤C25
含泥量（按质量计,%）	≤0.5	≤1.0	≤2.0

对于有抗冻、抗渗或其他特殊要求的混凝土，其所用碎石或卵石的含泥量不应大于 1.0%。当碎石或卵石的含泥是非黏土质的石粉时，其含混量可由表 4-12 的 0.5%、1.0%、2.0%，分别提高到 1.0%、1.5%、3.0%。

④ 碎石或卵石中泥块含量应符合表 4-13 的规定。

碎石或卵石的泥块含量（JGJ 52—2006）　　　表 4-13

混凝土强度等级	≥C60	C55～C30	≤C25
泥块含量（按质量计,%）	≤0.2	≤0.5	≤0.7

对于有抗冻、抗渗和其他特殊要求的强度等级小于 C30 的混凝土，其所用碎石或卵石的泥块含量不应大于 0.5%。

⑤ 碎石的强度可用岩石的抗压强度和压碎值指标表示。岩石的抗压强度应比所配制的混凝土强度至少高 20%。当混凝土强度等级不小于 C60 时，应进行岩石抗压强度检验，岩石强度首先应由生产单位提供，工程中可采用压碎值指标进行质量控制。碎石的压碎值指标宜符合表 4-14 的规定。

碎石的压碎值指标（JGJ 52—2006）　　　　表 4-14

岩石品种	混凝土强度等级	碎石或卵石压碎值指标（％）
沉积岩	C60～C40	≤10
	≤C35	≤16
变质岩或深成的火成岩	C60～C40	≤12
	≤C35	≤20
喷出的火成岩	C60～C40	≤13
	≤C35	≤30

注：沉积岩包括石灰岩、砂岩等；变质岩包括片麻岩、石英岩等；深成的火成岩包括花岗岩、正长岩、闪长岩和橄榄岩等；喷出的火成岩包括玄武岩和辉绿岩等。

卵石的强度可用压碎值指标表示。其压碎值指标宜符合表 4-15 的规定。

卵石的压碎值指标（JGJ 52—2006）　　　　表 4-15

混凝土强度等级	C60～C40	≤C35
压碎值指标（％）	≤12	≤16

⑥ 碎石或卵石中的硫化物和硫酸盐含量以及卵石中有机物等有害物质含量，应符合表 4-16 的规定。

碎石或卵石中的有害物质含量（JGJ 52—2006）　　　　表 4-16

项目	质量要求
硫化物及硫酸盐含量（折算成 SO_3，按质量计，％）	≤1.0
卵石中有机物含量（用比色法试验）	颜色应不深于标准色。当颜色深于标准色时，应配制成混凝土进行强度对比试验，抗压强度比应不低于 0.95

当碎石或卵石中含有颗粒状硫酸盐或硫化物杂质时，应进行专门检验，确认能满足混凝土耐久性要求后，方可采用。

⑦ 对于长期处于潮湿环境的重要结构混凝土，其所使用的碎石或卵石应进行碱活性检验，控制混凝土中的碱含量不超过 $3kg/m^3$，或采用能抑制碱-骨料反应的有效措施。

对不合格砂或石的试样可进行加倍复检，但不包括筛分析。

（2）进场检验

每验收一批砂石至少应进行颗粒级配、含泥量、泥块含量检验。对于碎石或卵石，还应检验针片状颗粒含量；对于海砂或有氯离子污染的砂，还应检验其氯离子含量，海砂另外还需检验贝壳含量；对于人工砂及混合砂，还应检验石粉含量。

1）检验批量划分

使用单位应按砂或石的同产地同规格分批验收。采用大型工具（如火车、货船、汽车）运输的，以 400m³ 或 600t 为一检验批。采用小型工具（如拖拉机等）运输的，应以 200m³ 或 300t 为一验收批。不足上述数量者，应按一检验批进行验收。当砂或石的质量比较稳定、进料量又较大时，可以 1000t 为一检验批。

2）取样数量

从料堆上取样时，取样部位均匀分布。取样前应先将取样部位表层铲除，然后由各部位抽取大致相等的砂 8 份，石子为 16 份，组成各自一组样品。

　　3）试验样品取样

　　① 对于每一单元检验项目，砂石的每组样品取样数量应分别满足表 4-17 的要求。

每一单项检验项目所需砂的最少取样质量（JGJ 52—2006）　　表 4-17

检验项目	最少取样质量（g）
筛分析	4400
表观密度	2600
吸水率	4000
紧密密度和堆积密度	5000
含水率	1000
含泥量	4400
泥块含量	20000
石粉含量	1600
人工砂压碎值指标	分成公称粒级 5.00～2.50mm；2.50～1.25mm；1.25mm～630μm；630～315μm；315～160μm 每个粒级各需 1000g
有机物含量	2000
云母含量	600
轻物质含量	3200
坚固性	分成公称粒级 5.00～2.50mm；2.50～1.25mm；1.25mm～630μm；630～315μm；315～160μm 每个粒级各需 100g
硫化物及硫酸盐含量	50
氯离子含量	2000
贝壳含量	10000
碱活性	20000

　　② 每一单项检验项目所需碎石或卵石的最少取样质量应符合表 4-18 的要求。

每一单项检验项目所需碎石或卵石的最少取样质量（kg）（JGJ 52—2006）　　表 4-18

检验项目	最大公称粒径（mm）							
	10.0	16.0	20.0	25.0	31.5	40.0	63.0	80.0
筛分析	8	15	16	20	25	32	50	64
表观密度	8	8	8	8	12	16	24	24
含水率	2	2	2	2	3	3	4	6
吸水率	8	8	16	16	16	24	24	32
堆积密度、紧密密度	40	40	40	40	80	80	120	120
含泥量	8	8	24	24	40	40	80	80
泥块含量	8	8	24	24	40	40	80	80
针、片状含量	1.2	4	8	12	20	40	—	—
硫化物及硫酸盐	1.0							

3. 轻集料

　　（1）分类

　　按形成方式分为：

① 人造轻集料：轻粗集料（陶粒等）和轻细集料（陶砂等）。

② 天然轻集料：浮石、火山渣等。

③ 工业废渣轻集料：自燃煤矸石、煤渣等。

（2）质量要求

1）颗粒级配

各种轻粗集料和轻细集料的颗粒级配应符合表 4-19 的要求，但人造轻粗集料的最大粒径不宜大于 19.0mm。轻细集料的细度模数宜在 2.3～4.0 范围内。

颗粒级配（GB/T 17431.1—2010）　　　　　　表 4-19

轻集料	级配类别	公称粒级（mm）	各号筛的累计筛余（按质量计,%）											
			方孔筛孔径											
			37.5 mm	31.5 mm	26.5 mm	19.0 mm	16.0 mm	9.50 mm	4.75 mm	2.36 mm	1.18 mm	600 μm	300 μm	150 μm
细集料	—	0～5	—	—	—	—	—	0	0～10	0～35	20～60	30～80	65～90	75～100
粗集料	连续粒级	5～40	0～10	—	—	40～60	—	50～85	90～100	95～100	—	—	—	—
		5～31.5	0～5	0～10	—	—	40～75	—	90～100	95～100	—	—	—	—
		5～25	0	0～5	0～10	—	—	30～70	90～100	95～100	—	—	—	—
		5～20	0	0～5	—	0～10	—	40～80	90～100	95～100	—	—	—	—
		5～16	—	—	0	0～5	0～10	20～60	85～100	95～100	—	—	—	—
		5～10	—	—	—	—	0	0～15	80～100	95～100	—	—	—	—
	单粒级	10～16	—	—	—	0	0～15	85～100	90～100	—	—	—	—	—

各种粗细混合轻集料，宜满足下列要求：

① 2.36mm 筛上累计筛余为（60±2）%。

② 筛除 2.36mm 以下颗粒后，2.36mm 以上的颗粒级配满足表 4-18 中公称粒级 5～10mm 的颗粒级配的要求。

2）密度等级

轻集料密度等级按堆积密度划分，符合表 4-20 要求。

密度等级（GB/T 17431.1—2010）　　　　　　表 4-20

轻集料种类	密度等级		堆积密度范围（kg/m³）
	轻粗集料	轻细集料	
人造轻集料 天然轻集料 工业废渣轻集料	200	—	＞100，≤200
	300	—	＞200，≤300
	400	—	＞300，≤400
	500	500	＞400，≤500
	600	600	＞500，≤600
	700	700	＞600，≤700
	800	800	＞700，≤800

续表

轻集料种类	密度等级		堆积密度范围（kg/m³）
	轻粗集料	轻细集料	
人造轻集料 天然轻集料 工业废渣轻集料	900	900	>800，≤900
	1000	1000	>900，≤1000
	1100	1100	>1000，≤1100
	1200	1200	>1100，≤1200

3）轻集料中有害物质应符合表 4-21 的规定。

有害物质规定（GB/T 17431.1—2010）　　　　　表 4-21

项目名称	技术指标
含泥量（%）	≤3.0
	结构混凝土用轻集料≤2.0
泥块含量（%）	≤1.0
	结构混凝土用轻集料≤0.5
煮沸质量损失（%）	≤5.0
烧失量（%）	≤5.0
	天然轻集料不作规定，用于无筋混凝土的煤渣允许≤18
硫化物和硫酸盐含量（按 SO_3 计，%）	≤1.0
	用于无筋混凝土的自燃煤矸石允许含量≤1.5
有机物含量	不深于标准色，如深于标准色，按 GB/T 17431.2—2010 中的规定操作，且试验结果不低于95%
氯化物（以氯离子含量计）含量（%）	≤0.02
放射性	符合 GB 6566—2010 的规定

（3）检验规则

若试验结果中有一项性能不符合规范要求，允许对从同一批轻集料中加倍取样，对不合格项进行复检，若仍不合格，则判该批产品为不合格。

1）出厂检验

轻粗集料的检验项目包括：颗粒级配、堆积密度、粒型系数、筒压强度和吸水率；高强轻粗集料还要检测强度标号。

轻细集料的检验项目包括：细度模数、堆积密度。

2）型式检验

轻集料型式检验包括全部项目：颗粒级配、堆积密度、粒型系数、筒压强度，吸水率和软化系数及有害物质检测。

在下列情况下应进行型式检验：

① 新产品投产时。

② 正常生产时，每半年进行一次。

③ 当原材料或生产工艺变化时。

④ 停产半年以上，恢复生产时。

3）取样要求

① 批量：轻集料按类别、名称、密度等级分批检验与验收，每 400m³ 为一批，不足

400m³ 亦按一批计。

② 取样数量：试样从料堆自上到下不同部位、不同方向任选10点（袋装应从10袋中抽取），拌合均匀，轻粗集料为50L，轻细集料为10L。

4) 判定

① 各项试验结果均符合相应规定时，则判该批产品合格。

② 若试验结果中有一项性能不符合规定，允许从同一批轻集料中加倍取样，对不合格项进行复验。复验后，若该项试验结果符合规定，则判该批产品合格；否则，判该批产品为不合格。

4. 掺合料

（1）粉煤灰

1) 用于混凝土中的粉煤灰应分为Ⅰ级、Ⅱ级、Ⅲ级三个等级，各等级粉煤灰技术要求及检验方法应符合表4-22的规定。

混凝土中用粉煤灰技术要求及检验方法（GB/T 50146—2014）　　　表 4-22

项　目		技术要求			检验方法
		Ⅰ级	Ⅱ级	Ⅲ级	
细度（45μm 方孔筛筛余）（%）	F 类粉煤灰	≤12.0	≤25.0	≤45.0	按现行国家标准《用于水泥和混凝土中的粉煤灰》GB/T 1596—2005 的有关规定执行
	C 类粉煤灰				
需水量比（%）	F 类粉煤灰	≤95	≤105	≤115	按现行国家标准《用于水泥和混凝土中的粉煤灰》GB/T 1596—2005 的有关规定执行
	C 类粉煤灰				
烧失量（%）	F 类粉煤灰	≤5.0	≤8.0	≤15.0	按现行国家标准《水泥化学分析方法》GB/T 176—2008 的有关规定执行
	C 类粉煤灰				
含水量（%）	F 类粉煤灰	≤1.0			按现行国家标准《用于水泥和混凝土中的粉煤灰》GB/T 1596—2005 的有关规定执行
	C 类粉煤灰				
三氧化硫（%）	F 类粉煤灰	≤3.0			按现行国家标准《水泥化学分析方法》GB/T 176—2008 的有关规定执行
	C 类粉煤灰				
游离氧化钙（%）	F 类粉煤灰	≤1.0			按现行国家标准《水泥化学分析方法》GB/T 176—2008 的有关规定执行
	C 类粉煤灰	≤4.0			
安定性（雷氏夹沸煮后增加距离）(mm)	C 类粉煤灰	≤5.0			净浆试验样品的制备及对比水泥样品的要求按本表注执行，安定性试验按现行国家标准《水泥标准稠度用水量、凝结时间、安定性检验方法》GB/T 1346—2011

注：1. 安定性检验方法中，净浆试验样品由对比水泥样品和被检验粉煤灰按 7 : 3 质量比混合而成。
　　2. 当实际工程中粉煤灰掺量大于 30% 时，应按工程实际掺量时试验论证。
　　3. 对比水泥样品应符合现行国家标准《通用硅酸盐水泥》GB 175—2007 规定的强度等级为 42.5 的硅酸盐水泥或工程实际应用的水泥。

2) 验收及取样

① 验收

粉煤灰供应单位应按现行国家标准《用于水泥和混凝土中的粉煤灰》GB/T 1596—2005 的相关规定出具批次产品合格证、标识和出厂检验报告，并应按相关标准要求提供型式检验报告。

出厂粉煤灰的标识应包括粉煤灰种类、等级、生产方式、批号、数量、生产厂名称和地址、出厂日期等。

② 取样频率与方法

A. 对进场的粉煤灰应按规定及时取样检验:粉煤灰的取样频次宜以同一厂家连续供应的 200t 相同种类、相同等级的粉煤灰为一批,不足 200t 时宜按一批计。

B. 取样方法:散装粉煤灰的取样,应从每批 10 个以上不同部位取等量样品,每份不应少于 1.0kg,混合搅拌均匀,用四分法缩取出比试验需要量约大一倍的试验样量。每批粉煤灰试样应检验细度、含水量、烧失量、需水量比、安定性,需要时应检验三氧化硫、游离氧化钙、碱含量、放射性。

3)结果判定

若其中任何一项不符合表 4-22 规定要求,应在同一批中重新加倍取样进行复检,以复检结果判定。

(2)天然沸石粉

1)检验项目

沸石粉出厂应有检验合格证,内容包括:厂名、合格证编号、沸石粉等级、批号、出厂日期和出厂检验结果。检验分为型式检验和出厂检验,具体检验项目见表 4-23。

检验项目 (JG/T 3048—1998)　　　　　　　　　　　　表 4-23

项目	型式检验	出厂检验
吸铵值	√	√
细度	√	√
沸石粉水泥胶砂需水量比	√	—
沸石粉水泥胶砂 28 天抗压强度比	√	—

注:表中符号"√"表示需要检验的项目。

有下列情况之一时应进行型式检验:

① 正常生产时,每 6 个月检验一次。

② 正式投产或工艺有较大改变而可能影响产品性能时。

③ 停产超过 3 个月,恢复生产时。

④ 出厂检验结果与上次型式检验结果有等级差异时。

⑤ 法定质量监督机构提出进行型式检验要求时。

2)根据表 4-24 的质量指标,将沸石粉划分为三个质量等级。

沸石粉质量等级划分表 (JG/T 3048—1998)　　　　　　　表 4-24

技术指标		质量等级		
		Ⅰ	Ⅱ	Ⅲ
吸铵值(mmol/100g)	不小于	130	100	90
细度(80μm 方孔水筛筛余,%)	不小于	4	10	15
沸石粉水泥胶砂需水量比(%)	不小于	125	120	120
沸石粉水泥胶砂 28 天抗压强度比(%)	不小于	75	70	62

3）取样频率与方法

① 型式检验取样方法：以每 120t 相同等级的沸石粉为一批，从每批不同部位随机抽取 10 份试样，每份不少于 1.0kg，混合均匀，按四分法缩取至比试验所需量大一倍的试样。

② 出厂检验方法：以每 120t 相同等级的沸石粉为一批，5 天的产量不足 120t 者按一批计。散装沸石粉的取样，应从不同部位取 10 份试样，每份不少于 1.0kg，混合均匀，按四分法缩取。袋装沸石粉的取样，应从每批中随机抽取 10 袋，并从每袋中各取不少于 1.0kg 的试样，混合均匀，按四分法缩取。

4）判定规则：根据表 4-23 规定的项目进行型式检验或出厂检验，当有任一项目达不到表 4-24 规定要求时，应从同一批中重新取样，以不合格的项进行复验。复验仍达不到要求时，则该批沸石粉应降级处理或判定为不合格产品。

（3）矿渣粉

1）检验项目

矿渣粉分为出厂检验和型式检验。出厂检验项目为密度、比表面积、活性指数、流动度比、含水量、三氧化硫等技术要求（如掺有石膏则出厂检验项目中还应增加烧失量）。

有下列情况之一应进行型式检验：

① 原料、工艺有较大改变，可能影响产品性能时。

② 正常生产时，每年检验一次。

③ 产品长期停产后，恢复生产时。

④ 出厂检验结果与上次型式检验有较大差异时。

⑤ 国家质量监督机构提出型式检验要求时。

2）矿渣粉应符合表 4-25 的技术指标规定。

矿渣粉技术指标（GB/T 18046—2008）　　　　　　　　　　表 4-25

项目			级别		
			S105	S95	S75
密度（g/cm³）		≥	2.8		
比表面积（m²/kg）		≥	500	400	300
活性指数（%）	≥	7d	95	75	55
		28d	105	95	75
流动度比（%）		≥	95		
含水量（质量分数，%）		≤	1.0		
三氧化硫（质量分数，%）		≤	4.0		
氯离子（质量分数，%）		≤	0.06		
烧失量（质量分数，%）		≤	3.0		
玻璃体含量（质量分数，%）		≥	85		
放射性			合格		

3）取样频率与方法

① 矿渣粉出厂前按同级别进行编号和取样，每一编号为一个取样单位。60×10^4t 以上，不超过 2000t 为一编号；$30 \times 10^4 \sim 60 \times 10^4$t，不超过 1000t 为一编号；$10 \times 10^4 \sim 30 \times$

10^4 t，不超过 600t 为一编号；10×10^4 t 以下，不超过 200t 为一编号。

② 取样方法：取样应有代表性，可连续取样，也可以在 20 个以上部位取等量样品，总量至少 20kg。试样应混合均匀，按四分法缩取出比试验所需要量大一倍的试样。

4）判定规则

① 检验结果符合表 4-25 中密度、比表面积、活性指数、流动度比、含水量、三氧化硫等技术要求的为合格品。

② 检验结果不符合表 4-25 中密度、比表面积、活性指数、流动度比、含水量、三氧化硫等技术要求的为不合格品。若其中任何一项不符合要求，应重新加倍取样，对不合格的项目进行复检，评定时以复检结果为准。

（4）硅灰

1）检验项目

硅灰分为出厂检验和型式检验，出厂检验项目为比表面积、含水率、活性指数技术要求。有下列情况之一应进行型式检验：

① 正式生产后，如材料、工艺有较大改变，可能影响产品性能时。

② 正常生产时，一年至少进行一次检验。

③ 产品长期停产，恢复生产时。

④ 出厂检验结果与上次型式检验有较大差异时。

⑤ 国家质量监督机构提出型式检验要求时。

2）技术指标符合表 4-26 要求。

硅灰技术指标（GB/T 18736—2002）　　　　　　　　表 4-26

试验项目		指标
烧失量（%）	≤	6.0
Cl（%）	≤	0.02
SiO_2（%）	≥	85
比表面积（m^2/kg）	≥	15000
含水率（%）	≤	3.0
需水量比（%）	≤	125
活性指数（28d，%）	≥	85

应测定其总碱量，根据工程要求，由供需双方商定供货指标。

3）取样频率与方法

① 编号：出厂前应按同类同等级进行编号和取样，每一编号为一取样单位。

② 取样频率：以 30t 为一个取样单位，其数量不足者也以一个取样单位计。

③ 取样方法：取样应随机取样，要有代表性，可以连续取样。也可以在 20 个以上不同部位取等量样品。每样总质量至少 4kg。试样混匀后，按四分法缩减，取比试验用量多 1 倍的试样。

4）判定规则：性能检测符合表 4-26 中的规定，则判为合格；若其中有一项不符合规定指标，则判为不合格品。

5. 外加剂

（1）技术指标

1）掺外加剂混凝土的性能应符合表 4-27 要求。

掺外加剂混凝土的性能表（GB 8076—2008）　　　　　　　　表 4-27

项目		外加剂品种										
		高性能减水剂 HPWR			高效减水剂 HWR		普通减水剂 WR			泵送剂 PA	早强剂 Ac	缓凝剂 Rc
		早强型 HPWR-A	标准型 HPWR-S	缓凝剂 HPWR-R	标准型 HWR-S	缓凝剂 HWR-R	早强剂 WR-A	标准型 WR-S	缓凝剂 PWR-R			
减水率（%），不小于		25	25	25	14	14	8	8	8	12	—	—
泌水率（%），不大于		50	60	70	90	100	95	100	100	70	100	100
含气量（%）		≤6.0	≤6.0	≤6.0	≤3.0	≤4.5	≤4.0	≤4.0	≤5.5	≤5.5	—	—
凝结时间之差（min）	初凝	−90~+90	−90~+120	>+90	−90~+120	>+90	−90~+90	−90~+120	>+90	—	−90~+90	>+90
	终凝	—	—	—	—	—	—	—	—	—	—	—
1h 经时变化量	坍落度（mm）	—	≤80	≤60								
	含气量（%）	—	—									
抗压强度比（%），不小于	1d	180	170	—	140	—	135	—	—	—	135	—
	3d	170	160	—	130	—	130	115	—	—	130	—
	7d	145	150	140	125	125	110	115	110	115	110	100
	28d	130	140	130	120	120	100	110	110	110	100	100
收缩率比（%），不大于	28d	110	110	110	135	135	135	135	135	135	135	135
相对耐久性（200次,%），不小于		—	—	—	—	—	—	—	—	—	—	—

注：1. 表中抗压强度比、收缩率比、相对耐久性为强制性指标，其余为推荐性指标。
　　2. 除含气量和相对耐久性外，表中所列数据为掺外加剂混凝土与基准混凝土的差值或比值。
　　3. "凝结时间之差"性能指标中的"−"号表示提前，"+"号表示延缓。
　　4. "1h 含气量经时变化量"指标中的"−"号表示含气量增加，"+"号表示含气量减少。

2）匀质性指标应符合表 4-28 的要求。

匀质性指标（GB 8076—2008）　　　　　　　　表 4-28

项目	指标
氯离子含量（%）	不超过生产厂控制值
总碱量（%）	不超过生产厂控制值
含固量（%）	$S>25\%$ 时，应控制在 $0.95S\sim1.05S$；$S\leqslant25\%$ 时，应控制在 $0.90S\sim1.10S$
含水率（%）	$W>5\%$ 时，应控制在 $0.90W\sim1.10W$；$W\leqslant5\%$ 时，应控制在 $0.90W\sim1.20W$
密度（g/cm³）	$D>1.1$ 时，应控制在 $D\pm0.03$；$D\leqslant1.1$ 时，应控制在 $D\pm0.02$
细度	应在生产厂控制范围内

续表

项目	指标
pH 值	应在生产厂控制范围内
硫酸钠含量%	不超过生产厂控制值

（2）取样要求

1）掺量大于1%（含1%）同品种的外加剂每一批号为100t，掺量小于1%的外加剂每一批号为50t。不足100t 或50t 的也应按一个批量计。

2）每一批号取样量不小于0.2t 水泥所需用的外加剂量。

（3）检验分类

外加剂检验分为出厂检验和型式检验。出厂检验的项目见表4-29 中"√"；型式检验时应检验表4-27 和表4-28 的全部项目。有下列情况之一者，应进行型式检验：

1）新产品或老产品转厂生产的试制定型鉴定。

2）正式生产后，如材料、工艺有较大改变，可能影响产品性能时。

3）正常生产时，一年至少进行一次检验。

4）产品长期停产后，恢复生产时。

5）出厂检验结果与上次型式检验结果有较大差异时。

6）国家质量监督机构提出进行型式试验要求时。

外加剂检验指标（GB 8076—2008）　　　　表 4-29

测定项目	外加剂品种											备注
	高性能减水剂 HPWR			高效减水剂 HWR		普通减水剂 WR			泵送剂 PA	早强剂 Ac	缓凝剂 Rc	
	早强型 HPWR-A	标准型 HPWR-S	缓凝型 HPWR-R	标准型 HWR-S	缓凝型 HWR-R	早强剂 WR-A	标准型 WR-S	缓凝剂 PWR-R				
含固量												液体外加剂必测
含水率												粉状外加剂必测
密度												液体外加剂必测
细度												粉状外加剂必测
pH 值	√	√	√	√	√	√	√	√	√	√	√	
氯离子含量	√	√	√	√	√	√	√	√	√	√	√	每3个月至少一次
硫酸钠含量			√	√	√	√	√	√	√	√		每3个月至少一次
总碱量	√	√	√	√	√	√	√	√	√		√	每年至少一次

（4）判定规则

1）出厂检验判定。型式检验报告在有效期内，且出厂检验结果符合表 4-28 的要求，可判定为该批产品检验合格。

2）型式检验判定。产品经检验，匀质性检验结果符合表 4-28 的要求；各种类型外加剂受检混凝土性能指标中，高性能减水剂及泵送剂的减水率和坍落度的经时变化量，期货减水剂的减水率、缓凝型外加剂的凝结时间差、引气型外加剂的含气量及其经时变化量、硬化混凝土的各项性能符合表 4-27 的要求，则判定该批号外加剂合格。如不符合上述要求时，则判该批号外加剂不合格。

6. 钢材

（1）钢材常规检验项目：拉伸（屈服点或屈服强度或规定非比例伸长应力、抗拉强度、伸长率）、弯曲（冷弯）/反复弯曲。

（2）技术要求

1）钢筋混凝土用钢筋

① 光圆钢筋实际重量与理论重量的允许偏差应符合表 4-30 的规定。

钢筋重量偏差（GB 1499.1—2008）　　　　　　　　　　表 4-30

公称直径（mm）	实际重量与理论重量的偏差（%）
6～12	±7
14～22	±5

② 钢筋混凝土用带肋钢筋实际重量与理论重量的允许偏差应符合表 4-31 的规定。

钢筋重量偏差（GB 1499.2—2007）　　　　　　　　　　表 4-31

公称直径（mm）	实际重量与理论重量的偏差（%）
6～12	±7
14～20	±5
22～50	±4

③ 钢筋混凝土用光圆钢筋的力学性能特征值应符合表 4-32 的要求。按表 4-32 规定的弯芯直径弯曲 180°后，钢筋受弯曲部位表面不得产生裂纹。

钢筋技术要求（GB 1499.1—2008）　　　　　　　　　　表 4-32

牌号	屈服强度 R_{eL}（MPa）	抗拉强度 R_m（MPa）	断后伸长率 A（%）	最大力总伸长率 A_g（%）	冷弯试验 180 d 弯芯直径 a 钢筋公称直径
	不小于				
HPB300	300	420	25.0	10.0	$d=a$

④ 钢筋混凝土用热轧带肋钢筋力学性能特征值应符合表 4-33 的要求。按表 4-33 的弯芯直径弯曲 180°后，钢筋受弯曲部位表面不得产生裂纹。

带肋钢筋技术要求（GB 1499.2—2007）　表 4-33

牌号	屈服强度 R_{eL} (MPa)	抗拉强度 R_m (MPa)	断后伸长率 A (%)	最大力总伸长率 A_g (%)	公称直径 d (mm)	弯芯直径
	不小于					
HRB335 HRBF335	335	455	17		6～25	3d
					28～40	4d
					>40～50	5d
HRB400 HRBF400	400	540	16	7.5	6～25	4d
					28～40	5d
					>40～50	6d
HRB500 HRBF500	500	630	15		6～25	6d
					28～40	7d
					>40～50	8d

对有抗震设防要求的框架结构，其纵向受力钢筋的强度应满足设计要求；当设计无具体要求时，对一、二级抗震等级，检验所得的强度实测值应符合下列规定：

A. 钢筋的抗拉强度实测值与屈服强度实测值的比值不应小于 1.25。

B. 钢筋的屈服强度实测值与强度标准值的比值不应大于 1.3。

2）碳素结构钢

① 钢材的拉伸和冲击试验结果应符合表 4-34 的规定，弯曲试验应符合表 4-35 的要求。

② 用 Q195 和 Q235B 级沸腾钢轧制的钢材，其厚度（或直径）不大于 25mm。

③ 做拉伸和冷弯试验时，型钢和钢棒取纵向试样；钢板、钢带取横向试样，断后伸长率允许比表 4-34 降低 2%（绝对值）。窄钢带取横向试样如果受宽度限制时，可以取纵向试样。

④ 如供方能保证冷弯试验符合表 4-35 的规定，可不作检验。A 级钢冷弯试验合格时，抗拉强度上限可以不作为交货条件。

⑤ 厚度不小于 12mm 或直径不小于 16mm 的钢材应做冲击试验，试样尺寸为 10mm×10mm×55mm。经供需双方协议，厚度为 6～12mm 或直径为 12～16mm 的钢材可以做冲击试验，试样尺寸为 10mm×7.5mm×55mm 或 10mm×5mm×55mm 或 10mm×产品厚度×55mm。规定的冲击吸收功值，如当采用 10mm×5mm×55mm 试样时，其试验结果应不小于规定值的 50%。

⑥ 夏比（V 型缺口）冲击吸收功值按一组 3 个试样单值算术平均值计算，允许其中 1 个试样的单个值低于规定值，但不得低于规定值的 70%。如果没有满足上述条件，可从同一抽样产品上再取 3 个试样进行试验，先后 6 个试样的平均值不得低于规定值，允许有 2 个试样低于规定值，但其中低于规定值 70% 的试样只允许 1 个。

试验结果不符合上述规定时，抽样产品应报废，再从该检验批所剩余部分取两个抽样产品，在每个抽样产品上各选取新的一组 3 个试样，这两组试样的复验结果均应合格，否则该批产品不得交货。

力学性能指标（GB/T 700—2006）　　　表 4-34

牌号	等级	屈服强度[a]R_{eH}（N/mm²），不小于						抗拉强度[b]R_m（N/mm²）	断后伸长率 A（%），不小于					冲击试验（V 型缺口）	
		厚度或直径（mm）							厚度或直径（mm）					温度 ℃	冲击吸收功（纵向，J）不小于
		≤16	>16~40	>40~60	>60~100	>100~150	>150~200		≤40	>40~60	>60~100	>100~150	>150~200		
Q195	—	195	185	—	—	—	—	315~430	33	—	—	—	—	—	—
Q215	A	215	205	195	185	175	165	335~450	31	30	29	27	26	—	—
	B													+20	27
Q235	A	235	225	215	215	195	185	370~500	26	25	24	22	21	—	27[c]
	B													+20	
	C													0	
	D													−20	
Q275	A	275	265	255	245	225	215	410~540	22	21	20	18	17	—	27
	B													+20	
	C													0	
	D													−20	

a　Q195 的屈服强度值仅供参考，不作交货条件。

b　厚度大于 100mm 的钢材，抗拉强度下限允许降低 20N/mm²。宽带钢（包括剪切钢板）抗拉强度上限不作交货条件。

c　厚度大于 25mm 的 Q235B 级钢材，如供方能保证冲击吸收功值合格，经需方同意，可不作检验。

冷弯（GB/T 700—2006）　　　表 4-35

牌号	试样方向	冷弯试验 180°　B=2a[a]	
		钢材厚度（或直径）[b]mm	
		≤60	>60~100
		弯心直径 d	
Q195	纵	0	—
	横	0.5a	
Q215	纵	0.5a	1.5a
	横	a	2a
Q235	纵	a	2a
	横	1.5a	2.5a
Q275	纵	1.5a	2.5a
	横	2a	3a

a　B 为试样宽度，a 为试样厚度（或直径）。

b　钢材厚度（或直径）大于 100mm 时，弯曲试验由双方协商确定。

3）冷轧带肋钢筋

①钢筋的力学性能和工艺性能应符合表 4-36 的规定。当进行弯曲试验时，受弯曲部位表面不得产生裂纹，反复弯曲试验的弯曲半径应符合表 4-37 的规定。

力学性能和工艺性能（GB 13788—2008）　　　　表 4-36

牌号	屈服强度 $R_{p0.2}$（MPa） 不小于	抗拉强度 R_m（MPa） 不小于	伸长率（%） 不小于		弯曲试验 180°	反复弯曲次数	应力松弛初始应力应相当于公称抗拉强度的 70% 1000h 松弛率（%）不大于
			$A_{11.3}$	A_{100}			
CRB550	500	550	8.0	—	$D=3d$	—	—
CRB650	585	650	—	4.0	—	3	8
CRB800	720	800	—	4.0	—	3	8
CRB970	875	970	—	4.0	—	3	8

注：表中 D 为弯心直径，d 为钢筋公称直径。

② 钢筋的强屈比 $R_m/R_{p0.2}$ 比值应不小于 1.03。经供需双方协议可用 $A_{gt} \geqslant 2.0\%$ 代替 A。

反复弯曲试验的弯曲半径（单位：mm）（GB 13788—2008）　　　　表 4-37

钢筋公称直径	4	5	6
弯曲半径	10	15	15

③ 供方在保证 1000h 松弛率合格基础上，允许使用推算法确定 1000h 松弛。

4）低压流体输送用焊接钢管

① 钢管的力学性能要求应符合表 4-38 的规定，其他钢牌号的力学性能要求由供需双方协商确定。

钢管的力学性能（GB/T 3091—2008）　　　　表 4-38

牌号	下屈服强度 R_{eL}（N/mm²） 不小于		下屈服强度 R_m（N/mm²） 不小于	断后伸长率 A（%） 不小于	
	$t \leqslant 16mm$	$t > 16mm$		$D \leqslant 168.3mm$	$D > 168.3mm$
Q195	195	185	315	15	20
Q215A，Q215B	215	205	335		
Q235A，Q235B	235	225	370		
Q295A，Q295B	295	275	390	13	18
Q345A，Q345B	345	325	470		

② 弯曲试验

外径不大于 60.3mm 的电阻焊钢管应进行弯曲试验。试验时，试样应不带填充物，弯曲半径为钢管外径的 6 倍，弯曲角度为 90°，焊缝位于弯曲方向的外侧面。试验后，试样上不允许出现裂纹。

5）钢筋焊接

在工程开工正式焊接之前，参与该项施焊的焊工应进行现场条件下的焊接工艺试验，并经试验合格后，方可正式生产。

① 钢筋闪光对焊接头、电弧焊接头、电渣压力焊接头、气压焊接头、箍筋闪光对焊接头、预埋件钢筋 T 形接头的拉伸试验，应从每一检验批接头中随机切取 3 个接头进行并应按下列规定对试验结果进行评定：

A. 符合下列条件之一，应评定该检验批接头拉伸试验合格：

a. 3 个试件均断于钢筋母材，呈延性断裂，其抗拉强度大于或等于钢筋母材抗拉强度标准值。

b. 2 个试件钢筋母材，呈延性断裂，其抗拉强度大于或等于钢筋母材抗拉强度标准值；另一试件断于焊缝，呈脆性断裂，其抗拉强度大于或等于钢筋母材抗拉强度标准值的 1.0 倍。

注：试件断于热影响区，呈延性断裂，应视作与断于钢筋母材等同；试件断于热影响区，呈脆性断裂，应视作与断于焊缝等同。

B. 符合下列条件之一，应进行复验：

a. 2 个试件断于钢筋母材，呈延性断裂，其抗拉强度大于或等于钢筋母材抗拉强度标准值；另一试件断于焊缝，或热影响区，呈脆性断裂，其抗拉强度小于钢筋母材抗拉强度标准值的 1.0 倍。

b. 1 个试件断于钢筋母材，呈延性断裂，其抗拉强度大于或等于钢筋母材抗拉强度标准值；另 2 个试件断于焊缝或热影响区，呈脆性断裂。

C. 3 个试件均断于焊缝，呈脆性断裂，3 个试件的抗拉强度均大于或等于钢筋母材抗拉强度标准值的 1.0 倍，应进行复验。若 3 个试件中有 1 个试件抗拉强度小于钢筋母材抗拉强度标准值的 1.0 倍，应评定该检验批接头拉伸试验不合格。

D. 复验时，应切取 6 个试件进行试验。试验结果，若有 4 个或 4 个以上试件断于钢筋母材，呈延性断裂，其抗拉强度大于或等于钢筋母材抗拉强度标准值，另 2 个或 2 个以下试件断于焊缝，呈脆性断裂，其抗拉强度大于或等于钢筋母材抗拉强度标准值的 1.0 倍，应评定该检验批接头拉伸试验复验合格。

E. 可焊接余热处理钢筋 RRB400W 焊接接头拉伸试验结果，其抗拉强度应符合同级热轧带肋钢筋抗拉强度标准值 540MPa 的规定。

F. 预埋件钢筋 T 形接头拉伸试验结果，3 个试件的抗拉强度均大于或等于表 4-39 的规定值时，应评定该检验批接头拉伸试验合格。若有 1 个接头试件抗拉强度小于表 4-39 的规定值时，应进行复验。

复验时，应切取 6 个试件进行试验。复验结果，其抗拉强度均大于或等于表 4-39 的规定值时，应评定该检验批接头拉伸试验复验合格。

预埋件钢筋 T 形接头抗拉强度规定值（JGJ 18—2012）　　表 4-39

钢筋牌号	抗拉强度规定值（MPa）
HPB300	400
HRB335、HRBF335	435
HRB400、HRBF400	520
HRB500、HRBF500	610
RRB400W	520

② 钢筋闪光对焊接头、气压焊接头进行弯曲试验时，应从每一个检验接头中随机切取 3 个接头，焊缝应处于弯曲中心点，弯心直径和弯曲角度应符合表 4-40 的规定。

接头弯曲试验指标（JGJ 18—2012）　　　　　　　　　　　　　　表 4-40

钢筋牌号	弯心直径	弯曲角（°）
HPB300	$2d$	90
HRB335、HRBF335	$4d$	90
HRB400、HRBF400、RRB400W	$5d$	90
HRB500、HRBF500	$7d$	90

注：1. d 为钢筋直径（mm）。
　　2. 直径大于 25mm 的钢筋焊接接头，弯心直径应增加 1 倍钢筋直径。

弯曲试验结果应按下列规定进行评定：

A. 当试验结果，弯曲到 90°，有 2 个或 3 个试件外侧（含焊缝和热影响区）未发生宽度达到 0.5mm 的裂纹，应评定该检验批接头弯曲试验合格。

B. 当有 2 个试件发生宽度达到 0.5mm 的裂纹，应进行复验。

C. 当有 3 个试件发生宽度达到 0.5mm 的裂纹，应评定该检验批接头弯曲试验不合格。

D. 复验时，应切取 6 个试件进行试验。复验结果，当不超过 2 个试件发生宽度达到 0.5mm 的裂纹时，应评定该检验批接头弯曲试验复验合格。

6）钢筋机械连接

① 接头应根据抗拉强度、残余变形以及高应力和大变形条件下反复拉压性能的差异，分为下列三个性能等级：

A. Ⅰ级 接头抗拉强度等于被连接钢筋的实际拉断强度或不小于 1.10 倍钢筋抗拉强度标准值，残余变形小并具有高延性及反复拉压性能。

B. Ⅱ级 接头抗拉强度不小于被连接钢筋抗拉强度标准值，残余变形较小并具有高延性及反复拉压性能。

C. Ⅲ级 接头抗拉强度不小于被连接钢筋屈服强度标准值的 1.25 倍，残余变形较小并具有一定的延性及反复拉压性能。

② Ⅰ级、Ⅱ级、Ⅲ级接头的抗拉强度必须符合表 4-41 的规定。

接头的抗拉强度（JGJ 107—2010）　　　　　　　　　　　　　表 4-41

接头等级	Ⅰ级	Ⅱ级	Ⅲ级
抗拉强度	$f_{mst}^{0} \geqslant f_{stk}$ 或 $f_{mst}^{0} \geqslant 1.10 f_{stk}$	断于钢筋 断于接头 $f_{mst}^{0} \geqslant f_{stk}$	$f_{mst}^{0} \geqslant 1.25 f_{yk}$

③ Ⅰ级、Ⅱ级、Ⅲ级接头的变形性能应符合表 4-42 的规定。

接头的变形性能（JGJ 107—2010）　　　　　　　　　　　　　表 4-42

接头等级		Ⅰ级	Ⅱ级	Ⅲ级
单向拉伸	残余变形 （mm）	$u_0 \leqslant 0.10$（$d \leqslant 32$） $u_0 \leqslant 0.14$（$d > 32$）	$u_0 \leqslant 0.14$（$d \leqslant 32$） $u_0 \leqslant 0.16$（$d > 32$）	$u_0 \leqslant 0.14$（$d \leqslant 32$） $u_0 \leqslant 0.16$（$d > 32$）
	最大力 总伸长率（%）	$A_{sgt} \geqslant 6.0$	$A_{sgt} \geqslant 6.0$	$A_{sgt} \geqslant 3.0$

续表

接头等级		Ⅰ级	Ⅱ级	Ⅲ级
高应力反复拉压	残余变形（mm）	$u_{20} \leqslant 0.3$	$u_{20} \leqslant 0.3$	$u_{20} \leqslant 0.3$
大变形反复拉压	残余变形（mm）	$u_4 \leqslant 0.3$ 且 $u_8 \leqslant 0.6$	$u_4 \leqslant 0.3$ 且 $u_8 \leqslant 0.6$	$u_4 \leqslant 0.6$

注：当频遇荷载组合下，构件中钢筋应力明显高于 0.6fyk 时，设计部门可对单向拉伸残余变形 u_0 的加载峰值提出调整要求。

④ 接头的检验

A. 工艺检验

钢筋连接工程开始前，应对不同钢筋生产厂的进场钢筋进行接头工艺检验；工艺检验应符合下列规定：

a. 每种规定钢筋的接头试件不应少于 3 根。

b. 每根试件的抗拉强度和 3 根接头试件的残余变形的平均值均应符合表 4-41 和表 4-42 的规定。

c. 在第一次工艺检验中 1 根试件抗拉强度或 3 根试件的残余变形平均值不合格时，允许再抽 3 根试件进行复检，复检仍不合格时判为工艺检验不合格。

B. 现场检验

现场检验应进行接头的抗拉强度试验，应符合下列规定：

a. 对接头的每一验收批，必须在工程结构中随机截取 3 个接头试件作抗拉强度试验，按设计要求的接头等级进行评定。

b. 当 3 个接头试件的抗拉强度均符合表 4-41 中相应等级的强度要求时，该验收批应评为合格。

c. 如有 1 个试件的抗拉强度不符合要求，应取 6 个试件进行复检。复检中如仍有 1 个试件的抗拉强度不符合要求，则该验收批应评为不合格。

7）钢筋焊接网

① 技术要求

钢筋焊接网应采用 GB 13788—2008 规定的牌号 CRB550 冷轧带肋钢筋和符合 GB 1499.2—2007 规定的热轧带肋钢筋。采用热轧带肋钢筋时，宜采用无纵肋的热轧钢筋。

② 重量及允许偏差

钢筋焊接网的理论重量按组成钢筋公称直径和规定尺寸计算，计算时钢的密度采用 7.85g/cm³。钢筋焊接网实际重量与理论重量的允许偏差为 ±4%。

③ 性能要求

A. 焊接网钢筋的力学与工艺性能应分别符合相应标准中相应牌号钢筋的规定。对于公称直径不小于 6mm 的焊接网用冷轧带肋钢筋，冷轧带肋钢筋的最大总伸长率（A_{gt}）应不小于 2.5%，钢筋的强屈比 $R_m/R_{p0.2}$ 应不小于 1.05。

B. 钢筋焊接网焊点的抗剪力应不小于试样受拉钢筋规定屈服力值的 0.3 倍。

④ 复验

钢筋焊接网的拉伸、弯曲和抗剪力试验结果如不合格，则应从该批钢筋焊接网中任取双倍试样进行不合格项目的检验，复验结果全部合格时，该批钢筋焊接网判定为合格。

（3）钢材取样方法

1）钢筋混凝土用热轧光圆钢筋和热轧带肋钢筋

① 批量：钢筋按批进行检查和验收，每批由同一牌号、同一炉罐号、同一尺寸的钢筋组成。每批重量不大于60t，超过60t的部分，每增加40t（或不足40t的余数）增加一个拉伸试样和一个弯曲试样。

② 取样方法、数量及试验方法见表4-43。

取样方法、数量（GB 1499.1—2008、GB 1499.2—2007） 表 4-43

序号	检测项目		取样数量	取样方法
1	热轧光圆、带肋钢筋	化学成分（熔炼分析）	1	从底部1/3高度处的位置钻取，制得的屑状样品
2		拉伸	2根	任选2根钢筋切取，长度约450mm
3		冷弯	2根	任选2根钢筋切取，长度约350mm
4		尺寸	逐支（盘）	一般就用力学性能试件做
5		表面	逐支（盘）	—
6		重量偏差	不少于5根	从不同根钢筋上截取，长度不小于500mm
7	热轧带肋钢筋	反复弯曲	1	任选2根钢筋切取，长度约350m
8		疲劳试验		供需双方协议
9		晶粒度	2	任选两根钢筋切取

2）冷轧带肋钢筋

① 批量：钢筋按批进行检查和验收，每批应由同一牌号、同一外形、同一规格、同一生产工艺和同一交货状态的钢筋组成，每批不大于60t。

② 取样数量及方法见表4-44。

冷轧带肋钢筋取样数量及方法（GB 13788—2008） 表 4-44

序号	检测项目	取样数量	取样方法
1	拉伸试验	每盘1个	在每（任）盘中随机切取
2	弯曲试验	每批2个	
3	反射弯曲试验	每批2个	
4	应力松弛试验	定期1个	
5	尺寸	逐盘	—
6	表面	逐盘	—
7	重量偏差	每盘1个	

3）碳素结构钢

① 批量：钢材成批验收，每批应由同一牌号、同一炉号、同一质量等级、同一品种、同一尺寸、同一交货状态的钢材组成，每批重量应不大于60t。

② 每批钢材的检验项目、取样数量及取样方法应符合表4-45。

检验项目、取样数量及取样方法（GB/T 700—2006）　表 4-45

序号	检测项目	取样数量/个	取样方法
1	化学成分	1（每炉）	可从力学性能试验的试样上取样，也可从抽样产品中直接取样
2	拉伸	1	任选 1 根钢筋切取，长度约 450mm
3	冷弯		任选 1 根钢筋切取，长度约 350mm
4	冲击	3	一般就用力学性能试件做

　　拉伸和冷弯试样，钢板、钢带试样的纵向轴线应垂直于轧制方向；型钢、钢棒和受宽度限制的窄钢带试样的纵向轴线应平行于轧制方向。冲击试样的纵向轴线应平行轧制方向。冲击试样可以保留一个轧制面。

　　4）低压流体输送用焊接钢管取样规则

　　钢管应按批进行检查和验收，每批应由同一炉号、同一牌号、同一规格、同一焊接工艺、同一热处理制度（如适用）和同一镀锌层（如适用）的钢管组成，每批钢管的数量不应超过如下规定：

$D \leqslant 33.7$mm	1000 根
$D > 33.7 \sim 60.3$mm	750 根
$D > 60.3 \sim 168.3$mm	500 根
$D > 168.3 \sim 323.9$mm	200 根
$D > 323.9$mm	100 根

　　取样数量应符合表 4-46 的规定。

钢管的取样数量（GB/T 3091—2008）　表 4-46

序号	检测项目	取样数量		
1	化学分析	每炉 1 个		
2	拉伸试验	$D < 219.1$mm	每批 1 个	
		$D \geqslant 219.1$mm	直缝	母材每批 1 个 焊缝每批 1 个
			螺旋缝	母材每批 1 个 螺旋焊接每批 1 个 钢带对头焊缝每批 1 个
3	弯曲试验	每批 1 个		
4	导向弯曲试验	每批 1 个		
5	压扁试验	每批 2 个		
6	液压试验	逐根		
7	电阻焊钢管超声波检验	逐根		
8	埋弧焊钢管超声波检验	逐根		
9	涡流探伤检验	逐根		
10	射线探伤检验	逐根		
11	镀锌层重量测定	每批 2 个		
12	镀锌层均匀性试验	每批 2 个		
13	镀锌层的附着力检验	每批 1 个		

5）钢筋焊接接头取样要求

① 钢筋闪光对焊接头

A. 批量：在同一班内，由同一焊工完成的 300 个同牌号、同直径钢筋焊接接头应作为一批。当同一台班内焊接的接头数量较少，可在一周之内累计计算，累计仍不足 300 个接头时，应按一批计算。封闭环式箍筋闪光对焊接头，以 600 个同牌号、同规格的接头作为一批。

B. 力学性能检验时，应从每批接头中随机切取 6 个接头，其中 3 个做拉伸试验，3 个做弯曲试验。异径钢筋接头可只做拉伸试验。取样长度：钢筋直径≥20mm 的钢筋，试件拉伸长度=10d+200mm，试件弯曲长度=5d+200mm；钢筋直径<20mm 的钢筋，试件拉伸长度=10d+250mm，试件弯曲长度=5d+200mm。

② 钢筋电弧焊接头

A. 批量：在现浇混凝土结构中，应以 300 个同牌号钢筋、同形式接头作为一批；在房屋结构中，应在不超过二楼层中 300 个同牌号钢筋、同形式接头作为一批。

B. 力学性能检验时，应从每批随机切取 3 个接头，做拉伸试验；在装配式结构中，可按生产条件制作模拟试件，每批 3 个，做拉伸试验。在同一批若有 3 种不同直径的钢筋焊接接头，应在最大直径钢筋接头和最小直径钢筋接头中分别切取 3 个试件进行拉伸试验。取样长度为焊缝两端各留 200mm。

③ 钢筋电渣压力焊接头

A. 批量：在现浇钢筋混凝土结构中，应以 300 个同牌号钢筋接头作为一批；在房屋结构中，应在不超过连续二楼层中 300 个同牌号钢筋接头作为一批；当不足 300 个接头时，仍应作为一批。

B. 力学性能检验时，应从每批随机切取 3 个接头，做拉伸试验；取样长度同钢筋闪光对焊接头。

④ 钢筋气压焊接头

A. 批量：在现浇钢筋混凝土结构中，应以 300 个同牌号钢筋接头作为一批，在房屋结构中，应在不超过连续二楼层中 300 个同牌号钢筋接头作为一批，当不足 300 个接头时，仍应作为一批。

B. 力学性能检验时，在柱、墙的竖向钢筋连接中，应从每批接头中随机切取 3 个接头做拉伸试验；在梁、板的水平钢筋连接中，应另切取 3 个接头做弯曲试验。在同一批中，异径钢筋气压焊接头可只做拉伸试验。取样长度同钢筋闪光对焊接头。

⑤ 预埋件钢筋 T 型接头

A. 批量：以 300 件同类型预埋件作为一批。一周内连续焊接时，可以累计计算。当不足 300 件，亦应按一批计算。

B. 力学性能检验时，应从每批预埋件中随机切取 3 个接头做拉伸试验，试件的钢筋长度应不小于 200mm，钢板（锚板）的长度和宽度均应等于 60mm。并视钢筋直径的增大而适当增大。

6）钢筋焊接网

① 组批规则

钢筋焊接网应按批进行检查验收，每批应由同一型号、同一原材料来源、同一生产设备并在同一连续时段内制造的钢筋焊接网组成，重量不大于 60t。

② 试样选取

A. 钢筋焊接网试样均从成品网片上截取，但试样所包含的交叉点不应开焊。除去掉多余的部分以外，试样不得进行其他加工。

B. 拉伸试样应沿钢筋焊接网两个方向各截取一个试样，每个试样至少有一个交叉点。试样长度应足够，以保证夹具之间的距离不小于 20 倍试样直径或 180mm（取二者之较大者）。对于并筋，非受拉钢筋应在离交叉焊点约 20mm 处切断。拉伸试样上的横向钢筋宜距交叉点约 25mm 处切断。

C. 沿钢筋网两个方向各截取一个弯曲试样，试样应保证试验时受弯曲部位离开交叉焊点至少 25mm。

D. 抗剪试样，应沿同一横向钢筋随机截取 3 个试样。钢筋网两方向均为单根钢筋时，较粗钢筋为受拉钢筋，对于并筋，其中之一为受拉钢筋，另一支非受拉钢筋应在交叉焊点处切断，但不应损伤受拉钢筋焊点。抗剪试样上的横向钢筋应距交叉点不小于 25mm 之处切断。

E. 重量偏差试样应截取 5 个试样，每个试样至少有 1 个交叉点，纵向并筋与横筋的每一交叉处只算一个交叉点，试样长度应不小于拉伸试验的长度。

③ 试验数量：拉伸试验的试验数量是 2 个；弯曲试验的试验数量是 2 个；抗剪力试验的试验数量是 3 个。

7）机械连接接头

机械连接接头的检验分为型式检验和现场检验。

A. 型式检验

在下列情况时应进行型式检验：

a. 确定接头性能等级时。

b. 材料、工艺、规格进行改动时。

c. 质量监督部门提出专门要求时。

力学试验：对每种型式、级别、规格、材料、工艺的钢筋机械连接接头，型式检验试件不应少于 9 个，其中单向拉伸试件不应少于 3 个，高应力反复拉压试件不应少于 3 个，大变形反复拉压试件不应少于 3 个。同时，应另取 3 根钢筋试件做抗拉强度试验。全部试件均应在同一根钢筋上截取。

B. 接头的施工现场检验及验收

a. 批量：接头的现场检验按验收批进行。同一施工条件下采用同一批材料的同等级、同型式、同规格接头，以 500 个为一个验收批进行检验与验收，不足 500 个也作为一个验收批。现场检验连续 10 个验收批抽样试件抗拉强度试验 1 次合格率为 100% 时，验收批接头数量可以扩大 1 倍。

b. 工艺检验：钢筋连接工程开始前及施工过程中，应对每批进场钢筋进行接头工艺检验，每种规格钢筋的接头试件不应少于 3 根；钢筋母材抗拉强度试件不应小于 3 根，且应取自接头试件的同一根钢筋。

c. 力学检验：对接头的每一验收批，必须在工程结构中随机截取 3 个接头试件作抗拉强度试验，按设计要求的接头等级进行评定。3 根接头试件的抗拉强度应符合相关法规的规定：对于 Ⅰ 级接头，试件抗拉强度尚应不小于钢筋抗拉强度实测值的 0.95 倍；对于 Ⅱ级接头，应大于 0.9 倍。

d. 取样长度：钢筋连接接头的拉伸长度除有特殊规定外，试样一般长度 $L \geqslant 2d + 400mm$。

7. 预应力混凝土用波纹管

（1）预应力混凝土桥梁用塑料波纹管

1）技术要求

① 外观：塑料波纹管的外观应光滑，色泽均匀，内外壁不允许有隔体破裂、气泡、裂口、硬块及影响使用的划伤。

② 环刚度：塑料波纹管环刚度应不小于 $6kN/m^2$。

③ 横向荷载：塑料波纹管承受横向荷载时，管材表面不应破裂；卸荷 5min 后管材残余变形量不得超过管材外径的 10%。

④ 柔韧性：塑料波纹管反复弯曲 5 次后，专用塞规能顺利地从塑料波纹管中通过，则塑料波纹管的柔韧性合格。

⑤ 抗冲击性：塑料波纹管低温落锤冲击试验的真实冲击率 TIR 最大允许值为 10%。

外观质量检测抽取的 5 根（段）产品中，当有 3 根（段）不符合规定时，则该 5 根（段）所代表的这批产品不合格；若有 2 根（段）不符合规定时，可再抽取 5 根（段）进行检测，若仍有 2 根（段）不符合规定时，则该批产品不合格。

外观质量检验后，检验其他指标均合格时则判定该批产品为合格批。若其他指标中有一项不合格，则应在该产品中重新抽取双倍样品制作试样，对指标中的不合格项目进行复检，复检全部合格，判该批为合格批；检测结果若仍有一项不合格，则判定该批产品为不合格。复检结果作为最终判定的依据。

2）检验规则

① 检验分类

检验分为出厂检验和型式检验。

A. 出厂检验指标为尺寸偏差、外观、环刚度。

B. 型式检验指标为尺寸偏差、外观、环刚度、横向荷载、柔韧性、抗冲击性。有下列情况之一，应进行型式检验：

a. 新产品或老产品转厂生产的试制定型鉴定。

b. 正式生产后，如设备、原料、工艺有较大改变，可能影响产品性能时。

c. 正常生产时，每年定期进行一次检验。

d. 出厂结果与上次型式检验有较大差异时。

e. 产品长期停产后恢复生产时。

f. 国家质量监督机构提出进行型式检验的要求时。

② 组批与取样方法

A. 组批：产品以批为单位进行验收，同一配方、同一生产工艺、同一设备稳定连续生产的一定数的产品为一批,每批数量不超过10000m。

B. 取样方法:

a. 环刚度:随机抽取五根管材,各取长300±10mm试样一段,两端应与轴线垂直切平。

b. 局部横向荷载:随机抽取五根管材,各取样长1100mm。

c. 柔韧性:随机抽取一根管材,取1100mm的样5件。

d. 抗冲击性:试样应从一批或连续生产的管材中随机抽取切割而成,其切割端面应与管材的轴线垂直,切割端应清洁、无损伤,试样长度为200±10mm,每个试样只进行一次冲击。取样数量根据试验所需的冲击总数和冲击破坏数确定。

(2) 预应力混凝土用金属波纹管

1) 技术要求

① 外观:预应力混凝土用金属波纹管外观应清洁,内外表面应无锈蚀、油污、附着物、孔洞和不规则的褶皱,咬口无开裂、脱扣。

② 径向刚度:预应力混凝土用金属波纹管径向刚度应符合表4-47的规定。

径向刚度(JG 225—2007)   表4-47

截面形状			圆形	扁形
集中荷载(N)	标准型		800	500
	增强型			
均布荷载(N)	标准型		$F=0.31d^2$	$F=0.15d_s^2$
	增强型			
δ	标准型	$d\leqslant75mm$	$\leqslant0.20$	$\leqslant0.20$
		$d>75mm$	$\leqslant0.15$	
	增强型	$d\leqslant75mm$	$\leqslant0.10$	$\leqslant0.15$
		$d>75mm$	$\leqslant0.08$	

表中:圆管内径及扁管短轴长度均为公称尺寸。

F—均布荷载值,N;

d—圆管内径(mm);

d_s—扁管等效内径(mm);

δ—内径变形比。

③ 抗渗漏性能:在规定的集中荷载作用后或在规定的弯曲情况下,预应力混凝土用金属波纹管允许水泥浆泌水渗出,但不得渗出水泥浆。

2) 检验规则

预应力混凝土用金属波纹管应进行出厂检验和型式检验。

① 出厂检验

出厂检验的指标包括外观、尺寸、集中荷载下径向刚度、集中荷载作用后抗渗漏、弯曲后抗渗漏。

A. 组批

每批应由同一个钢带生产厂生产的同一批钢带所制造的预应力混凝土用金属波纹管组

成，每半年或累计 50000m 生产量为一批，取产量最多的规格。

B. 取样方法

a. 集中荷载下径向刚度：任意截取 3 根金属波纹管，试件长度 5d 且不应小于 300mm。

b. 集中荷载作用后抗渗漏：任意截取 3 根金属波纹管，试件长度 5d 且不应小于 300mm。

c. 弯曲后抗渗漏：任意截取 3 根金属波纹管，试件长度见下表 4-48 和表 4-49。

试件长度表（JG 225—2007）   表 4-48

内径	<70	70~100	>100
试件长度（mm）	2000	2500	3000

试件长度表（JG 225—2007）   表 4-49

扁管规格	短轴 h	20	20	20	22	22	22
	长轴 b	52	65	78	60	76	90
试件长度		2000			2500		

② 型式检验

A. 型式检验的指标为尺寸偏差、外观、环刚度、横向荷载、柔韧性、抗冲击性。

B. 有下列情况之一，应进行型式检验：

a. 新产品或老产品转厂生产的试制定型鉴定。

b. 正式生产后，如设备、材料、工艺有较大改变，可能影响产品性能时。

c. 正常生产时，每 2 年应进行一次。

d. 产品停产半年以上，恢复生产时。

e. 出厂检验结果与上次型式检验有较大差异时。

f. 国家质量监督机构提出进行型式检验的要求时。

C. 组批：同一波纹数量、同一截面形状、同一刚度特性的波纹管中，选取 3 个典型规格的产品进行检验。

D. 取样方法：按出厂检验取样数量的 2 倍进行试验。

③ 检验结果判定

当检验结果有不合格项目时，应取双倍数量的试件对该不合格项目进行复验，复验仍不合格时，该批产品为不合格品，型式检验不合格。

8. 预应力混凝土用钢绞线

（1）技术要求

1）力学性能

① 1×2 结构钢绞线的力学性能应符合表 4-50 的规定。

② 1×3 结构钢绞线的力学性能应符合表 4-51 的规定。

③ 1×7 结构钢绞线的力学性能应符合表 4-52 的规定。

④ 1×19 结构钢绞线的力学性能应符合表 4-53 的规定。

1×2 结构钢绞线的力学性能（GB/T 5224—2014）　　　　表 4-50

钢绞线结构	钢绞线公称直径 D_n（mm）	公称抗拉强度 R_m（MPa）	整根钢绞线最大力 F_m（kN）≥	整根钢绞线最大力的最大值 $F_{m,max}$（kN）≤	0.2%屈服力 $F_{p0.2}$（kN）≥	最大力总伸长率（$L_0 \geqslant 400mm$）A_{gt}（%）≥	应力松弛性能	
							初始负荷相当于实际最大力的百分数（%）	1000h 应力松弛率 r（%）≤
1×2	8.00	1470	36.9	41.9	32.5	对所有规格	对所有规格	对所有规格
	10.00		57.8	65.6	50.9			
	12.00		83.1	94.4	73.1			
	5.00	1570	15.4	17.4	13.6			
	5.80		20.7	23.4	18.2			
	8.00		39.4	44.4	34.7			
	10.00		61.7	69.6	54.3			
	12.00		88.7	100	78.1			
	5.00	1720	16.9	18.9	14.9	3.5	70	2.5
	5.80		22.7	25.3	20.0			
	8.00		43.2	48.2	38.0			
	10.00		67.6	75.5	59.5			
	12.00		97.2	108	85.5			
	5.00	1860	18.3	20.2	16.1		80	4.5
	5.80		24.6	27.2	21.6			
	8.00		46.7	51.7	41.1			
	10.00		73.1	81.0	64.3			
	12.00		105	116	92.5			
	5.00	1960	19.2	21.2	16.9			
	5.80		25.9	28.5	22.8			
	8.00		49.2	54.2	43.3			
	10.00		77.0	84.9	67.8			

1×3 结构钢绞线的力学性能（GB/T 5224—2014） 表 4-51

钢绞线结构	钢绞线公称直径 D_n（mm）	公称抗拉强度 R_m（MPa）	整根钢绞线最大力 F_m（kN）≥	整根钢绞线最大力的最大值 $F_{m,max}$（kN）≤	0.2%屈服力 $F_{p0.2}$（kN）≥	最大力总伸长率（$L_0 \geqslant 400mm$）A_{gt}（%）≥	应力松弛性能 初始负荷相当于实际最大力的百分数（%）	应力松弛性能 1000h 应力松弛率 r（%）≤
1×3	8.60	1470	55.4	63.0	48.8	对所有规格	对所有规格	对所有规格
	10.80		86.6	98.4	76.2			
	12.90		125	142	110			
	6.20	1570	31.1	35.0	27.4			
	6.50		33.3	37.5	29.3			
	8.60		59.2	66.7	52.1			
	8.74		60.6	68.3	53.3			
	10.80		92.5	104	81.4			
	12.90		133	150	117			
	8.74	1670	64.5	72.2	56.8		70	2.5
	6.20	1720	34.1	38.0	30.0	3.5		
	6.50		36.5	40.7	32.1			
	8.60		64.8	72.4	57.0			
	10.80		101	113	88.9			
	12.90		146	163	128		80	4.5
	6.20	1860	36.8	40.8	32.4			
	6.50		39.4	43.7	34.7			
	8.60		70.1	77.7	61.7			
	8.74		71.8	79.5	63.2			
	10.80		110	121	96.8			
	12.90		158	175	139			
	6.20	1960	38.8	42.8	34.1			
	6.50		41.6	45.8	36.6			
	8.60		73.9	81.4	65.0			
	10.80		115	127	101			
	12.90		166	183	146			
1×3I	8.70	1570	60.4	68.1	53.2			
		1720	66.2	73.9	58.3			
		1860	71.6	79.3	63.0			

1×7 结构钢绞线的力学性能（GB/T 5224—2014）　表 4-52

钢绞线结构	钢绞线公称直径 D_n（mm）	公称抗拉强度 R_m（MPa）	整根钢绞线最大力 F_m（kN）≥	整根钢绞线最大力的最大值 $F_{m,max}$（kN）≤	0.2%屈服力 $F_{p0.2}$（kN）≥	最大力总伸长率（$L_0 \geq 400mm$）A_{gt}（%）≥	应力松弛性能 初始负荷相当于实际最大力的百分数（%）	应力松弛性能 1000h 应力松弛率 r（%）≤
1×7	15.20 (15.24)	1470	206	234	181	对所有规格	对所有规格	对所有规格
	15.20 (15.24)	1570	220	248	194			
	15.20 (15.24)	1670	234	262	206			
	9.50 (9.53)	1720	94.3	105	83.0	3.5		
	11.10 (11.11)	1720	128	142	113			
	12.70	1720	170	190	150			
	15.20 (15.24)	1720	241	269	212			
	17.80 (17.78)	1720	327	365	288			
	18.90	1820	400	444	234			
	15.70	1770	266	296	234			
	21.60	1770	504	561	444			
	9.50 (9.53)	1860	102	113	89.8			
	11.10 (11.11)	1860	138	153	121		70	2.5
	12.70	1860	184	203	162			
	15.20 (15.24)	1860	260	288	229			
	15.70	1860	279	309	246			
	17.80 (17.78)	1860	355	391	311		80	4.5
	18.90	1860	409	453	360			
	21.60	1860	530	587	466			
	9.50 (9.53)	1960	107	118	94.2			
	11.10 (11.11)	1960	145	160	128			
	12.70	1960	193	213	170			
	15.20 (15.24)	1960	274	302	241			
1×7I	12.70	1860	184	203	162			
	15.20 (15.24)	1860	260	288	229			
(1×7) C	12.70	1860	208	231	183			
	15.20 (15.24)	1820	300	333	264			
	18.00	1720	384	428	338			

1×19 结构钢绞线的力学性能（GB/T 5224—2014）　　　表 4-53

钢绞线结构	钢绞线公称直径 D_n（mm）	公称抗拉强度 R_m（MPa）	整根钢绞线最大力 F_m（kN）≥	整根钢绞线最大力的最大值 $F_{m,max}$（kN）≤	0.2%屈服力 $F_{p0.2}$（kN）≥	最大力总伸长率（$L_0 \geqslant 400mm$）A_{gt}（%）≥	应力松弛性能	
							初始负荷相当于实际最大力的百分数（%）	1000h应力松弛率 r（%）≤
1×19S (1+9+9)	28.6	1720	915	1021	805	对所有规格	对所有规格	对所有规格
	17.8	1770	368	410	334	3.5	70	2.5
	19.3		431	481	379			
	20.3		480	534	422			
	21.8		554	617	488			
	28.6		942	1048	829			
	20.3	1810	491	545	432		80	4.5
	21.8		567	629	499			
	17.8	1860	387	428	341			
	19.3		454	503	400			
	20.3		504	558	444			
	21.8		583	645	513			
1×19W (1+6+6/6)	28.6	1720	915	1021	805			
		1770	942	1048	829			
		1860	990	1096	854			

⑤ 钢绞线弹性模量为（195±10）GPa，可不作为交货条件。当需方要求时，应满足该范围值。

⑥ 0.2%屈服力 $F_{p0.2}$ 值应为整根钢绞线实际最大力 F_{ma} 的 88%～95%。

⑦ 如无特殊要求，只进行初始力为 70% F_{ma} 的松弛试验，允许使用推算法进行 120h 松弛试验确定 1000h 松弛率。用于矿山支护的 1×19 结构的钢绞线松弛率不做要求。

2）表面质量

① 钢绞线表面不得有油、润滑脂等物质。

② 钢绞线表面不得有影响使用性能的有害缺陷。允许存在轴向表面缺陷，但其深度应小于单根钢丝直径的 4%。

③ 允许钢绞线表面有轻微浮锈。表面不能有目视可见的锈蚀凹坑。

④ 钢绞线表面允许存在回火颜色。

（2）检验规则

1）检验频率

钢绞线应成批检查和验收，每批钢绞线由同一牌号、同一规格、同一生产工艺捻制的钢绞线组成，每批重量不大于 60t。

2）检验项目及取样数量

① 不同结构钢绞线的检验项目和取样数量应符合表 4-54 的规定。

常规检验项目及取样数量（GB/T 5224—2014）　　　　　**表 4-54**

序号	检验项目	取样数量	取样部位
1	表面	逐盘卷	/
2	外形尺寸	逐盘卷	/
3	钢绞线伸直性	3 根/每批	
4	整根钢绞线最大力	3 根/每批	
5	0.2%屈服力	3 根/每批	在每（任）盘卷中
6	最大力总伸长率	3 根/每批	任意一端截取
7[a]	弹性模量	3 根/每批	
8[b]	应力松弛性能	不小于 1 根/每合同批	

a　当需方要求时测定。

b　在特殊情况下，松弛试验可以由工厂连续检验提供同一原料、同一生产工艺的数据所代替。

② 1000h 的应力松弛性能试验、轴向疲劳试验、偏斜拉伸试验、应力腐蚀试验只进行型式检验，即当遇到原料、生产工艺、设备有重大变化及新产品生产、停产后复产时进行型式检验。

③ 复验与判定规则

当某一项检验结果不符合相应规定时，则该盘卷不得交货。并从同一批未经试验的钢绞线盘卷中取双倍数量的试样进行该不合格项目的复验，复验结果即使有一个试样不合格，则整批钢绞线不得交货，或进行逐盘检验合格者交货。

9. 预应力混凝土用锚夹具

（1）要求

1）使用要求：锚具、夹具和连接器应具有可靠的锚固性能、足够的承载能力和良好的适用性，以保证充分发挥预应力筋的强度，并安全地实现预应力张拉作业。

2）外观、尺寸及硬度要求：

① 外观、尺寸应符合设计图样规定。全部产品均不得有裂纹出现。

② 产品零件的表面及芯部硬度、硬度允许偏差应符合设计图样规定。

（2）锚具的基本性能要求。

1）静载锚固性能：预应力筋-锚具组装件的破坏形式应是预应力钢材的断裂（逐根或多根同时断裂），锚具零件的变形不应过大或碎裂，且应按相应规范的规定确认锚固的可靠性。

2）疲劳荷载性能：预应力筋-锚具组装件，除应满足静载锚固性能外，尚应满足循环次数为 200 万次的疲劳性试验。试件经受 200 万次循环荷载后，锚具零件不应疲劳破坏。预应力筋因锚具夹持作用发生疲劳破坏的截面面积不应大于试件总截面面积的 5%。

3）周期荷载性能：在有抗震要求的结构中使用的锚具，预应力筋-锚具组装件还应满足循环次数为 50 次的周期荷载试验。试件经 50 次循环荷载后预应力筋在锚具夹持区域不应发生破断。

4）辅助性能要求：新研制的锚具应进行本项试验。

（3）检验规则

1）检验分类及检测项目

锚具、夹具和连接器的检验分为两类：出厂检验和型式检验。

① 出厂检验：生产厂在每批产品出厂前进行的厂内产品质量控制性检验。

② 型式检验：为对产品全面性能控制的检验。在下列情况之一时，一般应进行型式检验：

A. 新产品或老产品转厂生产的试制定型鉴定。

B. 正式生产后，如结构、材料、工艺有较大改变，可能影响产品性能时。

C. 正常生产时，定期或积累一定产量后，每2至3年进行一次检验。

D. 产品停产两年后，恢复生产时。

E. 出厂检验结果与上次型式检验有较大差异时。

F. 国家或省级质量监督机构提出进行型式检验的要求时。

2）产品检测项目见表4-55。

产品检测项目表（GB/T 14370—2007）　　　　　　　　　　表 4-55

锚具、夹具、连接器类别	出厂检验项目	型式检验项目
锚具及永久留在混凝土结构或构件中的连接器	外观 硬度 静载性能检验	外观 硬度 静载性能检验 疲劳性能检验 周期荷载性能检验 辅助性试验（选项）
夹具及张拉后将要放张和拆卸的连接器	外观 硬度 静载性能检验	外观 硬度 静载性能检验

3）组批和取样方法

① 出厂检验时，每批零件产品的数量是指同一种产品，同一批原材料，用同一种工艺一次投料生产的数量。每个抽检组批不得超过2000件（套）。外观检验抽取5%～10%。对有硬度要求的零件，按热处理每炉装炉量的3%～5%抽样，当用量较少时，不应少于5套。静载试验用的锚具、夹具或连接器按成套产品抽样，应在外观及硬度检验合格后的产品中抽取，每生产组批抽取3个组装件的用量。

② 锚具及永久留在混凝土结构或构件中的连接器的型式检验，疲劳荷载性能、周期荷载性能检验、辅助性试验（选项）抽取各3个组装件用的样品。

③ 大批量连续生产时，出厂检验可按月取样进行。外观检验抽样数量不得少于月生产量的5%；对有硬度要求的零件，硬度检验量不得小于月生产量的3%；静载试验数据，按同一规格每两月不得少于3个组装件。如果检验结果的质量不稳定，应增加取样。

④ 试验用的预应力筋-锚具、夹具或连接器组装件中组成的预应力筋的各根钢材，其受力长度不应小于3m；单根钢绞线的组装件及钢绞线母材力学性能试验用试件，不包括夹持部位的受力长度不应小于0.8m。

4）进场验收

① 外观检查：应从每批产品中抽取2%且不应少于10套样品，其外表尺寸应符合产

品质量保证书所示的尺寸范围，且表面不得有裂纹及锈蚀；当有下列情况之一时，应对本批产品的外观逐套检查，合格者方可进入后续检验：

A. 当有 1 个零件不符合产品质量保证书所示的外形尺寸，应另取双倍数量的零件重做检查，仍有 1 件不合格。

B. 当有 1 个零件表面有裂纹或夹片、锚孔锥面有锈蚀。

对配套使用的锚垫板和螺旋筋可按上述方法进行外观检查，但允许表面有轻度锈蚀。

② 硬度检验：对有硬度要求的锚具零件，应从每批产品中抽取 3％且不应少于 5 套样品（多孔夹片式锚具的夹片，每套应抽取 6 片）进行检验，硬度值应符合产品质量保证书的规定；当有 1 个零件不符合时，应另取双倍数量的零件重做检验；在重做检验中如仍有 1 个零件不符合，应对该批产品逐个检验，符合者方可进入后续检验。

③ 静载锚固性能试验：应在外观检查和硬度检验均合格的锚具中抽取样品，与相应规格和强度等级的预应力筋组装成 3 个预应力筋-锚具组装件。

④ 对于锚具用量较少的一般工程，如由锚具供应商提供有效的锚具静载锚固性能试验合格的证明文件，可仅进行外观检查和硬度检验。

⑤ 进场验收时，每个检验批的锚具不宜超过 2000 套，每个检验批的连接器不宜超过 500 套，每个检验批的夹具不宜超过 500 套。获得第三方独立认证的产品，其检验批的批量可扩大 1 倍。

10. 防水材料

（1）规范要求

1）石油沥青纸胎油毡

① 外观：

A. 成卷油毡应卷紧、卷齐，端面里进外出不得超过 10mm。

B. 成卷油毡在 10～45℃ 任一产品温度下展开，在距卷芯 1000mm 长度外不应有 10mm 以上的裂纹或粘结。

C. 纸胎必须浸透，不应有未被浸透的浅色斑点，不应有胎基外露和涂油不均。

D. 毡面不应有孔洞、硌伤、长度 20mm 以上的疙瘩、浆糊状粉浆、水迹，不应有距卷芯 1000mm 以外长度 100mm 以上的折纹、折皱；20mm 以内的边缘裂口或长 20mm、深 20mm 以内的缺边不应超过 4 处。

E. 每卷油毡中允许有 1 处接头，其中较短的一段长度不应少于 2500mm，接头处应剪切整齐，并加长 150mm，每批卷材中接头不应超过 5％。

② 物理性能：油毡的物理性能应符合表 4-56 规定。

物理性能（GB 326—2007）　　　　　　　　　　　　　　　表 4-56

项目		指标		
		Ⅰ型	Ⅱ型	Ⅲ型
单位面积浸涂材料总量（g/m²）	≥	600	750	1000
不透水性	压力（MPa）≥	0.02	0.02	0.10
	保持时间（min）≥	20	30	30

续表

项目		指标		
		Ⅰ型	Ⅱ型	Ⅲ型
吸水率（%）	≤	3.0	2.0	1.0
耐热度		85+2℃，2h涂盖层无滑动、流淌和集中性气泡		
拉力（纵向）（N/50 mm）	≥	240	270	340
柔度		18±2℃，绕φ20mm棒或弯板无裂纹		

注：本标准Ⅲ型产品物理性能要求为强制性的，其余为推荐性的。

③ 判定规则：

A. 卷重、面积、外观和物理性能均符合相应规范要求，则判该批产品合格。

B. 卷重、面积和外观检查，若其中有一项不符合要求，允许在该批产品中随机另抽5卷重新对不合格项进行复检，若达到要求，则卷重、面积和外观合格，若仍有不合格项，则该批产品不合格。

C. 物理性能的各项试验结果均符合相应规范要求，则该批产品物理性能合格。若仅有一项不符合要求，允许在该批产品中再随机抽取1卷，对不合格项进行单项复检，达到要求则该批产品物理性能合格，否则判不合格。

2）沥青复合胎柔性防水卷材

① 单位面积质量、面积及厚度应符合表4-57要求。

单位面积质量、面积及厚度（JC/T 690—2008）　　　　表4-57

规格（公称厚度）（mm）		3			4		
上表面材料		PE	S	M	PE	S	M
面积（m²/卷）	公称面积	10			10.75		
	偏差	±0.10			±0.10		
单位面积质量（kg/m²）　≥		3.3	3.5	4.0	4.3	4.5	5.0
厚度（mm）	平均值　≥	3.0	3.0	3.0	4.0	4.0	4.0
	最小单值　≥	2.7	2.7	2.7	3.7	3.7	3.7

② 外观

A. 成卷卷材应卷紧卷齐，端面里进外出不得超过10mm。

B. 成卷卷材在4～45℃任一产品温度下展开，在距卷芯1000mm长度外不应有10mm以上的裂纹或粘结。

C. 胎基应浸透，不应有未被浸渍的条纹。

D. 卷材表面应平整，不允许有孔洞、缺边和裂口、疙瘩，上表面材料应均匀一致并紧密地粘附于卷材表面。

E. 每卷卷材接头处不应超过1个，较短的一段长度不应少于1000mm，接头应剪切整齐，并加长150mm。

③ 物理力学性能应符合表4-58要求。

物理力学性能（JC/T 690—2008）　　　表 4-58

序号	项目		指标	
			Ⅰ	Ⅱ
1	可溶物含量（g/m²）　≥	3mm	1600	
		4mm	2200	
2	耐热性（℃）		90	
			无滑动、流淌、滴落	
3	低温柔性（℃）		-5	-10
			无裂纹	
4	不透水性		0.2MPa、30min 不透水	
5	最大拉力（N/50mm）　≥	纵向	500	600
		横向	400	500
6	粘结剥离强度（N/mm）　≥		0.5	
7	热老化	拉力保持率（%）　≥	90	
		低温柔性（℃）	0	-5
			无裂纹	
		质量损失（%）　≤	2.0	

④ 判定规则

A. 抽取的样品中单位面积质量、面积、厚度及外观若有不合格项，允许从该批产品中另随机再抽取 5 卷样品，对不合格项进行复查。如全部达到标准要求，则该批产品合格。反之，该批产品不合格。

B. 从单位面积质量、面积、厚度及外观合格的卷材中任取 1 卷进行物理力学性能检验。

a. 可溶物含量、最大拉力、粘结剥离强度以其算术平均值达到标准规定的指标判为该项合格。

b. 不透水性、耐热度以 3 个试件分别达到标准规定判为该项合格。

c. 低温柔度以每面 5 个试件至少 4 个试件符合标准规定时为该面合格，两面均符合标准规定，判该性能合格。

d. 热老化各项结果达到表 4-58 规定时判为该项合格。

e. 各项试验结果均符合表 4-58 的规定，则判该批产品物理力学性能合格。若有 1 项指标不符合规定，允许在该批产品中再随机抽取 1 卷对不合格项进行单项复验。达到标准规定时，则判该批产品物理力学性能合格；否则，判该批产品不合格。

3）弹性体改性沥青防水卷材（SBS）

① 单位面积质量、面积及厚度应符合表 4-59 要求。

单位面积质量、面积及厚度（GB 18242—2008）　　　表 4-59

规格（公称厚度（mm））		3			4			5		
上表面材料		PE	S	M	PE	S	M	PE	S	M
下表面材料		PE	PE、S		PE	PE、S		PE	PE、S	
面积（m²/卷）	公称面积	10、15			10、7.5			7.5		
	偏差	±0.10			±0.10			±0.10		

规格（公称厚度（mm））		3			4			5		
上表面材料		PE	S	M	PE	S	M	PE	S	M
下表面材料		PE	PE、S		PE	PE、S		PE	PE、S		
单位面积质量（kg/m²）≥		3.3	3.5	4.0	4.3	4.5	5.0	5.3	5.5	6.0
厚度（mm）	平均值≥	3.0			4.0			5.0		
	最小单值≥	2.7			3.7			4.7		

② 外观

A. 成卷卷材应卷紧卷齐，端面里进外出不得超过 10mm。

B. 成卷卷材在 4～45℃任一产品温度下展开，在距卷芯 1000mm 长度外不应有 10mm 以上的裂纹或粘结。

C. 胎基应浸透，不应有未被浸渍处。

D. 卷材表面平整，不允许有孔洞、缺边和裂口、疙瘩，矿物粒料粒度应均匀一致并紧密地粘附于卷材表面。

E. 每卷卷材接头处不应超过 1 个，较短的一段长度不应少于 1000mm，接头应剪切整齐，并加长 150mm。

③ 材料性能应符合表 4-60 要求。

材料性能（GB 18242—2008）   表 4-60

序号	项目		指标				
			I		II		
			PY	G	PY	G	PYG
1	可溶物含量（g/m²）≥	3mm	2100				
		4mm	2900				
		5mm	3500				
		试验现象	—	胎基不燃	—	胎基不燃	
2	耐热性	（℃）	90		105		
		≤mm	2				
		试验现象	无流淌、滴落				
3	低温柔性（℃）		—20		—25		
			无裂纹				
4	不透水性（MPa）		0.3		0.2		0.3
5	拉力	最大峰拉力（N/50mm）≥	500	350	800	500	900
		次高峰拉力（N/50mm）≥	—	—	—	—	800
		试验现象	拉伸过程中，试件中部无沥青涂盖层开裂或与胎基分离现象				
6	延伸率	最大峰时延伸率（%）≥	30	—	40	—	—
		第二峰时延伸率（%）≥	—	—	—	—	15
7	浸水后质量增加（%）≤	PE、S	1.0				
		M	2.0				

续表

序号	项目			指标				
				I		II		
				PY	G	PY	G	PYG
8	热老化	拉力保持率（%）	≥	90				
		延伸率保持率（%）	≥	80				
		低温柔性（℃）		−15		−20		
				无裂缝				
		尺寸变化率（%）	≤	0.7	—	0.7	—	0.3
		质量损失（%）	≤	1.0				
9	渗油性	张数	≤	2				
10	接缝剥离强度（N/mm）		≥	1.5				
11	钉杆撕裂强度ª（N）		≥	—				300
12	矿物粒料粘附性ᵇ（g）		≤	2.0				
13	卷材下表面沥青涂盖层厚度ᶜ（mm）		≤	1.0				
14	人工气候加速老化	外观		无滑动、流淌、滴落				
		拉力保持率（%）	≥	80				
		低温柔性（℃）		−15		−20		
				无裂缝				

a　仅适用于单层机械固定施工方式卷材；b　仅适用于矿物粒料表面的卷材；c　仅适用于热熔施工的卷材。

④ 判定规则

抽取的样品中单位面积质量、面积、厚度及外观若有不合格项，允许从该批产品中另随机再抽取样品，对不合格项进行复查。如全部达到标准要求，则该批产品合格。反之，该批产品不合格。从上述合格的卷材中任取 1 卷进行物理力学性能检验，如果有 1 项指标不符合规定，允许在该批产品中再随机抽取 1 卷对不合格项进行单项复验。达到标准规定，则该批物理力学性能合格；否则，该批产品不合格。

4）塑性体改性沥青防水卷材（APP）

① 单位面积质量、面积及厚度应符合表 4-61 要求。

单位面积质量、面积及厚度（GB 18243—2008）　　　表 4-61

规格（公称厚度（mm））		3			4			5		
上表面材料		PE	S	M	PE	S	M	PE	S	M
下表面材料		PE	PE、S		PE	PE、S		PE	PE、S	
面积（m²/卷）	公称面积	10、15			10、7.5			7.5		
	偏差	±0.10			±0.10			±0.10		
单位面积质量（kg/m²）≥		3.3	3.5	4.0	4.3	4.5	5.0	5.3	5.5	6.0
厚度（mm）	平均值≥	3.0			4.0			5.0		
	最小单值≥	2.7			3.7			4.7		

② 外观：成卷卷材在 4～60℃任一产品温度下展开，在距卷芯 1000mm 长度外不应有 10mm 以上的裂纹或粘结；胎基应浸透，不应有未被浸渍处；卷材表面应平整，不允许有孔洞、缺边和裂口、疙瘩，矿物粒料度应均匀一致并紧密地粘附于卷材表面；每卷卷材接

头处不应超过一个，较短的一段长度不应小于 1000mm，接头应剪切整齐，并加长 150mm。

③ 材料性能应符合表 4-62 要求。

材料性能（GB 18243—2008）　　　　　表 4-62

序号	项目			指标				
				I		II		
				PY	G	PY	G	PYG
1	可溶物含量 (g/m²) ≥		3mm	2100				
			4mm	2900				
			5mm	3500				
			试验现象	—	胎基不燃	—	胎基不燃	—
2	耐热性		℃	110		130		
			≤mm	2				
			试验现象	无流淌、滴落				
3	低温柔性（℃）			−7		−15		
				无裂缝				
4	不透水性 30min（MPa）			0.3	0.2	0.3		
5	拉力	最大峰拉力（N/50mm）≥		500	350	800	500	900
		次高峰拉力（N/50mm）≥						800
		试验现象		拉伸过程中，试件中部无沥青涂盖层开裂或与胎基分离现象				
6	延伸率	最大峰时延伸率（%）≥		25		40		
		第二峰时延伸率（%）≥		—		—		15
7	浸水后质量增加（%）≤	PE、S		1.0				
		M		2.0				
8	热老化	拉力保持率（%）≥		90				
		延伸率保持率（%）≥		80				
		低温柔性（℃）		−2		−10		
				无裂纹				
		尺寸变化率（%）≤		0.7	—	0.7	—	0.3
		质量损失（%）≤		1.0				
9	接缝剥离强度（N/mm）≥			1.0				
10	钉杆撕裂强度ª（N）≥							300
11	矿物粒料粘附性ᵇ（g）≤			2.0				
12	卷材下表面沥青涂着层厚度ᶜ（mm）≥			1.0				
13	人工气候加速老化	外观		无滑动、流淌、滴落				
		拉力保持率（%）≥		80				
		低温柔性（℃）		−2		−10		
				无裂缝				

a 仅适用于单层机械固定施工方式卷材；b 仅适用于矿物粒料表面的卷材；c 仅适用于热熔施工的卷材。

④ 判定规则

抽取的样品中单位面积质量、面积、厚度及外观若有不合格项，允许从该批产品中另随机再抽取样品，对不合格项进行复查。如全部达到标准要求，则该批产品合格。反之，该批产品不合格。从上述合格的卷材中任取 1 卷进行材料性能检验，如果有 1 项指标不符合规定，允许在该批产品中再随机抽取 1 卷对不合格项进行单项复验。达到标准规定，则该批物理力学性能合格；否则，该批产品不合格。

5）改性沥青聚乙烯胎防水卷材

① 单位面积质量及规格尺寸应符合表 4-63 要求。

单位面积质量及规格尺寸（GB 18967—2009）　　　　　　　　　　表 4-63

公称厚度（mm）			2	3	4
单位面积质量（kg/m²）		≥	2.1	3.1	4.2
每卷面积偏差（m²）			±0.2		
厚度（mm）	平均值	≥	2.0	3.0	4.0
	最小单值	≥	1.8	2.7	3.7

② 外观

成卷卷材在 4～45℃任一产品温度下展开，在距卷芯 1000mm 长度外不应有 10mm 以上的粘结；卷材表面平整，不允许有孔洞、缺边和裂口、疙瘩或任何其他能观察到的缺陷存在。每卷卷材接头处不应超过 1 个，较短的一段长度不应小于 1000mm，接头应剪切整齐，并加长 150mm。

③ 材料性能应符合表 4-64 要求。

材料性能（GB 18967—2009）　　　　　　　　表 4-64

序号	项目			技术指标				
				T				S
				O	M	P	R	M
1	不透水性			0.4MPa，30min 不透水				
2	耐热性（℃）			90				70
				无流淌，无起泡				无流淌 无起泡
3	低温柔性（℃）			−5	−10		−20	−20
				无裂纹				
4	拉伸性能	拉力（N/50mm）≥	纵向	200			400	200
			横向					
		断裂延伸率（%）	纵向	120				
			横向					
5	尺寸稳定性	℃		90				70
		% ≤		2.5				
6	卷材下表面沥青涂盖层厚度（mm）		≥	1				—
7	剥离强度（N/mm）	卷材与卷材		—				1
		卷材与铝板		—				1.5
8	钉杆水密性			—				通过
9	持粘性/min		≥					15
10	自粘沥青再剥离强度（与铝板，N/mm）		≥					1.5

续表

序号	项目			技术指标				
					T			S
				O	M	P	R	M
11	热空气老化	纵向拉力（N/50mm）	≥	200			400	200
		纵向断裂延伸率（%）	≥	120				
		低温柔性（℃）		5	0	−10	−10	−10
				无裂纹				

④ 判定规则

抽取的 5 卷样品中单位面积质量、面积、厚度及外观若有不合格项，允许从该批产品中另随机再抽 5 卷取样品，对不合格项进行复查。如全部达到标准要求，则该批产品合格。反之，该批产品不合格。从上述合格的卷材中任取 1 卷进行材料性能检验，如果有 1 项指标不符合规定，允许在该批产品中再随机抽取 1 卷对不合格项进行单项复验。达到标准规定，则该批物理力学性能合格；否则，该批产品不合格。

6）聚氯乙烯（PVC）防水卷材

① 尺寸偏差

长度、宽度应不小于规格值的 99.5%，厚度不应小于 1.2mm，厚度允许偏差和最小单值见表 4-65。

尺寸偏差（GB 12952—2011）　　　　　　　　　表 4-65

厚度（mm）	允许偏差（%）	最小单值（mm）
1.20		1.05
1.50	−5，+10	1.35
1.80		1.65
2.00		1.85

② 外观

卷材的接头不应多于 1 处，其中较短的一段长度不应小于 1.5m，接头应剪切整齐，并应加长 150mm；卷材表面应平整，边缘整齐，无裂纹、孔洞、粘结、气泡和疤痕。

③ 材料性能应符合表 4-66 规定。

材料性能（GB 12952—2011）　　　　　　　　　表 4-66

序号	项目			指标				
				H	L	P	G	GL
1	中间胎基上面树脂层厚度（mm）		≥	—			0.40	
2	拉伸性能	最大拉力（N/mm）	≥	—	120	250	—	120
		拉伸强度（MPa）	≥	10.0	—	—	10.0	—
		最大拉力伸长率（%）	≥	—	—	15	—	—
		断裂伸长率（%）	≥	200	150	—	200	100
3	热处理尺寸变化率（%）		≤	2.0	1.0	0.5	0.1	0.1
4	低温弯折性			−25℃无裂纹				

续表

序号	项目		指标				
			H	L	P	G	GL
5	不透水性		0.3MPa，2h 不透水				
6	抗冲击性能		0.5kg·m，不渗水				
7	抗静态荷载[a]		—	—	20kg 不渗水		
8	接缝剥离强度（N/mm） ≥		4.0 或卷材破坏		3.0		
9	直角撕裂强度（N/mm） ≥		50	—		50	—
10	梯形撕裂强度（N/mm） ≥		—	150	250	—	220
11	吸水率（70℃，68h，%）	浸水后 ≤	4.0				
		凉置后 ≥	−0.40				
12	热老化（80℃）	时间（h）	672				
		外观	无起泡、裂纹、分层、粘结和孔洞				
		最大拉力保持率（%） ≥	—	85	85	—	85
		拉伸强度保持率（%） ≥	85	—	—	85	—
		最大拉力时伸长率保持率（%） ≥	—	—	80	—	—
		断裂伸长率保持率（%） ≥	80	80	—	80	80
		低温弯折性	−20℃ 无裂纹				
13	耐化学性	外观	无起泡、裂纹、分层、粘结和孔洞				
		最大拉力保持率（%） ≥	—	85	85	—	85
		拉伸强度保持率（%） ≥	85	—	—	85	—
		最大拉力时伸长率保持率（%） ≥	—	—	80	—	—
		断裂伸长率保持率（%） ≥	80	80	—	80	80
		低温弯折性	−20℃ 无裂纹				
14	人工气候加速老化[c]	时间（h）	1500[b]				
		外观	无起泡、裂纹、分层、粘结和孔洞				
		最大拉力保持率（%） ≥	—	85	85	—	85
		拉伸强度保持率（%） ≥	85	—	—	85	—
		最大拉力时伸长率保持率（%） ≥	—	—	80	—	—
		断裂伸长率保持率（%） ≥	80	80	—	80	80
		低温弯折性	−20℃ 无裂纹				

a 抗静态荷载仅适用于压铺屋面的卷材要求。

b 单层卷材屋面使用产品的人工气候加速老化时间为 2500h。

c 非外露使用的卷材不要求测定人工气候加速老化。

④ 抗风揭能力

采用机械固定方法施工的单层屋面卷材，其抗风揭能力的模拟风压等级应不低于 4.3kPa。

⑤ 判定规则

A. 对于中间胎基上面树脂层厚度、拉伸性能、热处理尺寸变化率、接缝剥离强度、撕裂强度、吸水率以算术平均值符合标准规定时，则判该项合格。

B. 低温弯折性、不透水性、抗冲击性能、抗静态荷载、抗风揭能力所有试件均符合规定时，则该项合格，若有 1 个试件不符合标准规定则判该项不合格。

C. 热老化、耐化学性、人工气候加速老化所有项目符合标准规定，则判该项合格。

D. 试验结果符合表 4-66 规定，判该批产品材料性能合格。若仅有 1 项不符合标准规定，允许在该批产品中随机抽取 1 卷进行单项复验，符合标准规定则判该批产品材料性能合格，否则判该批产品材料性能不合格。

7）氯化聚乙烯防水卷材

① 尺寸偏差

长度、宽度不小于规定值的 99.5％。厚度偏差和最小单值见表 4-67。

厚度（mm）（GB 12953—2003）　　　　　　　　　表 4-67

厚度	允许偏差	最小单值
1.2	±0.10	1.00
1.5	±0.15	1.30
2.0	±0.20	1.70

② 外观

卷材的接头不多于 1 处，其中较短的一段长度不小于 1.5m，接头应剪切整齐，并加长 150mm。卷材表面应平整、边缘整齐、无裂纹、孔洞和粘结，不应有明显气泡、疤痕。

③ 理化性能

A. N 类无复合层的卷材理化性能应符合表 4-68 规定。

理化性能（GB 12953—2003）　　　　　　　　　表 4-68

序号	项目			I 型	II 型
1	拉伸强度（MPa）		≥	5.0	8.0
2	断裂伸长率（%）		≥	200	300
3	热处理尺寸变化率（%）		≤	3.0	纵向 2.5，横向 1.5
4	低温弯折性			−20℃无裂纹	−25℃无裂纹
5	抗穿孔性			不渗水	
6	不透水性			不透水	
7	剪切状态下的粘合性（N/mm）		≥	3.0 或卷材破坏	
8	热老化处理	外观		无起泡、裂纹、粘结与孔洞	
		拉伸强度变化率（%）		+50，−20	±20
		断裂伸长率变化率（%）		+50，−30	±20
		低湿弯折性		−15℃无裂纹	−20℃无裂纹
9	耐化学侵蚀	拉伸强度变化率（%）		±30	±20
		断裂伸长率变化率（%）		±30	±20
		低湿弯折性		−15℃无裂纹	−20℃无裂纹
10	人工气候加速老化[c]	拉伸强度变化率（%）		+50，−20	±20
		断裂伸长率变化率（%）		+50，−30	±20
		低湿弯折性		−15℃无裂纹	−20℃无裂纹

注：非外露使用可以不考核人工气候老化性能。

B. L 类纤维单面复合及 W 类织物内增强的卷材应符合表 4-69 规定。

L 类及 W 类理化性能（GB 12953—2003）　　表 4-69

序号	项目		Ⅰ型	Ⅱ型
1	拉力（N/cm）　≥		70	120
2	断裂伸长率（%）　≥		125	250
3	热处理尺寸变化率（%）　≤		1.0	
4	低温弯折性		−20℃无裂纹	−25℃无裂纹
5	抗穿孔性		不渗水	
6	不透水性		不透水	
7	剪切状态下的粘合性（N/mm）　≥	L 类	3.0 或卷材破坏	
		W 类	6.0 或卷材破坏	
8	热老化处理	外观	无起泡、裂纹、粘结与孔洞	
		拉力（N/cm）　≥	55	100
		断裂伸长率（%）　≥	100	200
		低湿弯折性	−15℃无裂纹	−20℃无裂纹
9	耐化学侵蚀	拉力（N/cm）　≥	55	100
		断裂伸长率（%）　≥	100	200
		低湿弯折性	−15℃无裂纹	−20℃无裂纹
10	人工气候加速老化[c]	拉力（N/cm）　≥	55	100
		断裂伸长率（%）　≥	100	200
		低湿弯折性	−15℃无裂纹	−20℃无裂纹

注：非外露使用可以不考核人工气候老化性能。

④ 判定规则

A. 尺寸偏差和外观均符合相关规定时，判其尺寸偏差、外观合格。对不合格的，允许在该批产品中随机另抽 3 卷重新检验，全部达到标准规定即判其尺寸偏差、外观合格，若仍有不符合标准规定的即判该批产品不合格。

B. 对于拉伸性能、热处理尺寸变化率、剪切状态下的粘合性以同一方向试件的算术平均值分别达到标准规定，即判该项合格。

C. 低温弯折性、抗穿孔性、不透水性所有试件都符合规定时，判该项合格，若有 1 个试件不符合标准规定则为不合格。

D. 试验结果符合表 4-68 和表 4-69 规定，判该批产品理化性能合格。若仅有 1 项不符合标准规定，允许在该批产品中随机另取 1 卷进行单项复验，合格则判该批产品理化性能合格，否则判该批产品理化性能不合格。

8）三元丁橡胶防水卷材

① 产品规格见表 4-70。

规格尺寸（JC/T 645—2012）　　表 4-70

厚度（mm）	宽度（mm）	长度（m）
1.2		20
1.5	1000	10
2.0		10

注：其他规格尺寸由供需双方协商确定。

② 产品尺寸允许偏差

A. 产品尺寸允许偏差应符合表 4-71 的规定。

尺寸允许偏差 （JC/T 645—2012） 表 4-71

项目	允许偏差
厚度a（mm）	±0.1
长度（m）	不允许出现负值
宽度（mm）	不允许出现负值

a 1.2mm 厚规格不允许出现负偏差。

B. 外观

a. 成卷卷材应卷紧卷齐，端面里进外出不得超过 10mm。

b. 成卷卷材在环境温度为低温弯折性规定的温度以上时应易于展开。

c. 卷材表面应平整，不允许有孔洞、缺边、裂口和夹杂物。

d. 每卷卷材的接头不应超过一个。较短的一段不应少于 2500mm，接头应剪整齐，并加长 150mm。一等品中，有接头的卷材不得超过批量的 3%。

③ 物理力学性能表 4-72。

物理力学性能 （JC/T 645—2012） 表 4-72

序号	项目			技术指标	
				I 型	II 型
1	不透水性			0.3MPa，90min 不透水	
2	拉伸性能	纵向拉伸强度（MPa）	≥	2.0	2.2
		纵向断裂伸长率（%）	≥	150	220
3	低温弯折性			−30℃，无裂纹	
4	耐碱性（饱和 Ca(OH)$_2$，168h）	纵向拉伸强度的保持率（%）	≥	80	
		纵向断裂伸长的保持率（%）	≥	80	
5	热老化处理（80℃，168h）	纵向拉伸强度的保持率（%）	≥	80	
		纵向断裂伸长的保持率（%）	≥	70	
6	热处理尺寸变化率（%）	收缩	≤	4	
		伸长	≤	2	
7	人工加速气候老化（594h）	外观		无裂纹，无气泡，不粘结	
		纵向拉伸强度的保持率（%）	≥	80	
		纵向断裂伸长的保持率（%）	≥	70	
		低温弯折性		−20℃，无裂缝	

9）高分子防水材料（第一部分 片材）

① 片材的规格尺寸及允许偏差见表 4-73 和表 4-74。

片材的规格尺寸 （GB/T 18173.1—2012） 表 4-73

项目	厚度（mm）	宽度（m）	长度（m）
橡胶类	1.0, 1.2, 1.5, 1.8, 2.0	1.0, 1.1, 1.2	≥20a
树脂类	>0.5	1.0, 1.2, 1.5, 2.0, 2.5, 3.0, 4.0, 6.0	

a 橡胶类片材在每卷 20m 长度中允许有 1 处接头，且最小块长度应≥3m，并应加长 15cm 备作搭接；树脂类片材在每卷至少 20m 长度内不允许有接头；自粘片材及异型片材每卷 10m 长度内不允许有接头。

允许偏差（GB/T 18173.1—2012）　　　　表 4-74

项目	厚度		宽度	长度
允许偏差	<1.0mm	≥1.0mm	±1%	不允许出现负值
	±10%	±5%		

② 外观质量

A. 片材表面应平整，不能有影响使用性能的杂质、机械损伤、折痕及异常粘着等缺陷。

B. 在不影响使用的条件下，片材表面缺陷应符合下列规定：

a. 凹痕深度，橡胶类片材不得超过片材厚度的 20%；树脂类片材不得超过 5%。

b. 气泡深度，橡胶类不得超过片材厚度的 20%，每 $1m^2$ 内不得超过 $7mm^2$；树脂类片材不允许有。

C. 异型片表面应边缘整齐、无裂纹、孔洞、粘连、气泡、疤痕及其他机械损伤缺陷。

③ 片材的物理性能

A. 均质片的物理性能符合表 4-75 的规定。

均质片的物理性能（GB/T 18173.1—2012）　　　　表 4-75

项目		指标								
		硫化橡胶类			非硫化橡胶类			树脂类		
		JL1	JL2	JL3	JL1	JL2	JL3	JS1	JS2	JS3
拉伸强度（MPa）	常温（23℃）≥	7.5	6.0	6.0	4.0	3.0	5.0	10	16	14
	高温（60℃）≥	2.3	2.1	1.8	0.8	0.4	1.0	4	6	5
扯断伸长率（%）	常温（23℃）≥	450	400	300	400	200	200	200	550	500
	低温（−20℃）≥	200	200	170	200	100	100	15	350	300
撕裂强度（kN/m）		25	24	23	18	10	10	40	60	60
不透水性（30min）		0.3MPa 无渗漏		0.2MPa 无渗漏	0.3MPa 无渗漏	0.2MPa 无渗漏		0.3MPa 无渗漏		
低温弯折		−40℃ 无裂纹	−30℃ 无裂纹		−20℃ 无裂纹			−35℃ 无裂纹		
加热伸缩量（mm）	延伸 ≤	2	2	2	2	4	4	2	2	2
	收缩 ≤	4	4	4	4	6	10	6	6	6
热空气老化（80℃×168h）	断裂拉伸强度保持率（%）≥	80	80	80	90	60	80	80	80	80
	扯断伸长率保持率（%）≥	70	70	70	70	70	70	70	70	70
耐碱性（饱和 Ca(OH)₂ 溶液 23℃×168h）	断裂拉伸强度保持率（%）≥	80	80	80	80	80	80	80	80	80
	扯断伸长率保持率（%）≥	80	80	80	90	80	70	80	90	90

续表

项目		指标								
		硫化橡胶类			非硫化橡胶类			树脂类		
		JL1	JL2	JL3	JL1	JL2	JL3	JS1	JS2	JS3
臭氧老化 (40℃×168h)	伸长率40%， 500×100⁻⁸	无裂纹	—	—	无裂纹	—	—	—	—	—
	伸长率20%， 500×100⁻⁸	—	无裂纹	—	—	—	—	—	—	—
	伸长率20%， 100×100⁻⁸	—	—	无裂纹	—	无裂纹	无裂纹	—	—	—
人工气候老化	断裂拉伸强度保持率 (%) ≥	80	80	80	80	70	80	80	80	80
	扯断伸长率保持率 (%) ≥	70	70	70	70	70	70	70	70	70
粘接剥离强度 (片材与片材)	标准试验条件 (N/mm) ≥	1.5								
	浸水保持率（23℃× 168h)% ≥	70								

注：1. 人工气候老化和粘合性能项目为推荐项目。
2. 非外露使用可以不考核臭氧老化、人工气候老化、加热伸缩量、60℃断裂拉伸强度性能。

B. 复合片的物理性能符合表 4-76 的规定。

复合片的物理性能（GB/T 18173.1—2012）   **表 4-76**

项目		指标			
		硫化橡胶 类 FL	非硫化橡 胶类 FF	树脂类	
				FS1	FS2
断裂拉伸强度（N/cm）	常温（23℃） ≥	80	60	100	60
	高温（60℃） ≥	30	20	40	30
扯断伸长率（%）	常温（23℃） ≥	300	250	150	400
	低温（−20℃） ≥	150	50	10	10
撕裂强度（N）		40	20	20	20
不透水性（0.3MPa，30min）		无渗漏			
低温弯折		−35℃ 无裂纹	−20℃ 无裂纹	−30℃ 无裂纹	−20℃ 无裂纹
加热伸缩量（mm）	延伸 ≤	2	2	2	2
	收缩 ≤	4	4	2	4
热空气老化 (80℃×168h)	拉伸强度保持率 (%) ≥	80	80	80	80
	拉断伸长率保持率 (%) ≥	70	70	70	70

续表

项目		指标			
		硫化橡胶类 FL	非硫化橡胶类 FF	树脂类	
				FS1	FS2
耐碱性（饱和 Ca(OH)$_2$ 溶液 23℃×168h）	拉伸强度保持率（%）　≥	80	60	80	80
	拉断伸长率保持率（%）　≥	80	60	80	80
臭氧老化（40℃×168h），200×100^{-8}		无渗漏	无渗漏	—	—
人工气候老化	拉伸强度保持率（%）　≥	80	70	80	80
	拉断伸长率保持率（%）　≥	70	70	70	70
粘接剥离强度（片材与片材）	标准试验条件/(N/mm)　≥	1.5	1.5	1.5	1.5
	浸水保持率（23℃×168h)(%)　≥	70	70	70	70
复合强度（FS2 型表层与芯层）/MPa　≥		—	—	—	1.2

注：1. 人工气候老化和粘合性能项目为推荐项目。
　　2. 非外露使用可以不考核臭氧老化、人工气候老化、加热伸缩量、60℃断裂拉伸强度性能。

a. 对于聚酯胎上涂覆三元乙丙橡胶的 FF 类片材，拉断伸长率（纵/横）指标不得小于 100%，其他性能应符合规定值的要求。

b. 对于总厚度小于 1.0mm 的 FS2 类复合片材，拉伸强度（纵/横）指标常温（23℃）时，不得小于 50N/cm，高温（60℃）时不得小于 30N/cm；拉断伸长（纵/横）指标常温（23℃）时，不得小于 100%，低温（－20℃）时，不得小于 80%，其他性能应符合规定值的要求。

C. 自粘片的主体材料应符合表 4-75 和表 4-76 中相关类别的要求，自粘层性能应符合表 4-77 规定。

自粘层性能（GB/T 18173.1—2012） 表 4-77

项目			指标
低温弯折		≥	－25℃无裂纹
持粘性（min）		≥	20
剥离强度（N/mm）	标准试验条件	片材与片材　≥	0.8
		片材与铝板　≥	1.0
		片材与水泥砂浆板　≥	1.0
	热空气老化后（80℃×168h）	片材与片材　≥	1.0
		片材与铝板　≥	1.2
		片材与水泥砂浆板　≥	1.2

D. 异型片的物理性能符合表 4-78 的规定。

异型片的物理性能 (GB/T 18173.1—2012) 表 4-78

项目			指标		
			膜片厚度 <0.8mm	膜片厚度 0.8mm~1.0mm	膜片厚度 ≥1.0mm
拉伸强度 (N/cm)		≥	40	56	72
拉断伸长率 (%)		≥	25	35	50
抗压性能	抗压强度 (kPa)	≥	100	150	300
	壳体高度压缩50%后外观		无破损		
排水截面积 (cm²)			30		
热空气老化 (80℃×168h)	拉伸强度保持率 (%)	≥	80		
	拉断伸长率保持率 (%)	≥	70		
耐碱性 (饱和 Ca (OH)₂ 溶液，23℃×168h)	拉伸强度保持率 (%)	≥	80		
	拉断伸长率保持率 (%)	≥	80		

注：壳体形状和高度无具体要求，但性能指标须满足本表规定。

E. 点（条）粘片主体材料应符合表 4-75 中相关类别的要求，粘接部位的性能应符合表 4-79 的规定。

点（条）粘片粘接部位的物理性能 (GB/T 18173.1—2012) 表 4-79

项目		指标		
		DS1/TS1	DS2/TS2	DS32/TS3
常温 (23℃) 拉伸强度 (N/cm)	≥	100	60	
常温 (23℃) 拉断伸长率 (%)	≥	150	400	
剥离强度 (N/mm)	≥	1		

10）聚氨酯防水涂料

① 外观

产品为均匀黏稠体，无凝胶、结块。

② 聚氨酯防水涂料基本性能应符合表 4-80 的规定。

基本性能 (GB/T 19250—2013) 表 4-80

序号	项目			技术指标		
				I	II	III
1	固体含量 (%) ≥		单组分	85.0		
			多组分	92.0		
2	表干时间 (h)		≤	12		
3	实干时间 (h)		≤	24		
4	流平性[a]			20min 时，无明显齿痕		
5	拉伸强度 (MPa)		≥	2.00	6.00	12.0
6	断裂伸长率 (%)		≥	500	450	250
7	撕裂强度 (N/mm)		≥	15	30	40
8	低温弯折性			−35℃，无裂纹		

序号	项目		技术指标		
			I	II	III
9	不透水性		0.3MPa，120min，不透水		
10	加热伸缩率（%）		−4.0～+1.0		
11	粘结强度（MPa） ≥		1.0		
12	吸水率（%） ≤		5.0		
13	定伸时老化	加热老化	无裂纹及变形		
		人工气候老化[b]	无裂纹及变形		
14	热处理（80℃，168h）	拉伸强度保持率（%）	80～150		
		断裂伸长率（%） ≥	450	400	200
		低温弯折性	−30℃，无裂纹		
15	碱处理[0.1%NaOH＋饱和Ca(OH)$_2$溶液，168h]	拉伸强度保持率（%）	80～150		
		断裂伸长率（%） ≥	450	400	200
		低温弯折性	−30℃，无裂纹		
16	酸处理（2%H$_2$SO$_3$溶液，168h）	拉伸强度保持率（%）	80～150		
		断裂伸长率（%） ≥	450	400	200
		低温弯折性	−30℃，无裂纹		
17	人工气候老化[b]（1000h）	拉伸强度保持率（%）	80～150		
		断裂伸长率（%） ≥	450	400	200
		低温弯折性	−30℃，无裂纹		
18	燃烧性能[b]		B$_2$-E（点火15s，燃烧20s，Fs≤150mm，无燃烧滴落物引燃滤纸）		

a 该项性能不适用于单组分和喷涂施工的产品，流平性时间也可根据工程要求和施工环境由供需双方商定并在订货合同与产品包装上明示。
b 仅外露产品要求测定。

11）水乳型沥青防水涂料

① 产品分类

类型：产品按性能分为 H 型和 L 型。

② 要求

A. 外观：样品搅拌后均匀无色差、无凝胶、无结块、无明显沥青丝。

B. 物理力学性能：物理力学性能应满足表 4-81 的要求。

物理力学性能（JC/T 408—2005）　　　　　　　表 4-81

项目		L	H
固体含量（%） ≥		45	
耐热性（℃）		80±2	110±2
		无流淌、滑动、滴落	
不透水性		0.10MPa，30min 无渗水	
粘结性强度（MPa） ≥		0.30	
表干时间（h） ≤		8	
实干时间（h） ≤		24	

续表

项目		L	H
低温柔度[a]（℃）	标准条件	−15	0
	碱处理	−10	5
	热处理		
	紫外线处理		
断裂伸长率（%）　≥	标准条件	600	
	碱处理		
	热处理		
	紫外线处理		

a　供需双方可以商定温度更低的低温柔度指标。

12）建筑石油沥青

① 产品分类。建筑石油沥青按针入度不同分为 10 号、30 号和 40 号三个牌号。

② 技术要求应满足表 4-82 的要求。

技术要求（GB/T 494—2010）　　　　　　　　　表 4-82

项目		质量指标		
		10 号	30 号	40 号
针入度（25℃，100g，5s，1/10mm）		10～25	26～35	36～50
针入度（46℃，100g，5s，1/10mm）		报告[a]	报告[a]	报告[a]
针入度（0℃，200g，5s，1/10mm）	≥	3	6	6
延度（25℃，5cm/min，cm）	≥	1.5	2.5	3.5
软化点（环球法，℃）	≥	95	75	60
溶解度（三氯乙烯，%）	≥	99.0		
蒸发后质量变化（163℃，5h，%）	≤	1		
蒸发后25℃针入度比[b]（%）	≤	65		
闪点（开口杯法）（%）	≥	260		

a　报告应为实测值。

b　测定蒸发损失后样品的 25℃针入度与原 25℃针入度之比乘以 100 后，所得的百分比，称为蒸发后针入度比。

13）聚氨酯建筑密封胶

① 分类。产品按位移能力分为 25、20 两个级别；产品按位伸模量分为高模量（HM）和低模量（LM）两个次级别。

② 技术要求

A. 外观质量。产品应为细腻、均匀膏状物或黏稠液，不应有气泡。产品的颜色与供需双方商定的样品相比，不得有明显差异。多组分产品各组分的颜色间应有明显差异。

B. 物理力学性能。聚氨酯建筑密封胶的物理力学性能应符合表 4-83 的规定。

物理力学性能（JC/T 482—2003）　　　　　　　　表 4-83

序号	项目	技术指标		
		20HM	25LM	20LM
1	密度（g/cm³）	规定值±0.1		

续表

序号	项目		技术指标		
			20HM	25LM	20LM
2	流动性	下垂度（N 型，mm）	≤3		
		流平性（L 型）	光滑平整		
3	表干时间（h）		≤24		
4	挤出性a（mL/min）		≥80		
5	适用期b（h）		≥1		
6	弹性恢复率（%）		≥70		
7	渗出性指数，不大于		2		
8	拉伸模量（MPa）	23℃	>0.4 或>0.6	≤0.4 和≤0.6	
		−20℃			
9	定伸粘结性		无破坏		
10	浸水后定伸粘结性		无破坏		
11	冷拉-热压后的粘结性		无破坏		
12	质量损失率（%）		≤7		

a　此项仅适用于单组分产品。
b　此项仅适用于多组分产品，允许采用供需双方商定的其他指标值。

14）聚硫建筑密封胶

① 分类

A. 类型：产品按流动性分为非下垂型（N）和自流平型（L）两个类型。

B. 级别：产品按位移能力分为 25、20 两个级别，见表 4-84。

级别划分（JC/T 483—2006） 表 4-84

级别	试验抗压幅度（%）	位移能力（%）
25	±25	25
20	±20	20

C. 次级别：产品按拉伸模量分为高模量（HM）和低模量（LM）两个次级别。

② 要求

A. 外观质量：产品应为均匀膏状物、无结皮结块、组分间颜色应有明显差别；产品的颜色与供需双方商定的样品相比，不得有明显差异。

B. 物理力学性能：聚硫建筑密封胶的物理力学性能应符合表 4-85 的规定。

物理力学性能（JC/T 483—2006） 表 4-85

序号	项目		技术指标		
			20 HM	25 LM	20 LM
1	密度（g/cm³）		规定值±0.1		
2	流动性	下垂度（N 型，mm）	≤3		
		流平性（L 型）	光滑平整		
3	表干时间（h）		≤24		
4	适用期（h）		≥2		
5	弹性恢复率（%）		≥70		

续表

序号	项目		技术指标		
			20 HM	25 LM	20 LM
6	拉伸模量（MPa）	23℃	>0.4 或>0.5	≤0.4 和≤0.6	
		−20℃			
7	定伸粘结性		无破坏		
8	浸水后定伸粘结性		无破坏		
9	冷拉—热压后粘结性		无破坏		
10	质量损失率（%）		≤5		

注：适用期允许采用供需双方商定的其他指标值。

15）丙烯酸酯建筑密封胶

① 分类

A. 级别：产品按位移能力分为 12.5 和 7.5 两个级别。12.5 级为位移能力 12.5%，其试验拉伸压缩幅度为±12.5%；7.5 级为位移能力 7.5%，其试验拉伸压缩幅度为±7.5%。

B. 次级别。12.5 级密封胶按其弹性恢复率又分为两个次级别：弹性体（记号 12.5E），弹性恢复率小于 40%；塑性体（记号 12.5P 和 7.5P），弹性恢复率小于 40%。12.5E 级为弹性密封胶，主要用于接缝密封。12.5P 级和 7.5P 级为塑性密封胶，主要用于一般装饰装修工程的墙缝。12.5E 级、12.5P 级和 7.5P 级产品均不宜用于长期浸水的部位。

② 要求

A. 外观：产品应为无结块、无离析的均匀细腻膏状体；产品的颜色与供需双方商定的样品相比，应无明显差异。

B. 物理力学性能：丙烯酸酯建筑密封胶的物理力学性能应符合表 4-86 的规定。

物理力学性能（JC/T 484—2006）　　　　　　　　　　表 4-86

序号	项目		技术指标		
			12.5E	12.5P	7.5P
1	密度	g/cm³	规定值±0.1		
2	下垂度	mm	≤3		
3	表干时间	h	≤1		
4	挤出性	ml/min	≥100		
5	弹性恢复率	%	≥40	报告实测值	
6	定伸粘结性		无破坏	—	
7	浸水后定伸粘结性		无破坏	—	
8	冷拉—热压后粘结性		无破坏	—	
9	断裂伸长率	%	—	≥100	
10	浸水后断裂伸长率	%	—	≥100	
11	同一温度下拉伸—压缩循环后粘结性		—	无破坏	
12	低温柔性	℃	−20	−5	
13	体积变化率	%	≤30		

16）建筑防水沥青嵌缝油膏

① 分类：油膏按耐热性和低温柔性分为 702 和 801 两个型号。

② 要求

A. 外观：油膏应为黑色均匀膏状，无结块或未浸透的填料。

B. 油膏的物理力学性能应符合表 4-87 的规定。

物理力学性能（JC/T 207—2011） 表 4-87

序号	项目			技术指标	
				702	801
1	密度（g/cm³）		≥	规定值[a]±0.1	
2	施工度（mm）		≥	22.0	20.0
3	耐热性	湿度（℃）		70	80
		下垂值（mm）	≤	4.0	
4	低温柔性	湿度（℃）		−20	−10
		粘结状况		无裂纹、无剥离	
5	拉伸粘结性（%）			125	
6	浸水后拉伸粘结性（%）			125	
7	渗出性	渗出幅度（mm）	≤	5	
		渗出张数（张）	≤	4	
8	挥发性（%）			2.8	

a 规定值由生产商提供或供需双方商定。

17）聚氯乙烯建筑防水接缝材料

① 分类

A. PVC 接缝材料按施工工艺分为两种类型：J 型，用热塑法施工的产品，俗称聚氯乙烯胶泥；G 型，用热熔法施工的产品，俗称塑料油膏。

B. PVC 接缝材料分为耐热性 80℃、低温柔性−10℃（801）和耐热性 80℃、低温柔性−20℃（802）两个型号。

② 技术要求

A. 外观：J 型 PVC 接缝材料为均匀黏稠状物，无结块、无杂质；G 型 PVC 接缝材料为黑色块状物，无焦料渣等杂物、无流淌现象。

B. 产品的物理力学性能符合表 4-88 的规定。

物理力学性能（JC/T 798—1997） 表 4-88

项目			技术要求	
			801	802
密度，（g/cm³）[a]			规定值[a]±0.1	
下垂度（mm）80℃		≤	4	
低温柔性	温度（℃）		−10	−20
	柔性		无裂缝	
拉伸粘结性	最大抗拉强度（MPa）		0.02～0.15	
	最大延伸率（%）	≥	300	

续表

项目		技术要求	
		801	802
浸水拉伸粘结性	最大抗拉强度（MPa）	0.02～0.15	
	最大延伸率（%）　≥	250	
恢复率（%）　　　　　　　　≥		80	
挥发率（%）b　　　　　　　≤		3	

　a　规定值是指企业标准或产品说明书所规定的密度值。
　b　挥发率仅限于 G 型 PVC 接缝材料。

　　18）建筑用硅酮结构密封胶
　　① 型别
　　产品按组成分单组分型和双组分型，分别用数字 1 和 2 表示。
　　② 要求
　　A. 外观：产品应为细腻、均匀膏状物，无气泡、结块、凝胶、结皮，无不易分撒的析出物；双组分产品两组分的颜色应有明显区别。
　　B. 物理力学性能：产品物理力学性能应符合表 4-89 的要求。

产品物理力学性能（GB 16776—2005）　　　　　　表 4-89

序号	项目			技术指标
1	下垂度	垂直放置（mm）		≤3
		水平放置		不变形
2	挤出性a（s）			≤10
3	适用期b（min）			≥20
4	表干时间（h）			≤3
5	硬度（邵尔 A，度）			20～60
6	拉伸粘结性	拉伸粘结强度（MPa）	23℃	≥0.60
			90℃	≥0.45
			−30℃	≥0.45
			浸水后	≥0.45
			水-紫外线光照后	≥0.45
		粘结破坏面积（%）		≤5
		23℃时最大拉伸强度时伸长率（%）		≥100
7	热老化	热失量（%）		≤10
		龟裂		无
		粉化		无

　a　仅适用于单组分产品。
　b　仅适用于双组分产品。

　　19）高分子防水材料（第二部分 止水带）
　　① 分类
　　A. 止水带按其用途分为 3 类：适用于变形缝用止水带，用 B 表示；适用于施工缝用止水带，用 S 表示；沉管隧道接头缝用止水带，用 J 表示（可卸式止水带，用 JX 表示；压缩式止水带，用 JY 表示）。

B. 止水带按结构形式分为 2 类：普通止水带，用 P 表示；复合止水带，用 F 表示（与钢边复合的止水带，用 FG 表示；与遇水膨胀橡胶复合的止水带，用 FP 表示；与帘布复合的止水带，用 FL 表示）。

② 尺寸公差及外观质量

A. 尺寸公差符合表 4-90 的要求。

尺寸公差（GB 18173. 2—2014）　　　　　　　　表 4-90

项目	公称厚度 δ（mm）				宽度 b（%）
	$4{\leqslant}\delta{\leqslant}6$	$6{<}\delta{\leqslant}10$	$10{<}\delta{\leqslant}20$	$\delta{>}20$	
极限偏差	+1.00 0	+1.30 0	+2.00 0	+10% 0	±3

JY 类止水带尺寸公差

项目	公称厚度 δ（mm）			宽度 b（%）	
	$\delta{\leqslant}160$	$160{<}\delta{\leqslant}300$	$\delta{>}300$	<300	≥300
极限偏差	±1.50	±2.00	±2.50	±2.00	±2.50

B. 外观质量。止水带中心孔偏差不允许超过壁厚设计值的 1/3。止水带表面不允许有开裂、海绵状等缺陷。在 1m 长度范围内，止水带表面深度不大于 2mm、面积不大于 $10mm^2$ 的凹痕、气泡、杂质、明疤等缺陷不超过 3 处。

③ 物理性能

A. 止水带橡胶材料的物理性能应符合表 4-91 的规定。

物理性能（GB 18173. 2—2014）　　　　　　　　表 4-91

序号	项目		指标		
			B、S	J	
				JX	JY
1	硬度（邵尔 A）/度		60±5	60±5	$40-70^a$
2	拉伸强度（MPa） ≥		10	16	16
3	扯断伸长率（%） ≥		380	400	400
4	压缩永久变形（%）	70℃×24h，25% ≤	35	30	30
		23℃×168h，25% ≤	20	20	15
5	撕裂强度（kN/m） ≥		30	30	20
6	脆性温度（℃） ≤		−45	−40	−50
7	热空气老化 70℃×168h	硬度变化（邵尔 A）/度 ≤	+8	+6	+10
		拉伸强度（MPa） ≥	9	13	13
		扯断伸长率（%） ≥	300	320	300
8	臭氧老化 $50{\times}100^{-8}$；20%，(40±2)℃×48h		无裂纹		
9	橡胶与金属粘合[b]		橡胶间无破坏	—	—
10	橡胶与帘布粘合强度[c]（N/mm） ≥		—	5	—

遇水膨胀橡胶复合止水带的遇水膨胀橡胶部分按 GB/T 18173. 3 的规定执行。

注：若有其他特殊需要时，可由供需双方协议适当增加检验项目。
　a 该橡胶硬度范围为推荐值，供不同沉管隧道工程 JY 类止水带设计参考使用。
　b 橡胶与金属粘合项仅适用于与钢边复合的止水带。
　c 橡胶与帘布粘合项仅适用于与帘布复合的 JX 类止水带。

B. 止水带接头部位的拉伸强度指标不得低于表 4-91 标准性能的 80%。

④ 检验分类

A. 止水带的尺寸公差、外观质量 100% 进行出厂检验；硬度、拉伸强度、扯断伸长率、撕裂强度逐批进行出厂检验。

B. 型式检验的检验项目包括尺寸公差、外观质量及物理力学性能的全部检验指标。通常在下列情况之一时应进行型式检验：

a. 新产品或老产品转产生产的试制定型鉴定；

b. 正式生产时，每年进行一次检验；

c. 正式生产后，产品的结构、设计、材料、生产设备、管理等方面有重大改变；

d. 产品停产超过半年，恢复生产时；

e. 出厂检验结果与上次型式检验有较大差异时；

f. 国家质量监督机构提出进行该项试验的要求。

⑤ 取样频率及抽样方法

组批与抽样：B 类、S 类止水带以同标记、连续生产的 5000m 为一批（不足 5000m 按一批计），从外观质量和尺寸公差检验合格的样品中随机抽取足够的试样，进行橡胶材料的物理性能检验。J 类止水带以每 100m 制品所需要的胶料为一批，抽取足够胶料单独制样进行橡胶材料的物理性能检验。

20）水泥基渗透结晶型防水材料

① 分类

按照使用方法分为水泥基渗透结晶型防水涂料（C）和水泥基渗透结晶型防水剂（A）。

② 技术要求

A. 水泥基渗透结晶型防水涂料应符合表 4-92 的规定。

水泥基渗透结晶型防水涂料（GB 18445—2012）　　　　　表 4-92

序号	试验项目			性能指标
1	外观			均匀、无结块
2	含水率（%）		≤	1.5
3	细度，0.63mm 筛余（%）		≤	5
4	氯离子含量（%）		≤	0.10
5	施工性	加水搅拌后		刮涂无障碍
		20min		刮涂无障碍
6	抗折强度（MPa，28d）		≥	2.8
7	抗压强度（MPa，28d）		≥	15.0
8	湿基面粘结强度（MPa），28d		≥	1.0
9	砂浆抗渗性能	带涂层砂浆的抗渗压力[a]（MPa，28d）		报告实测值
		抗渗压力比（带涂层）（%，28d）	≥	250
		去除涂层砂浆的抗渗压力[a]（MPa，28d）		报告实测值
		抗渗压力比（去除涂层）（%，28d）	≥	175

续表

序号	试验项目		性能指标
10	混凝土抗渗性能	带涂层砂浆的抗渗压力^a（MPa，28d）	报告实测值
		抗渗压力比（带涂层）（%，28d）　≥	250
		去除涂层砂浆的抗渗压力^a（MPa，28d）	报告实测值
		抗渗压力比（去除涂层）（%，28d）　≥	175
		带涂层混凝土的第二次抗渗压力（MPa，56d）　≥	0.8

a　基准砂浆和基准混凝土 28d 抗渗压力应为 0.4488，并在产品质量检验报告中列出。

B. 水泥基渗透结晶型防水剂应符合表 4-93 的规定。

水泥基渗透结晶型防水剂（GB 18445—2012） 表 4-93

序号	试验项目		性能指标
1	外观		均匀、无结块
2	含水率（%）　≤		1.5
3	细度，0.63mm 筛余（%）　≤		5
4	氯离子含量（%）　≤		0.10
5	总碱含（%）		报告实测值
6	减水率（%）　<		8
7	含气量（%）　≤		3.0
8	凝结时间差	初凝（min）　>	−90
		终凝（h）　—	—
9	抗压强度比（%）	7d　≥	100
		28d　≥	100
10	收缩率比（%，28d）　≤		125
11	混凝土抗渗性能	掺防水剂混凝土的抗渗压力^a（MPa，28d）	报告实测值
		抗渗压力比（%，28d）　≥	200
		掺防水剂混凝土的第二次抗渗压力^a（MPa，56d）	报告实测值
		第二次抗渗压力（%，56d）　≥	150

a　基准混凝土 28d 抗渗压力应为 $0.4^{+0.0}_{-0.1}$，并在产品质量检验报告中列出。

（2）取样频率及取样方法

1）石油沥青纸胎油毡

① 取样频率：以同一类型的产品每 1500 卷为一批，不足 1500 卷者亦按一批计。

② 取样方法：在每批产品中抽取 5 卷进行卷重、面积、外观检验，全部达到规定时即为合格。在检查合格的 5 卷中，1 卷作为物理性能试样，切除外层卷头 2.5m 后，顺纵向截取 0.5m 长的全幅卷材 2 块，一块做物理力学性能用，另一块备用。

2）沥青复合胎柔性防水卷材

① 取样频率：以同一类型、同一规格 10000m² 为一批，不足亦为一批。

② 取样方法：将取样卷材切除距外层 1m 后，取 1m 长的试样。卷材性能试件的尺寸和数量按表 4-94 截取。

取样方法（JC/T 690—2008）　　　　　　　　　　　表 4-94

序号	试验项目		尺寸（纵向×横向）（mm）	数量（个）
1	可溶物含量		100×100	3
2	耐热性		100×50	3
3	低温柔性		150×25	10
4	不透水性		150×150	3
5	最大拉力		(280～300)×50	纵横向各 5
6	粘结剥离强度		280×50	5
7	热老化	拉力保持率	(280～300)×50	纵横向各 5
		低温柔性	150×25	10
		质量损失	(280～300)×50	5

　　3）弹性体改性沥青防水卷材（SBS）

　　① 取样频率：以同一类型、同一规格 10000m² 为一批，不足亦为一批。

　　② 取样方法：将取样卷材切除距外层 2.5m 部分后，顺纵向切取长度为 800mm 的全幅卷材 2 块。

　　4）塑性体改性沥青防水卷材（APP）

　　① 取样频率：以同一类型、同一规格 10000m² 为一批，不足亦为一批。

　　② 取样方法：将取样卷材切除距外层 2.5m 部分后，顺纵向切取长度为 800mm 的全幅卷材 2 块。

　　5）改性沥青聚乙烯胎防水卷材

　　① 取样频率：以同一类型、同一规格 10000m² 为一批，不足亦为一批。

　　② 取样方法：将取样卷材在距端部 2m 处沿纵向切取长度为 1m 的全幅卷材试样 2 块。

　　6）聚氯乙烯（PVC）防水卷材

　　① 取样频率：以同类型的 10000m²，卷材为一批，不足亦为一批。

　　② 取样方法：在每批产品中随机抽取 3 卷进行尺寸偏差和外观检查，在尺寸偏差和外观检查合格的试件中任取 1 卷，在距外层端部 500mm 处截取 3m（出厂检验为 1.5m）进行材料性能检验。

　　7）氯化聚乙烯防水卷材

　　① 取样频率：以同一类型、同一规格 10000m² 卷材为一批，不足亦为一批。

　　② 取样方法：在该批产品中随机抽取 3 卷进行尺寸偏差和外观检查，在检查合格的样品中任取 1 卷，在距外层端部 500mm 处裁取长度为 1.5m 的试样。

　　8）三元丁橡胶防水卷材

　　现场检验及取样方法

　　A. 规格尺寸和外观检查。厚度测定，从距离卷首 3m 处切断，从长度方向内侧 20mm，宽度方向内侧 100mm 确定两点，然后四等分这两点，确定 5 个测定点，用 0.01mm 的千分尺或测厚计测量 5 点的厚度，计算其算术平均值即为厚度测定值，取值至小数点后两位。

B. 取样方法。从被检测厚度的卷材上切取 0.5m 样品，按表 4-95 进行取样。

取样方法（JC/T 645—2012）　　　　　　　　　　　　　　表 4-95

试验项目		试件尺寸（mm）	试样数量
不透水性		150×150	3
纵向拉伸强度、伸长率		按 GB/T 528—2009，哑铃 1 型裁刀	6
低温弯折性	纵向	50×100	1
	横向		1
耐碱性		按 GB 18173.1—2012	6
热老化处理		按 GB 12952—2011	6
热处理尺寸变化率		按 GB 18173.1—2012	3
人工气候加速老化		按 GB 12952—2011	6

9）高分子防水材料（第一部分 片材）

① 检验分类

A. 出厂检验：以连续生产的同品种、同规格的 5000m² 片材为一批（不足 5000m² 时，以连续生产的同品种、同规格的片材量为一批，日产量超过 8000m² 则以 8000m² 为一批），随机抽取 3 卷进行规格尺寸和外观质量检验，在上述检验合格的样品中再随机抽取足够的试件进行物理性能检验。

B. 型式检验。在下列情况之一时应进行型式检验，检验项目包括材料的外观及物理性能全部指标：新产品的试验制定型鉴定；产品的结构、设计、工艺、材料、生产设备、管理等方面有重大改变。

② 周期检验与抽样

A. 周期检验：在正常情况下，臭氧老化应每年至少进行一次检验，其余各项每半年进行一次检验，人工气候老化根据用户要求进行型式检验。

B. 抽样：随机抽取 3 卷进行规格尺寸和外观质量检验，在规格尺寸和外观质量合格的样品中再随机抽取 1m×1m 的试样进行物理性能检验。试验样形状尺寸及数量见表 4-96。

试验样形状尺寸及数量（GB/T 18173.1—2012）　　　　　　　表 4-96

项目		试样形状尺寸		试样数量	
				纵向	横向
不透水性		140mm×140mm		3	
拉伸性能	常温（23℃）	GB/T 528—2009 中 I 型哑铃片	200mm×25mm	5	5
	高温（60℃）		FS2 类片材 100mm×25mm	5	5
	低温（−20℃）			5	5
撕裂强度		GB/T 529—2008 中直角形试片		5	5
低温弯折		120mm×50mm		2	2
加热伸缩量		300mm×30mm			
热空气老化		I 型哑铃片	—	3	3
耐碱性			FS2 类片材，200mm×25mm	3	3
				3	3

续表

项目		试样形状尺寸		试样数量	
				纵向	横向
臭氧老化		Ⅰ型哑铃片	FS2类片材，200mm×25mm	3	3
人工气候老化	拉伸性能			3	3
	伸长外观			3	3
粘接剥离强度	标准试验条件	200mm×25mm		5	—
	浸水168h			5	—
复合强度				5	—

10）聚氨酯防水涂料

① 检测分类：出厂检验和型式检验。

A. 出厂检验项目包括：外观、拉伸强度、断裂伸长率、低温弯折性、不透水性、固体含量、表干时间、潮湿基面粘结强度（用于地下潮湿基面时）。

B. 型式检验包括：外观、物理力学性能规定的全部指标。在下列情况下进行型式检验：

a. 新产品投产或产品定型鉴定时。

b. 正常生产时，每半年进行一次。人工气候老化（外露使用产品）每两年进行一次。

c. 原材料、工艺等发生较大变化，可能影响产品质量时。

d. 出厂检验与上次型式检验结果有较大差异时。

e. 产品停产6个月以上恢复生产时。

f. 国家质量监督检验机构提出型式检验要求时。

② 取样频率及抽样方法

A. 取样频率：以同一类型、同一规格15t为一批，多组分产品按组分配套组批。

B. 抽样方法：在每批产品中取3kg样品（多组分产品按配合比取），放入不与涂料发生反应的干燥密闭的容器中。

11）水乳型沥青防水涂料

① 检验规则：产品检验分出厂检验和型式检验。

A. 出厂检验项目包括外观、固体含量、耐热度、表干时间、实干时间、低温柔度（标准条件）、断裂伸长率（标准条件）。

B. 型式检验的项目包括全部技术要求。有下列情况之一时，必须进行型式检验：

a. 新产品投产或产品定型鉴定时。

b. 原材料、工艺等发生较大变化，可能影响产品质量时。

c. 正常生产时，每年进行一次。

d. 产品停产六个月以上恢复生产时。

e. 出厂检验结果与上次型式检验有较大差异时。

f. 国家质量监督机构提出进行型式检验要求时。

② 抽样与组批规则

A. 组批：以同一类型、同一规格5t为一批，不足5t亦作为一批。

B. 抽样：在每批产品中按 GB/T 3186—2006 规定取样，总共取 2kg 样品，放入干燥密闭容器中密封好。

12）建筑石油沥青

抽样与组批规则：同一批生产的产品，随机取 2kg 作为检验和留样用。

13）聚氨酯建筑密封胶

① 检验规则

A. 出厂检验：生产厂家应按标准的规定，对每批密封胶产品进行出厂检验，检验项目为：外观、下垂度（N 型）、流平性（L 型）、表干时间、挤出性（单组分）、适用期（多组分）、拉伸模量、定伸粘结性。

B. 型式检验。有下列情况之一时，要对外观及理化指标逐项进行型式检验：

a. 新产品试制或老产品转厂生产的试制定型鉴定。

b. 正常生产时，每年进行一次。

c. 产品的原料、配方、工艺有较大改变，有可能影响产品质量时。

d. 产品停产一年以上，恢复生产时。

e. 出厂检验结果与上次型式检验有较大差异时。

f. 国家质量监督机构提出进行型式检验要求时。

② 组批与抽样规则

A. 组批：以同一品种、同一类型的产品每 5t 为一批进行检验，不足 5t 也作为一批。

B. 抽样：单组分支装产品由该批产品中随机抽取 3 件包装箱，从每件包装箱中随机抽取 2～3 支样品，共取 6～9 支。多组分桶装产品的抽样方法及数量 GB/T 3186—2006 的规定执行，样品总量为 4kg，取样后应立即密封包装。

14）聚硫建筑密封胶

① 检验分类

A. 出厂检验：生产厂家应按相关标准的规定，对每批密封胶产品进行出厂检验，检验项目为：外观、下垂度（N 型）或流平性（L 型）、表干时间、适用期、弹性恢复率、定伸粘结性（长期有水环境用胶检验浸水后定伸粘结性）。

B. 型式检验：有下列情况之一时，必须按外观质量及物理力学性能逐项进行型式检验：

a. 新产品试制或老产品转厂生产的试制定型鉴定。

b. 正常生产时，每年至少进行一次。

c. 产品的原料、配方、工艺及生产装备有较大改变，可能影响产品质量时。

d. 产品停产一年以上，恢复生产时。

e. 出厂检验结果与上次型式检验有较大差异时。

f. 国家质量监督机构提出进行型式检验要求时。

② 组批与抽样规则

A. 组批：以同一品种、同一类型的产品每 10t 为一批进行检验，不足 10t 也作为一批。

B. 抽样：从不同的部位取相同的数量的样品，混合均匀，样品总量为 4kg，取样后应立即密封包装。

15）丙烯酸酯建筑密封胶

① 检验分类

A. 出厂检验：生产厂应对每批密封胶产品进行出厂检验，检验项目为：外观、下垂度、表干时间、挤出性、弹性恢复率、定伸粘结性（12.5E 级）、断裂伸长率（12.5P 级和 7.5P 级）。

B. 型式检验。有下列情况之一，须外观及物理性能全项检测：

a. 新产品试制或老产品转厂生产的试制定型鉴定。

b. 正常生产时，每年至少进行一次。

c. 产品的原料、工艺及生产装备有较大改变，可能影响产品质量时。

d. 产品停产一年以上，恢复生产时。

e. 出厂检验结果与上次型式检验有较大差异时。

f. 国家质量监督机构提出进行型式检验要求时。

② 组批与抽样规则

A. 组批：以同一级别的产品每 10t 为一批进行检验，不足 10t 也作为一批。

B. 抽样：产品由该批产品中随机抽取 3 件包装箱，从每件包装箱中随机抽取 2～3 支样品，共取 6～9 支，散装产品取约 4kg。

16）建筑防水沥青嵌缝油膏

① 检验规则

A. 出厂检验：出厂检验项目为外观、施工度、耐热性、低温柔性、拉伸粘结性。

B. 型式检验：型式检验项目包括外观及物理性能全部要求。在下列情况下进行型式检验：

a. 新产品试制或老产品转产的试制定型鉴定。

b. 正常生产时，每半年进行一次型式检验。

c. 产品的原料、配方、工艺有较大改变，有可能影响产品质量时。

d. 产品停产一年以上，恢复生产时。

② 批量与抽样

A. 批量：以同一型号的产品 20t 为一批，不足 20t 亦按一批计。

B. 抽样：每批随机抽取 3 件产品，离表皮大约 50mm 处各取样 1kg，装于密封容器内，一份作试验用，另两份留作备查。

17）聚氯乙烯建筑防水接缝材料

① 检验分类，包括出厂检验和型式检验。

A. 出厂检验：生产厂家按规定，对每批产品进行出厂检验。检验项目包括外观、下垂度、低温柔性、拉伸粘结性及浸水拉伸粘结性。

B. 型式检验：有下列情况之一时，须按标准要求的项目逐项进行检验。

a. 新产品或老产品转厂生产的试制定型。

b. 正式生产时，每年进行一次型式检验。

c. 产品的原料、配方、工艺有较大改变，可能影响产品性能时。

d. 出厂检验结果与上次型式检验有较大差别时。

e. 国家质量监督机构提出进行型式检验的要求时。

② 组批与抽样规则

A. 组批：以同一类型、同一型号 20t 产品为一批，不足 20t 也作为一批进行出厂检验。

B. 抽样：取 3 个试样（每个试样 1kg），其中 2 个试样备用。

18）建筑用硅酮结构密封胶

① 检验分类，包括出厂检验和型式检验。

② 出厂检验项目为外观、下垂度、挤出性、适用期、表干时间、硬度、23℃拉伸粘结性（包括拉伸强度，粘结破坏面积，23℃伸长率为 10％、20％及 40％时的模量）。

③ 型式检验。有下列情况之一时，应进行型式检验：

A. 新产品试制或老产品转厂生产的定型鉴定。

B. 产品配方、原材料、工艺有较大改变时。

C. 正常生产时，每半年进行一次。

D. 长期停产后恢复生产时。

E. 出厂检验结果与上次型式检验有较大差异时。

F. 国家质量监督机构提出进行型式检验要求时。

④ 组批、抽样规则

A. 组批：连续生产时每 3t 为一批，不足 3t 也为一批；间断生产时，每次投料为一批。

B. 抽样：随机抽样。单组分产品抽样量为 5 支；双组分产品从原包装中抽样，抽样量为 3～5kg，抽取的样品应立即密封包装。

19）高分子防水材料（第二部分 止水带）

① 检验分类

A. 出厂检验的检验项目包括：止水带的尺寸公差、外观质量、拉伸强度、扯断伸长率、撕裂强度。

B. 型式检验的检验项目包括尺寸公差、外观质量及物理力学性能的全部检验指标。在下列情况之一时应进行型式检验：

a. 新产品的试制定型鉴定。

b. 产品的结构、设计、材料、生产设备、管理等方面有重大改变。

c. 转产、转厂、停产后复产。

d. 合同规定。

e. 出厂检验结果与上次型式检验有较大差异。

f. 国家质量监督检验机构提出进行该项试验的要求。

在正常情况下，臭氧老化应为每年至少进行一次检验，其余各项为每半年进行一次检验。

② 取样频率及抽样方法

A. 取样频率：以每月同标记的止水带产量为一批，逐一进行规格尺寸和外观质量检验。

B. 抽样方法：在规格尺寸和外观质量合格的那批产品中取 1m 长度，进行物理性能检验。

20）水泥基渗透结晶型防水材料

① 出厂检验：CCCW C 的出厂检验项目为含水率、细度、施工性、湿基面粘结强度和 28d 砂浆抗渗性能；CCCW A 的出厂检验项目为含水率、细度、总碱量、抗压强度比和 28d 混凝土抗渗性能。

② 型式检验。型式检验项目包括相关标准要求的所有项目，在下列情况下进行型式检验：

A. 新产品投产或产品定型鉴定时。

B. 当原材料和生产工艺发生变化时。

C. 正常生产时，每一年进行一次。

D. 出厂检验结果与上次型式检验结果有较大差异时。

E. 产品停产 6 个月以上恢复生产时。

③ 批量与取样

A. 批量：连续生产，同一配料工艺条件制得的同一类型产品 50t 为一批，不足 50t 的亦可按一批量计。

B. 取样：每批产品随机抽样，抽取 10kg 样品，充分混匀。取样后，将样品一分为二，一份检验，一份留样备用。

11. 石材

（1）天然大理石建筑板材

1）外观质量。将协议板与被检板材并列平放在地上，距板材 1.5m 处站立目测；用游标卡尺测量缺陷的长度、宽度、测量值精确到 0.1mm。

2）物理性能。镜面大理石板材的镜向光泽值应不低于 70 光泽单位。板材的其他物理性能指标应符合表 4-97 的规定。

物理性能（GB/T 19766—2005）　　　　　　　　　　　　　　　表 4-97

项目		指标
体积密度（g/cm³）	≥	2.30
吸水率（%）	≤	0.50
干燥压缩强度（MPa）	≥	50.0
干燥	弯曲强度（MPa）　≥	7.0
水饱和		
耐磨度[a]（1/cm³）	≥	10

a 为了颜色和设计效果，以两块或多块大理石组合拼接时，耐磨度差异应不大于 5，建议适用于经受严重踩踏的阶梯、地面和月台使用的石材耐磨度最小为 12。

3）检验规则

① 出厂检验

A. 检验项目。普型板：规格尺寸偏差、平面度公差、角度公差、镜向光泽度、外观质量。圆弧板：规格尺寸偏差、角度公差、直线度公差、线轮廓度公差、镜向光泽度、外观质量。

B. 组批：同一品种、类别、等级的板材为一批。

C. 抽样：根据抽样判定表抽取样本。见表4-98，单位：块。

D. 判定：单块板材的所有检验结果均符合技术要求中相应等级时，则判定该块板材符合该等级。根据样本检验结果，若样本中发现的等级不合格数小于或等于合格判定数（Ac），则判定该批符合该等级；若样本中发现的等级不合格数大于或等于不合格判定数（Rc），则判定该批不符合该等级。

抽样（GB/T 19766—2005）　　　　　　　　　　表 4-98

批量范围	样本数	合格判定数（Ac）	不合格判定数（Rc）
≤25	5	0	1
26～50	8	1	2
51～90	13	2	3
91～150	20	3	4
151～280	32	5	6
281～500	50	7	8
501～1200	80	10	11
1201～3200	125	14	15
≥3201	200	21	22

② 型式检验

A. 检验项目：规格尺寸偏差、平面度公差、角度公差、镜向光泽度、外观质量及物理性能指标。

B. 检验条件：有下列情况之一时，进行型式检验。

a. 新建厂投产。

b. 荒料、生产工艺有重大改变。

c. 正常生产时，每一年进行一次。

d. 国家质量监督机构提出进行型式检验要求。

C. 组批：同一品种、类别、等级的板材为一批。

D. 抽样：规格尺寸偏差、平面度公差、角度公差、直线度公差、线轮廓度公差、镜向光泽度、外观质量的抽样与出厂检验一样；吸水率、体积密度、弯曲强度、干燥压缩强度、耐磨度试验的样品可从荒料上制取。

（2）天然花岗石建筑板材

1）外观质量。同一批板材的色调应基本调和，花纹应基本一致。板材下面的外观缺陷应符合表4-99的规定。

外观质量（GB/T 18601—2009）　　　　　　　　　　　　表 4-99

缺陷名称	规定内容	技术指标		
		优等品	一等品	合格品
缺棱	长度≤10mm，宽度≤1.2mm（长度＜5mm，宽度＜1.0mm 不计），周边每米长允许个数（个）	0	1	2
缺角	沿板材边长，长度≤3mm，宽度≤3mm，（长度＜2mm，宽度≤2mm 不计），每块板允许个数（个）			
裂纹	长度不超过两端顺延到板边总长度的 1/10（长度＜20mm 不计），每块板允许条数（条）			
色斑	面积≤15mm×30mm（面积＜10mm×10mm 不计），每块板允许个数（个）		2	3
色线	长度不超过两端顺延至板边总长度的 1/10（长度＜40mm 不计），每块板允许条数（条）			

注：干挂板材不允许有裂纹存在。

2）物理性能。天然花岗石建筑板材的物理性能应符合表 4-100 的规定，工程对石材物理性能项目及指标有特殊要求的，按工程要求执行。

物理性能（GB/T 18601—2009）　　　　　　　　　　　　表 4-100

项目		技术指标	
		一般用途	功能用途
体积密度（g/cm³）　　　　　　　　　　　≥		2.56	2.56
吸水率（%）　　　　　　　　　　　　　　≤		0.60	0.40
压缩强度（MPa）　　　≥	干燥	100	131
	水饱和		
弯曲强度（MPa）　　　≥	干燥	8.0	8.3
	水饱和		
耐磨性[a]（1/cm³）　　　　　　　　　　　≥		25	25

a　使用在地面、楼梯踏步、台面等严重踩踏或磨损部位的花岗岩石材应检验此项。

天然花岗石建筑板材中天然放射性核素镭-226、钍-232、钾-40 的放射性比活度同时满足 IRa≤1.0 和 Ir≤1.0。在装饰装修材料中天然放射性核素镭-226、钍-232、钾-40 的放射性比活度同时满足 IRa≤1.0 和 Ir≤1.3，为 A 类装饰材料。A 类装饰装修材料产销与使用范围不受限制。不能满足 A 类但同时满足 IRa≤1.3 和 Ir≤1.9 要求的为 B 类装饰装修材料。B 类不可用于Ⅰ类民用建筑的内饰面，但可用于Ⅱ类民用建筑物、工业建筑内饰面及其他一切建筑的外饰面。不满足 A、B 类要求但满足 Ir≤2.8 要求的为 C 类。C 类装饰装修材料只可用于建筑物的外饰面及室外其他用途。

3）检验规则

① 出厂检验

A. 检验项目：毛光板为厚度偏差、平面度公差、镜向光泽度、外观质量；普型板为规格尺寸偏差、平面度公差、角度公差、镜向光泽度、外观质量；圆弧板为规格尺寸偏差、角度公差、直线度公差、线轮廓度公差、外观质量。

B. 组批：同一品种、类别、等级、同一供货的板材为一批；或按连续安装部位的板材为一批。

C. 抽样：按表 4-101 抽取样本，单位：块。

抽样（GB/T 18601—2009）　　　　　　　　　　　　　　　表 4-101

批量范围	样本数	合格判定数（Ac）	不合格判定数（Rc）
≤25	5	0	1
26～50	8	1	2
51～90	13	2	3
91～150	20	3	4
151～280	32	5	6
281～500	50	7	8
501～1200	80	10	11
1201～3200	125	14	15
≥3201	200	21	22

② 型式检验

A. 检验项目：外观质量和物理性能全部项目。

B. 有下列情况之一时，进行型式检验：新建厂投产时；荒料、生产工艺有重大改变时；正常生产时，每一年进行一次；国家质量监督机构提出进行型式检验要求时。

C. 组批：同出厂检验。

D. 抽样：规格尺寸偏差、平面度公差、角度公差、直线度公差、线轮廓度公差、镜向光泽度、外观质量的抽样同出厂检验；其余项目的样品从检验批中随机抽取双倍数量样品。

12. 饰面材料

（1）陶瓷马赛克

1）分类

陶瓷马赛克按表面性质分为有釉、无釉 2 种；按颜色分为单色、混色和拼花 3 种。

2）技术要求

① 尺寸允许偏差

A. 单块陶瓷马赛克尺寸偏差应符合表 4-102 的规定。

陶瓷马赛克尺寸允许偏差（JC/T 456—2015）　　　　　　表 4-102

项目	允许偏差	
	优等品	合格品
边长（mm）	±0.5	±1.0
厚度（%）	±5.0	±5.0

B. 陶瓷马赛克的线路、联长的允许偏差应符合表 4-103 的规定。

陶瓷马赛克线路、联长的允许偏差（JC/T 456—2015）　　　　表 4-103

项目	允许偏差	
	优等品	合格品
线路（mm）	±0.6	±1.0
联长（mm）	±1.0	±2.0

注：特殊要求由供需双方商定。

现场检验时，检验单块砖的尺寸用精度不低于 0.02mm 的游标卡尺在砖的中心部位进行检验。检验联长的尺寸用精度不低于 0.5mm 的钢直尺（或者其他合适的仪器）在砖联的中心部位进行检验。线路检验时，将样品放在平台上，用塞尺进行检验。

② 外观质量

A. 现场外观质量检验时，将成联样品平放在自然光下，距砖约 1m，目测检验。对于表贴砖联，应在去掉铺贴衬材后检验；缺角、缺边的检验用精度不低于 0.02mm 的游标卡尺进行检验；翘曲的检验，将钢直尺立放在马赛克表面上，用塞尺测量其最大间隙。

B. 陶瓷马赛克外观质量应符合表 4-104 的规定。

陶瓷马赛克外观质量要求（JC/T 456—2015）　　　　表 4-104

缺陷名称	表示方法	缺陷允许范围				备注
		优等品		合格品		
		正面	背面	正面	背面	
夹层、釉裂、开裂	—	不允许				—
斑点、粘疤、起泡、坯粉、麻面、波纹、缺釉、桔釉、棕眼、落脏、溶洞	—	不明显		不严重		—
缺角	斜边长（mm）	<1.0	<2.0	2.0～3.5	4.0～5.5	正背面缺角不允许在同一角部。正面只允许缺角 1 处
	深度（mm）	不大于砖厚的 2/3				
缺边	长度	<2.0	<4.0	3.0～5.0	6.0～8.0	正背面缺边不允许出现在同一侧面。同一侧面边不允许有 2 处缺边；正面只允许 2 处缺边
	宽度	<1.0	<2.0	1.5～2.0	2.5～3.0	
	深度	<1.5	<2.5	1.5～2.0	2.5～3.0	
变形	翘曲（mm）	不明显				—
	大小头（mm）	0.6		0.8		

③ 吸水率：陶瓷马赛克的吸水率应不大于 1.0%。

④ 耐磨性：用于铺地的无釉陶瓷马赛克耐深度磨损体积应不大于 175mm³；用于铺地的有釉陶瓷马赛克表面耐磨性报告磨损等级和转数。

⑤ 线性热膨胀系数：若陶瓷马赛克安装在有高热变性的情况下时，制造商应报告陶瓷马赛克的线性热膨胀系数。

⑥ 抗热震性：经抗热震性试验后，应无裂纹、无破损。

⑦ 抗釉裂性：经抗釉裂性试验后，应无釉裂、无破损。

⑧ 抗冻性：经抗冻性试验后，应无裂纹、无剥落、无破损。

⑨ 耐污染性。有釉陶瓷马赛克耐污染性：经耐污染性试验后，有釉陶瓷马赛克耐污染性应不低于 3 级。无釉陶瓷马赛克耐污染性：经耐污染性试验后，制造商应报告无釉陶瓷马赛克耐污染性级别。

⑩ 耐化学腐蚀性。耐低浓度酸和碱：制造商应报告陶瓷马赛克耐低浓度酸和碱的耐腐蚀性等级。耐高浓度酸和碱：制造商应报告陶瓷马赛克耐高浓度酸和碱的耐腐蚀性等级。耐家庭化学试剂和游泳池盐类：经耐家庭化学试剂和游泳池盐类的腐蚀性试验后，有釉陶瓷马赛克的耐腐蚀性应不低于 GB 级，无釉陶瓷马赛克的耐腐蚀性不应低于 UB 级。

⑪ 成联陶瓷马赛克质量要求

A. 色差：单色陶瓷马赛克及联间同色砖色差目测基本一致。

B. 铺贴衬材的粘结性：陶瓷马赛克与铺贴衬材经粘结性试验后，不允许有马赛克脱落。

C. 铺贴衬材的剥离性：陶瓷马赛克的表贴剥离时不大于 20min。

D. 铺贴衬材的露出：陶瓷马赛克铺贴后，不允许有铺贴衬材露出。

3）检验规则

① 检验分类

A. 出厂检验项目包括尺寸允许偏差、外观质量、吸水率和成联陶瓷马赛克质量要求。

B. 型式检验包括全部技术要求项目，在下列情况之一时，应进行型式检验：

a. 正常生产时，每一年至少进行一次型式检验；

b. 新产品试制定型鉴定；

c. 生产工艺发生较大改变，可能影响产品性能时；

d. 出厂检验结果与上次型式检验结果有较大差异时；

e. 有合同要求时。

② 组批与抽样

A. 组批：以同品种、同色号的产品以 500m² 为一批，不足 500m²，以一批计。

B. 抽样：陶瓷马赛克抽样方案和判定规则如表 4-105。

陶瓷马赛克抽样方案和判定规则（JC/T 456—2015）　　　表 4-105

检验项目			单位	样本量		第一样本		第一样本加第二样本	
				第一次	第二次	接收数	拒收数	接收数	拒收数
尺寸偏差	单块砖		块	20	20	1	3	3	4
	成联砖	线路	联	15	—	1	2	—	—
		联长		15	—	1	2	—	—
外观质量			联	3	—	≤5%[a]	>5%	—	—

续表

检验项目	单位	样本量		第一样本		第一样本加第二样本	
		第一次	第二次	接收数	拒收数	接收数	拒收数
吸水率	块	10	10	0	2	1	2
无釉砖耐磨性		5	5	0	2	1	2
有釉砖耐磨性		11	—	—	—	—	—
线性热膨胀系数		2	2	0	2	1	1
抗热震性		5	5	0	2	1	2
抗釉裂性		5	5	0	2	1	2
抗冻性		10	—	0	1	—	—
耐污染性		5	5	0	2	1	2
耐化学腐蚀性		5	5	0	2	1	2
色差	联	3	—	≤5%[a]	>5%		
铺贴衬材的粘结性		3	—	0	1	—	—
铺贴衬材的剥离性		3	—	0	1	—	—
铺贴衬材的露出		15	—	1	2	—	—

a 指3联试样中不合格砖数占砖总数的百分数。

（2）耐酸砖

1）技术要求

① 外观质量。耐酸砖的外观质量符合表4-106的要求。

外观质量（GB/T 8488—2008）   表4-106

缺陷类别	要求（mm）	
	优等品	合格品
裂纹	工作面：不允许； 非工作面：宽不大于0.25，长[a]5~15允许2条	工作面：宽不大于0.25，长5~15允许2条； 非工作面：宽不大于0.5，长5~20允许2条
开裂	不允许	不允许
磕碰损伤	工作面：深入工作面1~2；砖厚小于20时，深不大于3，砖厚20~30时，深不大于5；砖厚大于30时，深不大于10的磕碰2处；总长不大于35； 非工作面：深2~4，长不大于35，允许3处	工作面：深入工作面1~4；砖厚小于20时，深不大于5，砖厚20~30时，深不大于8；砖厚大于30时，深不大于10的磕碰2处；总长不大于40； 非工作面：深2~5，长不大于40，允许4处
疵点	工作面：最大尺寸1~2，允许3个； 非工作面：最大尺寸1~3，每个面允许3个	工作面：最大尺寸2~4，允许3个； 非工作面：最大尺寸3~6，每个面允许4个
釉裂	不允许	不允许
缺釉	总面积不大于100mm²，每处不大于30mm²	总面积不大于200mm²，每处不大于50mm²
枯釉	不允许	不超过釉面面积的1/4
干釉	不允许	不影响使用

注：标型砖应有一个大面（230mm×113mm）达到表中对于工作面的要求，如需方订货时指定工作面，则该面应符合下表中的要求。

a 5以下不考核，表中其他同样的表达方式，含义相同。

分层，用质量适当的金属锤轻轻敲击砖体，应发出清音。背纹，平板形砖的背形砖的背面应有深不小于1mm的背纹。

现场外观质量检查：用肉眼和精度为 0.5mm 的金属直尺和塞尺进行。裂纹用 10 倍的读数显微镜测量；测量磕碰时，磕碰长度为 L、深入工作面值为 B。

② 耐酸砖的尺寸偏差及变形应符合表 4-107 的要求。

尺寸偏差及变形（GB/T 8488—2008）　　　　表 4-107

项目		允许偏差（mm）	
		优等品	合格品
尺寸偏差	尺寸≤30	±1	±2
	30＜尺寸≤150	±2	±3
	150＜尺寸≤230	±3	±4
	尺寸＞230	供需双方协商	
变形，翘曲大小头	尺寸≤150	≤2	≤2.5
	150＜尺寸≤230	≤2.5	≤3.0
	尺寸＞230	供需双方协商	

现场对尺寸偏差和变形进行测量时，用精度为 0.5mm 的金属直尺和塞尺测量。砖的尺寸应在砖面中间部位测量。测量值与规定值之差为尺寸偏差。变形应在砖的工作面上测量；大小头以两个互相平行的边的长度之差为测量值；翘曲沿砖工作面的对角线上测量。

③ 耐酸砖的物理化学性能应符合表 4-108 的要求。

物理化学性能（GB/T 8488—2008）　　　　表 4-108

项目	要求				置取试样
	Z-1	Z-2	Z-3	Z-4	
吸水率（%）	≤0.2	≤0.5	≤2.0	≤4.0	从检验用砖上任取体积为 10～20cm³ 的无釉试块为试样，试样数量为 3 个
弯曲强度（MPa）	≥58.8	≥39.2	≥29.4	≥19.6	试样应从检验用砖上切取。试样尺寸为：宽 20±1mm，厚 20±1mm，长不小于 110mm，试样数量至少 5 个
耐酸度（%）	≥99.8	≥99.8	≥99.8	≥99.7	取弯曲强度试验后的碎块或从检验用砖上取约 200g 碎块（带釉的除去釉面），然后将其粉碎并筛取粒为 0.25～0.5mm 的颗粒约 20g 作为试样
耐急冷急热性（℃）	温差100℃	温差100℃	温差130℃	温差150℃	取 3 块外观质量检验合格的整砖作为试样
	试验一次后，试样不得有裂纹、剥落等破损现象				

2）检验规则

① 检验分类

A. 型式检验：检验所有项目。工艺技术改变时应进行型式检验，不改变工艺技术的情况下，应每半年一次。

B. 出厂检验：检验项目包括外观质量和尺寸偏差。

② 组批和抽样

A. 组批：以相同工艺条件生产的同一规格、同一牌号的 5000～30000 块砖为一批。

不足 5000 块时由供需双方协商。

B. 抽样：用随机抽样的方法抽取表 4-109 中项目所需的样本。非破坏性试验的试样，检验后可用作其他项目的检验。

抽样（GB/T 8488—2008）　　　　　　　　　　表 4-109

检验项目	样本大小		第一次		第一次＋第二次	
	第一次 n_1	第二次 n_2	合格判定数 A_1	不合格判定数 R_1	合格判定数 A_2	不合格判定数 R_2
外观质量	20	20	1	3	3	4
尺寸偏差	20	20	1	3	3	4
变形	10	10	0	2	1	2
耐急冷急热性	3	3	0	2	1	2
吸水率	3	3				
弯曲强度	5	5	平均值符合表 4-108 的要求			
耐酸度	2	2				

（3）饰面型防火涂料

1）技术要求

① 不宜用有害人体健康的原料和溶剂。

② 饰面型防火涂料可用刷涂、喷涂、辊涂和刮涂中任何一种或多种方法方便地施工，能在通常自然环境条件下干燥、固化。成膜后表面无明显凹凸或条痕，没有脱粉、气泡、龟裂、斑点等现象，能形成平整的饰面。

饰面型防火涂料技术指标应符合表 4-110 的规定要求。

技术指标（GB 12441—2005）　　　　　　　　　　表 4-110

序号	项目		技术指标	缺陷类别
1	在容器中的状态		无结块，搅拌后呈均匀状态	C
2	细度（μm）		≤90	C
3	干燥时间	表干（h）	≤5	C
		实干（h）	≤24	
4	附着力（级）		≤3	A
5	柔韧性（mm）		≤3	B
6	耐冲击性（cm）		≥20	B
7	耐水性（h）		经 24h 试验，不起皱，不剥离，起泡在标准状态下 24h 能基本恢复，允许轻微失光和变色	B
8	耐湿热性（h）		经 48h 试验，涂膜无起泡、无脱落，允许轻微失光和变色	B
9	耐燃时间（min）		≥15	A
10	火焰传播比值		≤25	A
11	质量损失（g）		≤5	A
12	炭化体积（cm³）		≤25	A

2）检验规则

① 抽样：待混合均匀后，装入盛样容器中，盛样容器应有 5％～10％ 的空隙。被抽样

品批量不小于 1t，抽取的样品数量不小于 10kg。

② 出厂检验项目包括在容器中的状态、细度、干燥时间、附着力、柔韧性、耐冲击性、耐水性、耐湿热性及耐燃时间等 9 项。

③ 型式检验项目包括饰面型防火涂料技术指标全部。

A. 新产品投产或老产品转厂生产时。

B. 产品的结构、工艺及原材料有较大改变时。

C. 产品停产一年以上恢复生产时。

D. 出厂检验与上次型式检验有较大差异时。

E. 正常生产 3 年或累计 300t 时。

13. 板材

(1) 建筑幕墙用铝塑复合板

1）材料

① 铝材：应经过清洗和化学预处理，以清除铝材表面的油污、脏物和因空气接触而自然形成的松散的氧化层，并形成一层化学转化膜，以利于铝材与涂层和芯层的牢固粘接。

② 涂层：幕墙板涂层材质宜采用耐候性能优异的氟碳树脂，也可采用其他性能相当或更优异的材质。

2）要求

① 外观质量。幕墙板外观应整洁，非装饰面无影响产品使用的损伤，装饰面外观质量应符合表 4-111 的要求。

装饰面外观质量（GB/T 17748—2008）　　　　　表 4-111

缺陷名称[a]	技术要求
压痕	不允许
印痕	不允许
凹凸	不允许
正反面塑料外露	不允许
漏涂	不允许
波纹	不允许
鼓泡	不允许
疵点	最大尺寸≤3mm，不超过 3 个/m²
划伤	不允许
擦伤	不允许
色差[b]	目测不明显，仲裁时色差△E≤2

a　对于表中未涉及的表面缺陷，以不影响需方使用要求为原则由供需双方商定。
b　装饰性的花纹和色彩除外。

② 尺寸允许偏差应符合表 4-112 的要求。

尺寸允许 （GB/T 17748—2008）

表 4-112

项目	技术要求
长度（mm）	±3
宽度（mm）	±2
厚度（mm）	±0.2
对角线差（mm）	≤5
边直度（mm/m）	≤1
翘曲度（mm/m）	≤5

③ 铝材厚度及涂层厚度应符合表 4-113 的要求。

铝材厚度及涂层厚度 （GB/T 17748—2008）

表 4-113

项目			技术要求
铝材厚度（mm）	平均值		≥0.50
	最小值		≥0.48
涂层厚度（μm）	二涂	平均值	≥25
		最小值	≥23
	三涂	平均值	≥32
		最小值	≥30

注：幕墙板涂层多数为底涂加面涂的二涂工艺。底涂厚度一般为 5μm，面涂厚度一般不小于 18μm，一些特殊涂层品种还要增加罩面保护层，以提高涂层的耐化学腐蚀能力和阻隔紫外线的能力，即采用底涂加面涂加罩面的三涂工艺。

④ 幕墙板的性能应符合表 4-114 的要求。

幕墙板的性能 （GB/T 17748—2008）

表 4-114

项目		技术要求
表面铅笔硬度		≥HB
涂层光泽度偏差		≤10
涂层柔韧性（T）		≤2
涂层附着力[a]（级）	划格法	0
	划圈法	1
耐冲击性（kg·cm）		≥50
涂层耐磨耗性（L/μm）		≥5
涂层耐盐酸性		无变化
涂层耐油性		无变化
涂层耐碱性		无鼓泡、凸起、粉化等异常，色差△E≤2
涂层耐硝酸性		无鼓泡、凸起、粉化等异常，色差△E≤5
涂层耐溶剂性		不露底
涂层耐沾污性（%）		≤5
耐人工气候老化	色差△E	≤4.0
	失光等级（级）	不次于2
	其他老化性能（级）	0
耐盐雾性（级）		不次于1

续表

项目			技术要求
弯曲强度（MPa）			≥100
弯曲弹性模量（MPa）			≥$2.0×10^4$
贯穿阻力（kN）			≥7.0
剪切强度（MPa）			≥22.0
剥离强度 （N·mm/m）	平均值		≥130
	最小值		≥120
耐温差性	剥离强度下降率（%）		≤10
	涂层附着力[a] （级）	划格法	0
		划圈法	1
	外观		无变化
热膨胀系数（℃⁻¹）			≤$4.0×10^{-5}$
热变形温度（℃⁻¹）			≥95
耐热水性			无异常
燃烧性能[b]（级）			不低于 C 级

a　划圈法为仲裁方法；b　燃烧性能仅针对阻燃型铝塑板。

3）检验规则

① 出厂检验：每批产品均应进行出厂检验，检验项目包括：规格尺寸允许偏差、外观质量、涂层厚度、光泽度偏差、表面铅笔硬度、涂层柔韧性、附着力、耐冲击性、耐溶剂性、剥离强度、耐热水性、耐酸性、耐碱性。

② 型式检验：检验项目为全部技术要求。

有下列情形之一者，必须进行型式检验：

A. 新产品或老产品转厂的试制定型鉴定；

B. 正常生产时，每年进行一次型式检验，其中耐人工气候老化和耐盐雾性能的检验可以每两年进行一次；

C. 产品的原料改变、工艺有较大变化，可能影响产品性能时；

D. 产品停产半年后恢复生产时；出厂检验结果与上次型式检验有较大差异时；

E. 国家质量监督机构提出进行型式检验要求时。

③ 组批与抽样规则

A. 组批。出厂检验：同一品种、同一规格、同一颜色的产品 3000m² 为一验收批，不足 3000m² 的也按一批计。型式检验：以从出厂检验合格的同一品种、同一规格、同一颜色的产品 3000m² 为一验收批，不足 3000m² 的也按一批计。

B. 抽样。出厂检验：外观质量的检验可在生产线上连续进行，规格尺寸允许偏差的检验从同一检验批中随机抽取 3 张板进行，其余出厂检验项目按所检验项目的尺寸和数量要求随机抽取。型式检验：从同一检验批中随机抽取三张板进行外观质量和尺寸偏差的检验，其余按各项目要求的尺寸和数量随机裁取。

C. 制备试件时应考虑到产品装饰面性能在纵、横方向上要求具有一致性，除装饰面性能外产品在纵、横方向和正背面上的其他要求也具有一致性。试件的制取位置应在距产品边部 50mm 以里的区域内，试件的尺寸及数量见表 4-115。

试件尺寸及数量（GB/T 17748—2008）   表 4-115

试验项目		试件尺寸（mm）		试件数量/块
		纵向	横向	
外观质量		整张板		3
尺寸允许偏差		整张板		3
铝材厚度		100×100		3
涂层厚度		500×500		3
表面铅笔硬度		50×75		3
涂层光泽度偏差		500×500		3
涂层柔韧性		25	200	3
		200	25	3
涂层附着力	划格法	50×75		3
	划圈法	50×75		3
耐冲击性		50×75		3
涂层耐磨耗性		100×200		3
涂层耐盐酸		100×100		3
涂层耐油性		100×100		3
涂层耐碱性		100×100		3
涂层耐硝酸性		100×100		3
涂层耐溶剂性		100×430		3
涂层耐沾污性		100×200		3
耐人工气候老化		100×100		3
耐盐雾性		100×100		3
弯曲强度		50	200	12
		200	50	12
弯曲弹性模量		50	200	12
		200	50	12
贯穿阻力		50×50		6
剪切强度		50×50		6
剥离强度		25	350	12
		350	25	12
耐温差性		350×350		4
热膨胀系数		200×200		3
热变形温度		25	120	12
		120	25	12
耐热水性		200×200		3
燃烧性能		1500×1000		5
		1500×500		5

（2）装饰单板贴面人造板

1）规格尺寸及其偏差

① 装饰单板贴面人造板的幅面尺寸应符合表 4-116 规定。

装饰单板贴面人造板的幅面尺寸（GB/T 15104—2006）   表 4-116

宽度（mm）	长度（mm）				
915	915	1220	183.0	2135	—
1220	—	1220	183.0	2135	2440

注：经供需双方协议可生产其他幅面尺寸的产品。

不同基材的装饰单板贴面人造板长度和宽度偏差应符合下面的要求：

A. 装饰单板贴面胶合板长度和宽度允许偏差为±2.5mm。

B. 装饰单板贴面细木板长度和宽度允许偏差为+5mm。

C. 装饰单板贴面刨花板长度和宽度允许偏差为+5mm。

D. 装饰单板贴面中密度纤维板长度和宽度允许偏差为±3mm。

② 装饰单板贴面人造板厚度尺寸及其偏差应符合表 4-117 的要求。

装饰单板贴面人造板厚度尺寸及其偏差（GB/T 15104—2006）　　　表 4-117

基本厚度 t（mm）	允许偏差
t<4	±0.20
4≤t<7	±0.30
7≤t<20	±0.40
t≥20	±0.50

③ 翘曲度：板厚 6mm 以上的装饰单板贴面人造板翘曲度≤1.0%。

2）外观质量要求

装饰单板贴面人造板根据外观质量分为优等品、一等品和合格品三个等级。各等级装饰面外观质量要求应符合表 4-118 的规定。

根据外观质量等级划分（GB/T 15104—2006）　　　表 4-118

检验项目			装饰单板贴面人造板等级		
			优等	一等品	合格品
装饰性		视觉	材色和花纹美观		
		花纹一致性（仅限于有要求时）	花纹一致或基本一致		
材色不匀、变褪色		色差	不易分辨	不明显	明显
活节	阔叶树材	最大单个长径（mm）	10	20	不限
	针叶树材		5	10	20
死节、孔洞、夹皮、树脂道等	半活节、死节、孔洞、夹皮和树指道、树胶道	每平方米板面上缺陷总个数	不允许	4	4
	半活节	最大单个长径（mm）	不允许	10，小于 5 不计，脱落需填补	20，小于 5 不计，脱落需填补
	死节、虫孔、孔洞	最大单个长径（mm）	不允许		5，小于 3 不计，脱落需填补
	夹皮	最大单个长径（mm）	不允许	10，小于 5 不计	30，小于 10 不计
	树脂道、树胶道	最大单个长径（mm）	不允许	10，小于 5 不计	30，小于 10 不计
腐朽			不允许		
裂缝、条状缺损（缺丝）		最大单个宽度（mm）	不允许	0.5	1
		最大单个长度（mm）		100	200

续表

检验项目		装饰单板贴面人造板等级		
		优等	一等品	合格品
拼接离缝	最大单个长度（mm）	不允许	0.3	0.5
	最大单个宽度（mm）		200	300
叠层	最大单个宽度（mm）	不允许		0.5
鼓泡、分层		不允许		
凹陷、压痕、鼓包	最大单个单面（mm²）	不允许		100
	每平方米板上的个数			1
补条、补片	材色、花纹与板面的一致性	不允许	不易分辨	不明显
毛刺沟痕、刀痕、划痕		不允许	不明显	不明显
透胶、板面污染		不允许		不明显
透砂	最大透砂宽度（mm）	不允许	3，仅允许在板边部位	8，仅允许在板边部位
边角缺损	基本幅面尺寸内	不允许		
其他缺损		不影响装饰效果		

注：装饰面的材色色差，服从贸易双方的确认。需要仲裁时应使用测色仪器检测，"不易分辨"为总色差不小于1.5；"不明"为总色差1.5～3.0；"明显"为总色差大于3.0。

3）理化性能

① 装饰单板贴面人造板物理力学性能

双面装饰单板贴面人造板两面的浸渍剥离试验、表面胶合强度和冷循环试验均应符合表4-119的规定。

物理力学性能（GB/T 15104—2006）　　　　　**表4-119**

检验项目	各项性能指标值的要求	
	装饰单板贴面胶合板、装饰单板贴面细木工板等	装饰单板贴面刨花板、装饰单板贴面中密度纤维板等
含水率（%）	6.0～14.0	4.0～13.0
浸渍剥离试验	试件贴面胶层与胶合板或细木工板每个胶层上的每一边剥离长度均不超过25mm	试件贴面胶层上的每一边剥离长度不超过25mm
表面胶合强度（MPa）	≥0.40	
冷热循环试验	试件表面不允许有开裂、鼓泡、起皱、变色、枯燥，且尺寸稳定	

② 室内用装饰单板贴面人造板的甲醛释放量，就符合表4-120的规定。

甲醛释放量（GB/T 15104—2006）　　　　　**表4-120**

级别标志	限量值		备注
	装饰单板贴面胶合板、装饰单板贴面细木工板等	装饰单板贴面刨花板、装饰单板贴面中密度纤维板等	
E_0	≤0.5mg/L	—	可直接用于室内
E_1	≤1.5mg/L	≤9.0mg/100g	可直接用于室内
E_2	≤5.0mg/L	≤30.0mg/100g	经处理并达到 E_1 级后允许用于室内

4）检验规则

① 检验分类

A. 出厂检验包括以下项目：外观质量、规格尺寸、理化性能中的含水率、浸渍剥离试验、表面胶合强度、甲醛释放量。

B. 型式检验包括出厂检验的全部项目，并增加冷热循环试验项目以及经有关方面协议确定的检验项目。有下列情况之一时，应进行型式检验：

a. 当原辅材料及生产工艺发生较大变动时。

b. 新产品投产时。

c. 长期停产，恢复生产时。

d. 正常生产时，每年检验两次。

e. 质量监督机构提出型式检验要求时。

② 试件制作、试件尺寸和数量的规定。

A. 试样先从每张样本上截取半张，然后按分布要求截取试样 3 块，每张样本上制作试件的尺寸、数量及编号应符合表 4-121 的规定。

试件制作、试件尺寸和数量（GB/T 15104—2006）　　表 4-121

检验项目	试件尺寸（长×宽（mm））	试件数量（个）
含水率	100×100	3
浸渍剥离试验	75×75	6
表面胶合强度	50×50	6
冷热循环试验	150×150	3
甲醛释放量（a） 甲醛释放量（b）	150×150 20×20	10

注：1. 甲醛释放量（a）为装饰单板面胶合板、装饰单板贴面细木工板等的甲醛释放量检验，试件从 3 块试样上按要求制作；甲醛释放量（b）为装饰单板贴面刨花板、装饰单板贴面中密度纤维板等的甲醛释放量检验，试件从每张样本的任意位置上锯制，总质量为 330g。

2. 试件的边角应垂直、无崩边、长宽尺寸允许偏差为±0.5mm。

B. 理化性能抽样方案详见表 4-122。

理化性能抽样方案（GB/T 15104—2006）　　表 4-122

提交检验批的数量范围	第一次抽样的样本量	复检抽样的样本量
≤1000	1	2
1001～2000	2	4
2001～3000	3	6
>3000	4	8

第一次抽样的样本检验结果如有某项指标不合格时，则按复检样本量抽取样本，对不合格项目进行检验。抽样时应在检验批中随机抽取。

③ 取样：同生产厂、同品种、同规格的板材每 1000 张为一验收批，不足 1000 张也按一批计。

（3）细木工板

1）要求

① 分等：按外观质量和翘曲度分为优等品、一等品和合格品。

② 材料：对称层单板应为同一厚度、同一树种或材性相似的树种，同一生产方法，而且木纹配置方向也应相同。对称层单板可以是整幅单板，也可以同等宽或不等宽的单板沿边缘侧拼而成；表板应紧而朝外；同一张细木工板的芯条应为同一厚度、同一树种或材性相近的树种；拼缝用的无孔胶纸带不允许用于细木工板内部；3 层细木工板的表板厚度应不小于 1.0mm，纹理方向与板芯木条方向垂直。

③ 规格尺寸和偏差

A. 宽度和长度的偏差为（+5，0）mm。

B. 厚度偏差应符合表 4-123 规定。（单位：mm）

规格尺寸和偏差（GB/T 5849—2006）　　　　　　　表 4-123

基本厚度（mm）	不砂光（单面或双面，mm）		砂光（单面或双面，mm）	
	每张板内厚度公差	厚度偏差	每张板内厚度公差	厚度偏差
≤16	1.0	±0.6	0.6	±0.4
>16	1.2	±0.8	0.8	±0.6

C. 垂直度：相邻边垂直度不超过 1.0mm/m。

D. 边缘直度不超过 1.0mm/m。

E. 翘曲度：优等品不超过 0.1%，一等品不超过 0.2%，合格品不超过 0.3%。

F. 波纹度：砂光表面波纹度不超过 0.3mm，不砂光表面波纹度不超过 0.5mm。

④ 板芯质量

A. 沿板长度方向，相邻两排芯条的两个端接缝的距离不小于 50mm。

B. 芯条长度不小于 100mm。

C. 芯条侧面缝隙不超过 1mm，芯条端面缝隙不超过 3mm。

D. 板芯允许用木条、木块和单板进行加胶修补。

⑤ 理化性能

A. 含水率、横向静曲强度、浸渍剥离性能和表面胶合强度应符合表 4-124 的规定。

理化性能（GB/T 5849—2006）　　　　　　　表 4-124

检验项目		单位	指标值
含水率		%	6.0～14.0
横向静曲强度	平均值	MPa	≥15.0
	最小值	MPa	≥12.0
浸渍剥离性能		mm	试件每个胶层上的每一边剥离长度均不超过 25mm
表面胶合强度		MPa	≥0.60

B. 胶合强度应符合表 4-125 的规定。

胶合强度（GB/T 5849—2006）　　　　　　表 4-125

树种	指标值（MPa）
椴木、杨木、拟赤杨、泡桐、柳桉、杉木、奥克榄、白梧桐、民翘香、海棠木	≥0.70
水曲柳、荷木、枫香、槭木、榆木、柞木、阿必东、克隆、山樟	≥0.80
桦木	≥1.00
马尾松、云南松、落叶松、云杉、辐射松	≥0.80

C. 室内用细木工板甲醛释放量应符合表 4-126 规定。

甲醛释放量（GB/T 5849—2006）　　　　　　表 4-126

级别标志	限量（mg/L）	使用范围
E_0	≤0.5	可直接用于室内
E_1	≤1.5	可直接用于室内
E_2	≤5.0	经饰面处理后达到 E_1 级方可用于室内

2）检验规则

① 检验分类

A. 出厂检验：外观质量检验、规格尺寸检验、理化含水率、胶合强度、表面胶合强度、浸渍剥离性能和横向静曲强度检验。

B. 型式检验包括外观质量检验、规格尺寸检验、板芯质量要求检验和全部理化性能项目。有下列情况之一时，应进行型式检验：

a. 新投入生产时。

b. 原辅材料及生产工艺发生较大变动时。

c. 长期停产，恢复生产时。

d. 正常生产时，每月检验不少于 2 次。

e. 质量监督机构提出型式检验要求时。

② 理化性能检验试样按表 4-127 制取：试样在样板中，当板长度＜1600mm 时，抽取 2～3 张样板制取试样。

理化性能检验试样制取（GB/T 5849—2006）　　　　　　表 4-127

检测项目	试件尺寸（mm）	试件数量	备注
含水率	100.0×100.0	3	
胶合强度	100.0×25.0	12	在试样任一位置抽取且纵边与表板纤维方向平行
浸渍剥离性能	75.0×75.0	6	
表面胶合强度	50.0×50.0	6	
横向静曲强度	(10h+50.0)×50.0	6	h 为基本厚度
甲醛释放量	150.0×50.0	10	12 块试件中任意抽取 10 块检验

③ 抽样频率：同一生产厂，同类别，同树种生产的产品为一验收批。物理力学性能检验试件应在具有代表性的板垛中随机抽取。批量范围在≤1000 块时，抽样数 1 块；1001～2000 抽样数 2 块；2001～3000 抽样数 3 块；＞3000 抽样数 4 块。

（4）实木复合地板

1）技术要求

① 实木复合地板的正面和背面的外观质量符合表 4-128 要求。

外观质量（GB/T 18103—2013）　　　　　　　　　表 4-128

名称	项目	表面				背面
		优等	一等	合格品		
死节	最大单个长径（mm）	不允许	2	面板厚度小于2mm	4	50，应修补
				面板厚度不小于2mm	10	
	应修补，且任意两个死节之间距离不小于50mm					
孔洞（含蛀孔）	最大单个长径（mm）	不允许		2，需修补		25，应修补
浅色夹皮	最大单个长度（mm）	不允许	20	30		不限
	最大单个宽度（mm）		2	4		
深色夹皮	最大单个长度（mm）	不允许		15		不限
	最大单个宽度（mm）			2		
树脂囊和树脂（胶）道	最大单个长度（mm）	不允许		5，且最大单个宽度不小1		不限
腐朽	—	不允许				a
真菌变色	不超过板面积的百分比（%）	不允许	5，板面色泽要协调	20，板面色泽要大致协调		不限
裂缝		不允许				不限
拼接离缝	最大单个宽度（mm）	0.1	0.2	0.5		
	最大单个长度超过相应边长的百分比（%）	5	10	20		
面板叠层	—	不允许				—
鼓泡、分层	—	不允许				
凹陷、压痕、鼓包	—	不允许	不明显	不明显		不限
补条、补片	—	不允许				不限
毛刺沟痕	—	不允许				不限
透胶、板面污染	不超过板面积的百分比（%）	不允许		1		不限
砂透	不超过板面积的百分比（%）	不允许				10
波纹		不允许	不明显	不明显		—
刀痕、划痕		不允许				不限
边、角缺损		不允许				b
榫舌缺损	不超过板长的百分比（%）	不允许		15		
漆膜鼓泡	最大单个直径 φ≤0.5mm	不允许		每块板不超过3个		—
针孔	最大单个直径 φ≤0.5mm	不允许		每块板不超过3个		—
皱皮	不超过板面积的百分比（%）	不允许		5		—
粒子		不允许		不明显		—
漏漆	—	不允许				

注：a　允许有初腐。
　　b　长边缺损不超过板长的30%，且宽不超过5mm，厚度不超过板厚的1/3；短边缺损不超过板宽的20%，且宽不超过5mm，厚度不超过板厚的1/3。
　1. 在自然光或光照度 300lx～600lx 范围内的近似自然光下，视距为 700mm 内，目测不能清晰地观察到缺陷即为不明显。
　2. 未涂饰或油饰面实木复合地板不检查地板表面油漆指标。

② 规格尺寸和尺寸偏差。尺寸偏差应符合表 4-129 要求。

尺寸偏差（GB/T 18103—2013）　　表 4-129

项目	要求
厚度偏差	公称厚度 t_n 与平均厚度 t_a 之差绝对值 $\leqslant 0.5mm$ 厚度最大值 t_{max} 与最小值 t_{min} 之差 $\leqslant 0.5mm$
面层净长偏差	公称长度 $l_n \leqslant 1500mm$ 时，l_n 与每个测量值 l_m 之差绝对值 $\leqslant 1.0mm$ 公称长度 $l_n > 1500mm$ 时，l_n 与每个测量值 l_m 之差绝对值 $\leqslant 2.0mm$
面层净宽偏差	公称宽度 ω_n 与平均宽度 ω_a 之差绝对值 $\leqslant 0.1mm$ 宽度最大值 ω_{max} 与最小值 ω_{min} 之差绝对值 $\leqslant 0.2mm$
直角度	$q_{max} \leqslant 0.2mm$
边缘不直度	$s_{max} \leqslant 0.3mm/m$
翘曲度	宽度方向翘曲度 $f_w \leqslant 0.20\%$，长度方向翘曲度 $f_l \leqslant 1.00\%$
拼装离缝	拼装离缝平均值 $\sigma_\theta \leqslant 0.15mm$，拼装离缝最大值 $\sigma_{max} \leqslant 0.20mm$
拼装高度差	拼装高度差平均值 $h_\theta \leqslant 0.10mm$，拼装高度差最大值 $h_{max} \leqslant 0.15mm$

③ 理化性能指标

实木复合地板的理化性能指标应符合表 4-130 要求。

实木复合地板的理化性能指标（GB/T 18103—2013）　　表 4-130

检验项目	单位	要求
浸渍剥离	—	任一边的任一胶层开胶的累计长度不超过该胶层长度的 1/3，6 块试件中有 5 块试件合格即为合格
静曲强度	MPa	$\geqslant 30$
弹性模量	MPa	$\geqslant 4000$
含水率	%	$5 \sim 14$
漆膜附着力	—	割痕交叉处允许有漆膜剥落，漆膜沿割痕允许有少量断续剥落
表面耐磨	g/100r	$\leqslant 0.15$，且漆膜未磨透
漆膜硬度	—	$\geqslant 2H$
表面耐污染	—	无污染痕迹
甲醛释放量	mg/100g	A 类：$\leqslant 9$；B 类：$> 9 \sim 40$

注：1. 未涂饰实木复合地板和油饰面实木复合地板不测漆膜附着力、表面耐磨、漆膜硬度和表面耐污染。
　　2. 当使用悬浮式铺装时，面板与底层纹理垂直的两层实木复合地板和背面开横向槽的实木复合地板不测静曲强度和弹性模量。

2）检验规则

① 检验分类：出厂检验和型式检验。

A. 出厂检验包括：

a. 外观质量。

b. 规格尺寸。

c. 理化性能中的含水率、浸渍剥离和甲醛释放量。

B. 型式检验包括全部检验项目。正常生产时，每型式检验不少于一次，有下列情况之一时，应进行型式检验：

a. 当原辅材料及生产发生较大变化时。

b. 长期停产，恢复生产时。

c. 质量监督部门提出型式检验要求时。

② 抽样和判定方法

A. 抽样：实木复合地板的产品质量检验，应在同一批次、同一规格、同一类产品中按规定抽取试样，并对所抽取试样逐一检验，试样均按块计数。

B. 检验结果的判断。样本外观质量、规格尺寸和理化性能检验结果全部达到相应等级要求时判为该批产品，否则该批产品不合格。

(5) 聚氯乙烯卷材地板第 1 部分：带基材的聚氯乙烯卷材地板

1) 要求

① 外观应符合表 4-131 的规定。

外观（GB/T 11982.1—2005）　　　　　　　　表 4-131

缺陷名称	指标
裂纹、断裂、分层	不允许
折皱、气泡[a]	轻微
漏印、缺膜[a]	轻微
套印偏差、色差[a]	不明显
污染[a]	不明显
图案变形[a]	轻微

a 可按供需双方合同约定。

② 物理性能应符合表 4-132 的规定。

物理性能（GB/T 11982.1—2005）　　　　　　　　表 4-132

试验项目			指标
单位面积质量（%）			公称值$\pm^{13}_{8}$
纵、横向加热尺寸变化率（%）		≤	0.40
加热翘曲（mm）		≤	8
色牢度（级）		≥	3
纵、横向抗剥离力（N/50mm）	平均值	≥	50
	单个值	≥	40
残余凹陷（mm）	G	≤	0.35
	H	≤	0.20
耐磨性（转）	G	≥	1500
	H	≥	5000

2）检验规则

① 检验分类：出厂检验和型式检验两类。

A. 出厂检验项目为单位面积质量、加热尺寸变化率、残余凹陷、耐磨性。其中外观和尺寸允许偏差为逐批进行检验。单位面积质量、加热尺寸变化率、残余凹陷、耐磨性按检验批进行检验，相同配方、相同工艺、相同规格的四个连续批为一个检验批。

B. 型式检验项目为全部检验项目。有下列情况之一，应进行型式检验：

a. 新产品或老产品转厂生产的试制定型鉴定。

b. 正常生产时，每年进行一次。

c. 正式生产后，如材料、工艺有较大改变，可能影响产品性能时。

d. 产品停产半年以上，恢复生产时。

e. 出厂检验结果与上次型式检验有较大差异时。

f. 国家质量监督机构提出进行型式检验的要求时。

② 组批与取样

A. 组批：检验以批为单位，以相同配方、相同工艺、相同规格的卷材地板为一批，每批数量为 5000m²，数量不足 5000m² 也作为一批，生产量小于 5000m² 的以 5 天产量为一批计。

B. 取样：每批中随机抽取 3 卷进行检验。

（6）半硬质聚氯乙烯块状塑料地板

1）分类和代号

① 按结构分类：同质地板，代号为 HT；复合地板，代号为 CT。

② 按施工工艺分类：拼接型，代号为 M；焊接型，代号为 W。

③ 按耐磨性分类：通用型，代号为 G；耐用型，代号为 H。

2）要求

① 外观应符合表 4-133 的规定。

外观（GB/T 4085—2005）　　　　　　　　　　　　　　　　表 4-133

缺陷名称	指标
缺损、龟裂、皱纹、孔洞	不允许
分层、剥离	不允许
杂质、气泡、擦伤、胶印、变色、异常凹痕、污迹等[a]	不明显

a 可按供需双方合同约定。

② 物理性能应符合表 4-134 的规定。

物理性能（GB/T 4085—2005）　　　　　　　　　　　　　　　表 4-134

试验项目	指标	
	G 型	H 型
单位面积质量（%）	公称值$^{+13}_{-10}$	
密度（kg/m³）	公称值±50	
残余凹陷（mm）　≤	0.1	

续表

试验项目		指标	
		G 型	H 型
色牢度/级 ≥		3	
纵、横向加热尺寸变化率（%）	M 型 ≤	0.25	
	W 型 ≤	0.40	
加热翘曲（mm）	M 型 ≤	2	
	W 型 ≤	8	
耐磨性[a]	HT 型（g/100 转） ≤	0.18	0.10
	CT 型/转 ≥	1500	5000

a 特殊用途可按供需双方约定。

3）检验规则

① 检验分类：出厂检验和型式检验。

A. 出厂检验的检验项目：外观、尺寸偏差、单位面积质量、加热尺寸变化率、残余凹陷、耐磨性。其中外观和尺寸偏差是逐批进行检验。其余每 4 批进行一次检验，但 4 批必须是相同配方、相同工艺、相同规格的 4 个连续批。

B. 型式检验项目为全部检验项目。有下列情况之一，应进行型式检验：

a. 新产品或老产品转厂生产的试制定型鉴定。

b. 正常生产时，每年进行一次。

c. 正式生产生，如产品的设计、工艺、生产设备、管理等方面有较大改变，可能影响产品性能时。

d. 产品停产半年以上，恢复生产时。

e. 出厂检验结果与上次型式检验有较大差异时。

f. 国家质量监督机构提出进行型式检验的要求时。

② 组批与取样

A. 组批：检验以批为单位，以相同配方、相同工艺、相同规格的地板为一批，每批数量为 5000m²，数量不足 5000m² 也为一个批，生产量小于 5000m² 的以 5 天生产量为一批。

B. 取样：每一批中至少取 10 块地板作为试件，在每箱产品中最多取 2 块（第一块与最后一块除外）。试件制备应符合表 4-135 的规定。

取样（GB/T 4085—2005）　　　　　　　　　　　　　　表 4-135

试验项目	尺寸（mm）	数量（块）
外观及尺寸	整块制品	5
单位面积质量	100×100	5
密度	10×10	3
残余凹陷	60×60	3
色牢度	75×150	3
加热尺寸变化率	250×250	3
加热翘曲	250×250	3
耐磨性	100×100 或 φ100	2

14. 管材

（1）建筑排水用硬聚氯乙烯（PVC-U）管材

1）要求

① 外观：管材内外壁应光滑，不允许有气泡、裂口和明显的痕纹、凹陷、色泽不均及分解变色线。管材两端面应切割平整并与轴线垂直。

② 颜色：管材一般为灰色，其他颜色可由供需双方商定。

③ 规格尺寸：

A. 管材平均外径、壁厚应符合表 4-136 的规定。

管材平均外径、壁厚（GB/T 5836.1—2006）　　　表 4-136

公称外径 d_n（mm）	平均外径（mm）		壁厚（mm）	
	最小平均外径 $d_{em,min}$	最大平均外径 $d_{em,max}$	最小壁厚 e_{min}	最大壁厚 e_{max}
32	32.0	32.2	2.0	2.4
40	40.0	40.2	2.0	2.4
50	50.0	50.2	2.0	2.4
75	75.0	75.3	2.3	2.7
90	90.0	90.3	3.0	3.5
110	110.0	110.3	3.2	3.8
125	125.0	125.3	3.2	3.8
160	160.0	160.4	4.0	4.6
200	200.0	200.50	4.9	5.6
250	250.0	250.5	6.2	7.1
315	315.0	315.6	7.8	8.6

B. 管材长度：管材长度 L 一般为 4m 或 6m，其他长度由供需双方协商确定，管材长度不允许有负偏差。

C. 不圆度：管材不圆度应不大于 0.024d。不圆度的测定应在管材出厂前进行。

D. 弯曲度：管材弯曲度应不大于 0.50%。

④ 管材物理力学性能物应符合表 4-137 的规定。

物理机械性能（GB/T 5836.1—2006）　　　表 4-137

项目	要求
密度（kg/m³）	1350～1550
维卡软化温度（VST）（℃）	≥79
纵向回缩率（%）	≤5
二氯甲烷浸渍试验	表面变化不劣于 4L
拉伸屈服强度（MPa）	≥40
落锤冲击试验 TIR	TIR≤10%

⑤ 系统适用性

弹性密封圈连接型接头，管材与管材或管件连接后应进行水密性、气密性的系统适用性试验，并应符合表 4-138 的规定。

系统适用性（GB/T 5836.1—2006）　　　　　　　　表 4-138

项目	要求
水密性试验	无渗漏
气密性试验	无渗漏

2）检验规则

产品需经生产厂质量检验部门检验合格并附有合格证，方可出厂。

① 组批：同一原料配方、同一工艺和同一规格连续生产的管材作为一批，每批数量不超过 50t，如果生产 7 天尚不足 50t，则以 7 天产量为一批。

② 出厂检验项目为外观、颜色和规格尺寸，以及纵向回缩率和落锤冲击试验。

③ 型式检验项目为全部检验内容。一般情况下，每两年至少一次，若有以下列情况之一，应进行型式检验：

A. 新产品或老产品转厂生产的试制定型鉴定。

B. 结构、材料、工艺有较大改变，可能影响产品性能时。

C. 产品长期停产后，恢复生产时。

D. 出厂检验结果与上次型式检验结果有较大差异时。

E. 国家质量监督机构提出进行型式检验时。

（2）给水用硬聚氯乙烯（PVC-V）管材

1）产品分类：管材按连接方式不同分为弹性密封圈式和溶剂粘接式。

2）技术要求

① 外观：管材内外表面应光滑、无明显划痕、凹陷、可见杂质和其他影响达到相关规范要求的表面缺陷。管材端面应切割平整并与轴线垂直。

② 颜色：管材颜色由供需双方协商确定，色泽应均匀一致。

③ 不透光性：管材应不透光。

④ 管材尺寸：

A. 长度：管材的长度一般为 4m、6m，也可由供需双方协商确定，长度不允许负偏差。

B. 管材弯曲度应符合表 4-139 的规定。

管材弯曲度（GB/T 10002.1—2006）　　　　　　　表 4-139

公称外径 d_n（mm）	≤32	40～200	≥225
弯曲度（%）	不规定	≤1.0	≤0.5

C. PN0.63、PN0.8 的管材不要求不圆度。不圆度的测量应在出厂前进行。

D. 承口：弹性密封圈式承口的密封环槽处的壁厚应不小于相连管材公称壁厚的 0.8 倍；溶剂粘接式承口壁厚应不小于相连管材公称壁厚的 0.75 倍。

⑤ 物理性能应符合表 4-140 的规定。

物理性能（GB/T 10002.1—2006）　　表 4-140

项目	技术指标
密度（kg/m³）	1350～1460
维卡软化温度（℃）	≥80
纵向回缩率（%）	≤5
二氯甲烷浸渍试验（15℃，15min）	表面变化不劣于 4N

⑥ 力学性能应符合表 4-141 的规定。

力学性能（GB/T 10002.1—2006）　　表 4-141

项目	技术指标
落锤冲击试验（0℃）TIR（%）	≤5
液压试验	无破裂、无渗漏

⑦ 管材与管材，管材与管件连接后应按表 4-142 要求做系统适用性试验。

系统适用性试验（GB/T 10002.1—2006）　　表 4-142

项目	技术指标
连接密封试验	无破裂、无渗漏
偏角试验[a]	无破裂、无渗漏
负压试验[a]	无破裂、无渗漏

a　仅适用于弹性密封圈连接方式。

3）检验规则

① 产品需经生产厂质量检验部门检验合格并附有合格标志方可出厂。

② 用相同原料、配方和工艺生产的同一规格的管材作为一批。当 d_n≤63mm 时，每批数量不超过 50t；当 d_n＞63mm 时，每批数量不超过 100t。如果生产 7 天仍不足批量，以 7 天产量为一批。

③ 分组：按表 4-143 规定对管材进行分组。

分组（GB/T 10002.1—2006）　　表 4-143

尺寸组	公称外径（mm）
1	d_n≤90
2	d_n＞90

④ 定型检验的项目：全部技术要求。首次投产或产品结构设计发生变化时，按表 4-144 的规定选取每一尺寸组中任意规格的管材与相应规格管件组合进行检验。

⑤ 出厂检验的项目：外观、颜色、不透光性、管材尺寸、纵向回缩率、落锤冲击试验和 20℃、1h 的液压试验。

A. 外观、颜色、不透光性、管材尺寸采用正常检验一次抽样方案，取一般检验水平 I，按接收质量限（AQL）6.5，抽样方案见表 4-144。

抽样方案（GB/T 10002.1—2006） 表 4-144

批量 N（根）	样本量 n（根）	接收数 A_c	拒收数 R_e
≤150	8	1	2
151~280	13	2	3
281~500	20	3	4
501~1200	32	5	6
1201~3200	50	7	8
3201~10000	80	10	11

B. 在计数抽样合格的产品中，随机抽取足够的样品，进行纵向回缩率、落锤冲击试验和 20℃、1h 的液压试验。

⑥ 型式检验项目：除了系统适用性试验外的全部技术要求。一般情况下每两年至少一次。若有以下情况之一，应进行型式检验：

A. 当原料、配方、设备发生较大变化时。

B. 长期停产后恢复生产时。

C. 出厂检验结果与上次型式试验结果有较大差异时。

D. 国家质量监督机构提出进行型式检验时。

在检验合格的样品中，按表 4-145 规定的每一尺寸组中选取任意规格的足够样品，进行纵向回缩率、落锤冲击试验和 20℃、1h 的液压试验。

（3）给水用聚乙烯（PE）管材

1）产品规格

输送 20℃的水，总使用（设计）系数 C 最小可采用 $C_{min}=1.25$。不同等级材料的设计应力的最大允许值见表 4-145。

产品规格（GB/T 13663—2000） 表 4-145

材料的等级	设计应力的最大允许值 σ_s，MPa
PE63	5
PE80	6.3
PE100	8

2）技术要求

① 颜色：市政饮用水管材的颜色为蓝色或黑色，黑色管上应有共挤出蓝色色条。色条沿管材纵向至少有 3 条；其他用途水管可以为蓝色或黑色；暴露在阳光下的敷设管道（如地上管道）必须是黑色。

② 外观：管材的内外表面应清洁、光滑，不允许有气泡、明显的划伤、凹陷、杂质、颜色不均等缺陷。管端头应切割平整，并与管轴线垂直。

③ 管材尺寸

A. 管材长度：直管长度一般为 6m、9m、12m，也可由供需双方商定。长度的极限偏差为长度的 +0.4%，-0.2%。

B. 盘管盘架直径应不小于管材外径的 18 倍。盘管展开长度由供需双方商定。

C. 壁厚及偏差：管材的最小壁厚 $e_{y,min}$ 等于公称壁厚 e_n。

④ 管材的静液压强度应符合表 4-146 的要求。

静液压强度（GB/T 13663—2000）　　　　　　表 4-146

序号	项目	环向应力（MPa）			要　求
		PE63	PE80	PE100	
1	20℃静液压强度（100h）	8.0	9.0	12.4	不破裂，不渗漏
2	80℃静液压强度（165h）	3.5	4.6	5.5	不破裂，不渗漏
3	80℃静液压强度（1000h）	3.2	4.0	5.0	不破裂，不渗漏

80℃静液压强度（165h）试验只考虑脆性破坏。如果在要求的时间（165h）内发生韧性破坏，则按表 4-147 选择较低的破坏应力和相应的最小破坏时间重新试验。

最小破坏时间（GB/T 13663—2000）　　　　　　表 4-147

PE63		PE80		PE100	
应力（MPa）	最小破坏时间（h）	应力（MPa）	最小破坏时间（h）	应力（MPa）	最小破坏时间（h）
3.4	285	4.5	219	5.4	233
3.3	538	4.4	283	5.3	332
3.2	1000	4.3	394	5.2	476
—	—	4.2	533	5.1	688
—	—	4.1	727	5.0	1000
		4.0	1000		

⑤ 管材的物理性能应符合表 4-148 的要求。当在混配料中加入回用料挤管时，对管材测定的熔体流动速率（MFR）（5kg，190℃）与对混配料测定值之差，不应超过 25%。

管材的物理性能（GB/T 13663—2000）　　　　　　表 4-148

序号	项目		要求
1	断裂伸长率（%）		≥350
2	纵向回缩率（110℃，%）		≤3
3	氧化诱导时间（200℃，min）		≥20
4	耐候性[a]（管材累计 接受≥3.5GJ/m² 老化能量后）	80℃静液压强度（165h）	不破裂，不渗漏
		断裂伸长率（%）	≥350
		氧化诱导时间（200℃，min）	≥10

[a] 仅适用于蓝色管材。

3）检验规则

检验分出厂检验和型式检验。

① 出厂检验

A. 检验项目为颜色、外观、管材尺寸、80℃静液压强度（165h）试验、断裂伸长率、氧化诱导时间检验。

B. 组批：同一原料、配方和工艺连续生产的同一规格管材作为一批，每批数量不超过 100t。生产期 7 天尚不足 100t，则以 7 天产量为一批。

C. 抽样：颜色、外观、管材尺寸检验按表 4-149 规定，采用正常检验一次抽样方案，取一般检验水平 I，合格质量水平 6.5 检验。

抽样（GB/T 13663—2000）　　　　　　　　　　　　　表 4-149

批量范围 N（根）	样本大小 n（根）	合格判定数 A_c	不合格判定数 R_e
≤150	8	1	2
151~280	13	2	3
281~500	20	3	4
501~1200	32	5	6
1201~3200	50	7	8
3201~10000	80	10	11

在计数抽样合格的产品中，进行 80℃ 静液压强度（165h）试验，断裂伸长率、氧化诱导时间检验。静液压强度和氧化诱导时间试验试样数均为一个。

管材须经生产厂质量检验部门检验合格，并附有合格证，方可出厂。

② 型式检验项目为除了 80℃ 静液压强度（165h）试验以外的全部技术要求。

A. 分组及抽样：根据管材公称外径，按照表 4-150 对管材进行尺寸分组。

分组及抽样（GB/T 13663—2000）　　　　　　　　　　表 4-150

尺寸组	1	2	3	4
公称外径 d_n（mm）	≤63	63<d_n≤225	225<d_n≤630	630<d_n≤1000

B. 若有以下情况之一，应进行型式检验：

a. 新产品或老产品转厂生产的试制定型鉴定。

b. 结构、材料、工艺有较大变动可能影响产品性能时。

c. 产品长期停产后恢复生产时。

d. 出厂检验结果与上次型式检验结果有较大差异时。

e. 国家质量监督机构提出进行型式检验的要求时。

15. 墙体、屋面、人行道及广场用砖

（1）烧结普通砖

1）等级

① 根据抗压强度分为 MU30、MU25、MU20、MU15、MU10 五个强度等级。

② 强度、抗风化性能和放射性物质合格的砖，根据尺寸偏差、外观质量、泛霜和石灰爆裂分为优等品（A）、一等品（B）、合格品（C）3 个质量等级。

优等品适用于清水墙和装饰墙，一等品、合格品可用于混水墙。中等泛霜的砖不能用于潮湿部位。

2）要求

① 尺寸允许偏差应符合表 4-151 规定。

尺寸允许偏差（GB 5101—2003）　　　　表 4-151

公称尺寸（mm）	优等品（mm）		一等品（mm）		合格品（mm）	
	样本平均偏差	样本极差≤	样本平均偏差	样本极差≤	样本平均偏差	样本极差≤
240	±2.0	6	±2.5	7	±3.0	8
115	±1.5	5	±2.0	6	±2.5	7
53	±1.5	4	±1.6	5	±2.0	6

② 外观质量。砖的外观质量应符合表 4-152 的规定。

外观质量（GB 5101—2003）　　　　表 4-152

项目			优等品	一等品	合格品
两条面高度差（mm）		≤	2	3	4
弯曲（mm）		≤	2	3	4
杂质凸出高度（mm）		≤	2	3	4
缺棱掉角的三个破坏尺寸（mm）	不得同时大于		5	20	30
裂纹长度（mm）≤	大面上宽度方向及其延伸至条面的长度		30	60	80
	大面上长度方向及其延伸至顶面的长度或条顶面上水平裂纹的长度		50	80	100
完整面ª		≥	二条面和二顶面	一条面和一顶面	—
颜色			基本一致	—	—

a 凡有下列缺陷之一者，不得称为完整面。

注：为装饰而施加的色差，凹凸纹、拉毛、压花等不算作缺陷。

1）缺损在条面或顶面上造成的破坏面尺寸同时大于 10mm×10mm。

2）条面或顶面上裂纹宽度大于 1mm，其长度超过 30mm。

3）压陷、粘底、焦花在条面或顶面上的凹陷或凸出超过 2mm，区域尺寸同时大于 10mm×10mm。

③ 强度应符合表 4-153 的规定。

强度（GB 5101—2003）　　　　表 4-153

强度等级	抗压强度平均值 f（MPa）　≥	变异系数 $\delta \leq 0.21$	变异系数 $\delta > 0.21$
		强度标准值（MPa）f_k　≥	单块最小抗压强度值（MPa）f_{min}　≥
MU30	30.0	22.0	25.0
MU25	25.0	18.0	22.0
MU20	20.0	14.0	16.0
MU15	15.0	10.0	12.0
MU10	10.0	6.5	7.5

④ 抗风化性能。严重风化区中的 1、2、3、4、5 地区的砖必须进行冻融试验，其他地区砖的抗风化性能符合表 4-154 规定时可不做冻融试验，否则，必须进行冻融试验。

抗风化性能（GB 5101—2003）　　　　　　　　表 4-154

砖种类	严重风化区				非严重风化区			
	5h 沸煮吸水率（%）≤		饱和系数　≤		5h 沸煮吸水率（%）≤		饱和系数　≤	
	平均值	单块最大值	平均值	单块最大值	平均值	单块最大值	平均值	单块最大值
黏土砖	18	20	0.85	0.87	19	20	0.88	0.90
粉煤灰砖a	21	23			23	25		
页岩砖	16	18	0.74	0.77	18	20	0.78	0.80
煤矸石砖								

　　a　粉煤灰掺入量（体积比）小于 30%时，按黏土砖规定判定。

冻融试验后，每块砖样不允许出现裂纹、分层、掉皮、缺棱、掉角等冻坏现象；质量损失不得大于 2%。

⑤ 泛霜，每块砖样应符合下列规定：

A. 优等品：无泛霜。

B. 一等品：不允许出现中等泛霜。

C. 合格品：不允许出现严重泛霜。

⑥ 石灰爆裂

A. 优等品：不允许出现最大破坏尺寸大于 2mm 的爆裂区域。

B. 一等品：最大破坏尺寸大于 2mm 且小于等于 10mm 的爆裂区域，每组砖样不得多于 15 处；不允许出现最大破坏尺寸大于 10mm 的爆裂区域。

C. 合格品：最大破坏尺寸大于 2mm 且小于等于 15mm 的爆裂区域，每组砖样不得多于 15 处。其中大于 10mm 的不得多于 7 处；不允许出现最大破坏尺寸大于 15mm 的爆裂区域。

⑦ 欠火砖、酥砖和螺旋纹砖：产品中不允许有欠火砖、酥砖和螺旋纹砖。

3）检验规则

① 检验分类：产品检验分出厂检验和型式检验。

出厂检验项目为：尺寸偏差、外观质量和强度等级。每批出厂产品必须进行出厂检验，外观质量检验在生产厂内进行。

型式检验项目包括技术要求的全部项目。有下列之一情况者，应进行型式检验：

A. 新厂生产试制定型检验。

B. 正式生产后，原材料、工艺等发生较大的改变，可能影响产品性能时。

C. 正常生产时，每半年进行一次（放射性物质一年进行一次）。

D. 出厂检验结果与上次型式检验结果有较大差异时。

E. 国家质量监督机构提出进行型式检验时。

② 批量：3.5 万～15 万块为一批，不足 3.5 万块按一批计。

③ 抽样。外观质量检验的试样采用随机抽样法，在每一检验批的产品堆垛中抽取。尺寸偏差检验和其他检验项目的样品用随机抽样法从外观质量检验后的样品中抽取。抽样数量按表 4-155 进行。

抽样数量（GB 5101—2003）　　　　　　　　　　　　表 4-155

序号	检验项目	抽样数量（块）
1	外观质量	50（$n_1=n_2=50$）
2	尺寸偏差	20
3	强度等级	10
4	泛霜	5
5	石灰爆裂	5
6	吸水率和饱和系数	5
7	冻融	5
8	放射性	4

（2）蒸压灰砂砖

1）等级

① 强度级别

根据抗压强度和抗折强度分类 MU25、MU20、MU15、MU10 四级。

② 质量等级

根据尺寸偏差和外观质量、强度及抗冻性分为：优等品（A），一等品（B），合格品（C）。

2）技术要求

① 尺寸偏差和外观应符合表 4-156 的规定。

尺寸偏差和外观（GB 11945—1999）　　　　　　　　表 4-156

项目				指标		
				优等品	一等品	合格品
尺寸允许偏差（mm）	长度		L	±2	±2	±3
	宽度		B	±2		
	高度		H	±1		
缺棱掉角	个数，不多于（个）			1	1	2
	最大尺寸不得大于（mm）			10	15	20
	最小尺寸不得大于（mm）			5	10	10
对应高度差不得大于（mm）				1	2	3
裂纹	条数，不多于（条）			1	1	2
	大面上宽度方向及其延伸到条面的长度不得大于（mm）			20	50	70
	大面上长度方向及其延伸到顶面上的长度或条、顶面水平裂纹的长度不得大于（mm）			30	70	100

② 颜色：应基本一致，无明显色差，但对本色灰砂砖不作规定。

③ 抗折强度和抗压强度应符合表 4-157 的规定。

力学性能（GB 11945—1999）   表 4-157

强度等级	抗压强度（MPa）		抗折强度（MPa）	
	平均值 ≥	单块值 ≥	平均值 ≥	单块值 ≥
MU25	25.0	20.0	5.0	4.0
MU20	20.0	16.0	4.0	3.2
MU15	15.0	12.0	3.3	2.6
MU10	10.0	8.0	2.5	2.0

注：优等品的强度级别不得小于 MU15。

④ 抗冻性应符合表 4-158 的规定。

抗冻性指标（GB 11945—1999）   表 4-158

强度等级	冻后抗压强度（MPa）平均值 ≥	单块砖的干质量损失（%） ≤
MU25	20.0	2.0
MU20	16.0	2.0
MU15	12.0	2.0
MU10	8.0	2.0

注：优等品的强度级别不得小于 MU15。

3）检验规则

① 检验分类：出厂检验和型式检验

每批出厂产品必须进行出厂检验。当产品有下列情况之一时应进行型式检验：

A. 新厂生产试制定型检验。

B. 正式生产后，原材料、工艺等发生较大改变，可能影响产品性能时。

C. 正常生产时，每半年应进行一次。

D. 出厂检验结果与上次型式检验结果有较大差异时。

E. 国家质量监督机构提出进行型式检验时。

② 检验项目

A. 出厂检验的项目包括：尺寸偏差和外观质量、颜色、抗折强度和抗压强度。

B. 型式检验项目包括技术要求中全部项目。

③ 批量：同类型的灰砂砖每 10 万块为一批，不足 10 万块亦为一批。

④ 抽样：尺寸偏差和外观质量检验的样品用随机抽样法从堆场中抽取。其他检验项目的样品用随机抽样法从尺寸偏差和外观质量检验合格的样品中抽取。抽样数量按表 4-159进行。

抽样（GB 11945—1999）   表 4-159

项目	抽样数量（块）
尺寸偏差和外观质量	50（$n_1 = n_2 = 50$）
颜色	36
抗折强度	5
抗压强度	5
抗冻性	5

（3）烧结多孔砖和多孔砌块

1）强度等级

根据抗压强度和抗折强度分类 MU30，MU25，MU20，MU15，MU10 五级。

2）密度等级

砖的密度等级分为 1000、1100、1200、1300 四个等级。

砌块的密度等级分为 900、1000、1100、1200 四个等级。

3）技术要求

① 尺寸允许偏差应符合表 4-160 的规定。

尺寸允许偏差（GB 13544—2011）　　　　　　　　　　表 4-160

尺寸（mm）	样本平均偏差（mm）	样本极差（mm）≤
>400	±3.0	10.0
300～400	±2.5	9.0
200～300	±2.5	8.0
100～200	±2.0	7.0
<100	±1.5	6.0

② 砖和砌块的外观质量应符合表 4-161 的规定。

外观质量（GB 13544—2011）　　　　　　　　　　　表 4-161

项目		指标
完整面 ≥		一条面和一顶面
缺棱掉角的三个破坏尺寸（不得同时，mm） ≤		30
裂纹长度	大面（有孔面）上深入孔壁 15mm 以上宽度方向及其延伸到条面的长度（mm） ≤	80
	大面（有孔面）上深入孔壁 15mm 以上长度方向及其延伸到条面的长度（mm） ≤	100
	条顶面上的水平裂纹（mm） ≤	100
杂质在砖或砌块面上造成的凸出高度（mm） ≤		5

注：凡有下列缺陷之一者，不能称为完整面：
　　1. 缺损在条面或顶面上的破坏面尺寸同时大于 20mm×30mm；
　　2. 条面或顶面上裂纹宽度大于 1mm，其长度超过 70mm；
　　3. 压陷、焦花、粘底在条面或顶面上的凹陷或凸出超过 2mm，区域最大投影尺寸同时大于 20mm×30mm。

③ 密度等级应符合表 4-162 的规定。

密度等级（GB 13544—2011）　　　　　　　　　　　表 4-162

密度等级（kg/m³）		3 块砖或砌块干燥表观密度平均值（kg/m³）
砖	砌块	
—	900	≤900
1000	1000	900～1000
1100	1100	1000～1100
1200	1200	1100～1200
1300	—	1200～1300

④ 强度应符合表 4-163 的规定。

强度（GB 13544—2011）　　　　　　　　　　　　　表 4-163

强度等级	抗压强度平均值（MPa）f　≥	强度标准值（MPa）f_k　≥
MU30	30.0	22.0
MU25	25.0	18.0
MU20	20.0	14.0
MU15	15.0	10.0
MU10	10.0	6.5

⑤ 每块砖或砌块不允许出现严重泛霜。

⑥ 石灰爆裂：破坏尺寸大于 2mm 且不大于 15mm 的爆裂区域，每组砖和砌块不得多于 15 处。其中大于 10mm 的不得多于 7 处。不允许出现破坏尺寸大于 15mm 的爆裂区域。

⑦ 抗风化性能

严重风化区中的 1、2、3、4、5 地区的砖、砌块和其他地区以淤泥、固体废弃物为主要原料生产的砖和砌块必须进行冻融试验；其他地区以黏土、粉煤灰、页岩、煤矸石为主要原料生产的砖和砌块的抗风化性能符合表 4-164 规定时可不做冻融试验，否则，必须进行冻融试验。

抗风化性能（GB 13544—2011）　　　　　　　　　　　表 4-164

砖种类	严重风化区				非严重风化区			
	5h 沸煮吸水率（%）≤		饱和系数　≤		5h 沸煮吸水率（%）≤		饱和系数　≤	
	平均值	单块最大值	平均值	单块最大值	平均值	单块最大值	平均值	单块最大值
黏土砖和砌块	21	23	0.85	0.87	23	25	0.88	0.90
粉煤灰砖和砌块	23	25			30	32		
页岩砖和砌块	16	18	0.74	0.77	18	20	0.78	0.80
煤矸石砖和砌块	19	21			21	23		

注：粉煤灰掺入量（质量比）小于 30% 时，按黏土砖和砌块规定判定。

⑧ 15 次冻融循环试验后，每块砖和砌块不允许出现裂纹、分层、掉皮、缺棱掉角等冻坏现象。

4）检验规则

① 检验分类：出厂检验和型式检验。

A. 出厂检验。产品经出厂检验合格并附合格证方可出厂。出厂检验项目包括尺寸允许偏差、外观质量、孔型孔结构与孔洞率、密度等级和强度等级。

B. 型式检验。型式检验项目包括全部项目。有下列之一情况者，应进行型式检验：

a. 新厂生产试制定型检验。

b. 正式生产后，原材料、工艺等发生较大的改变，可能影响产品性能时。

c. 正常生产时，每半年进行一次。

d. 出厂检验结果与上次型式检验结果有较大差异时。

② 批量：3.5 万～15 万块为一批，不足 3.5 万块按一批计。

③ 抽样：外观质量检验的试样采用随机抽样法，在每一检验批的产品堆垛中抽取；其

他检验项目的样品用随机抽样法从外观质量检验合格的样品中抽取。抽样数量按表 4-165 进行。

抽样数量（GB 13544—2011）　　　　　　　　　　表 4-165

序号	检验项目	抽样数量
1	外观质量	50（$n_1＝n_2＝50$）
2	尺寸允许偏差	20
3	密度等级	3
4	强度等级	10
5	孔型孔结构及孔洞率	3
6	泛霜	5
7	石灰爆裂	5
8	吸水率和饱和系数	5
9	冻融	5
10	放射性核素限量	3

（4）烧结空心砖和空心砌块

1）强度等级

根据抗压强度和抗折强度分类 MU10.0，MU7.5，MU5.0，MU3.5 四个等级。

2）密度等级

按体积密度分为 800 级、900 级、1000 级、1100 级四个等级。

3）技术要求

① 尺寸允许偏差应符合表 4-166 的规定。

尺寸允许偏差（GB/T 13545—2014）　　　　　　　表 4-166

公称尺寸（mm）	样本平均偏差	样本极差≤
＞300	±3.0	7.0
＞200～300	±2.5	6.0
100～200	±2.0	5.0
＜100	±1.7	4.0

② 空心砖和空心砌块的外观质量应符合表 4-167 的规定。

砖和砌块的外观质量（GB/T 13545—2014）　　　　表 4-167

项目		指标
弯曲（mm）	≤	4
缺棱掉角的三个破坏尺寸（mm）	不得同时大于	30
垂直度差（mm）	≤	4
未贯穿裂纹长度（mm）≤	大面上宽度方向及其延伸至条面的长度	≤	100
	大面上长度方向或条面上水平面方向的长度	≤	120
贯穿裂纹长度	大面上宽度方向及其延伸至条面的长度	≤	40
	壁、肋沿长度方向、宽度方向及其水平方向的长度	≤	40
肋、壁内残缺长度（mm）	≤	40
完整面[a]	≥	一条或一大面

a　凡有下列缺陷之一者，不得称为完整面。

注：1）缺损在大面、条面上造成的破坏面尺寸同时大于 20mm×30mm。

　　2）大面、条面上裂纹宽度大于 1mm，其长度超过 70mm。

　　3）压陷、粘底、焦花在大面、条面上的凹陷或凸出超过 2mm，区域尺寸同时大于 20mm×30mm。

③ 强度应符合表 4-168 的规定。

强度等级（GB/T 13545—2014）　　　　　　　　　　　表 4-168

强度等级	抗压强度（MPa）		
	抗压强度平均值 f ≥	变异系数 δ ≤0.21	变异系数 δ >0.21
		强度标准值 f_k ≥	单块最小抗压强度值 f_{min} ≥
MU10.0	10.0	7.0	8.0
MU7.5	7.5	5.0	5.8
MU5.0	5.0	3.5	4.0
MU3.5	3.5	2.5	2.8

④ 密度级别应符合表 4-169 的规定。

密度级别（GB/T 13545—2014）　　　　　　　　　　　表 4-169

密度等级（kg/m³）	5 块密度平均值（kg/m³）
800	≤800
900	801～900
1000	901～1000
1100	1001～1100

⑤ 在空心砖和空心砌块的外壁内侧宜设置有序排列的宽度或直径不大于 10mm 壁孔，壁孔的孔型可为圆孔或矩形孔。

⑥ 泛霜：每块空心砖和空心砌块不允许出现严重泛霜。

⑦ 石灰爆裂：每组空心砖和空心砌块应符合下列规定：

A. 最大破坏尺寸大于 2mm 且不大于 15mm 的爆裂区域，每组空心砖和空心砌块不得多于 10 处。其中大于 10mm 的不得多于 5 块。

B. 不允许出现最大破坏尺寸大于 15mm 的爆裂区域。

⑧ 抗风化性能：严重风化区中的 1、2、3、4、5 地区的空心砖和空心砌块应进行冻融试验，其他地区空心砖和空心砌块的抗风化性能符合表 4-170 规定时可不做冻融试验，否则必须进行冻融试验。

抗风化性能（GB/T 13545—2014）　　　　　　　　　　　表 4-170

产品种类	项目							
	严重风化区				非严重风化区			
	5h 沸煮吸水率（%）≤		饱和系数 ≤		5h 沸煮吸水率（%）≤		饱和系数 ≤	
	平均值	单块最大值	平均值	单块最大值	平均值	单块最大值	平均值	单块最大值
黏土砖和砌块	21	23	0.85	0.87	23	25	0.88	0.90
粉煤灰砖和砌块	23	25			30	32		
页岩砖和砌块	16	18	0.74	0.77	18	20	0.78	0.80
煤矸石砖和砌块	19	21			21	23		

注：1. 粉煤灰掺入量（质量分数）小于 30% 时按黏土空心砖和空心砌块规定判定。

　　2. 淤泥、建筑渣土及其他固体废弃物掺入量（质量分数）小于 30% 时按相应产品类别规定判定。

冻融循环 15 次试验后，每块空心砖和空心砌块不允许出现分层、掉皮、缺棱掉角等冻坏现象。冻后裂纹长度不大于表 4-168 的规定。

⑨ 产品不允许有欠火砖、酥砖。

4）检验规则

① 检验分类：出厂检验和型式检验。

A. 出厂检验项目包括尺寸允许偏差、外观质量、强度级别和密度级别。产品经出厂检验合格后方可出厂。

B. 型式检验项目包括全部项目。有下列之一情况者，应进行型式检验：

a. 新厂生产试制定型检验。

b. 正式生产后，原材料、工艺等发生较大的改变，可能影响产品性能时。

c. 正常生产时，每半年进行一次。

d. 出厂检验结果与上次型式检验结果有较大差异时。

e. 放射性物质的检测在产品投产前或原料发生重大变化时进行一次。

② 批量：3.5 万～15 万块为一批，不足 3.5 万块按一批计。

③ 抽样：外观质量和欠火砖（砌块）、酥砖（砌块）检验的样品采用随机抽样法，在每一检验批的产品堆垛中抽取；其他检验项目的样品用随机抽样法从外观质量检验后的样品中抽取。抽样数量按表 4-171 进行。

抽样数量（GB/T 13545—2014）　　　　　　　　　表 4-171

序号	检验项目	抽样数量（块）
1	外观质量	50（$n_1=n_2=50$）
2	尺寸允许偏差	20
3	强度	10
4	密度	5
5	孔洞排列及其结构	5
6	泛霜	5
7	石灰爆裂	5
8	吸水率和饱和系数	5
9	冻融	5
10	放射性核素限量	3

（5）粉煤灰砖

1）砖的公称尺寸为：长度 240mm、宽度 115mm、高度 53mm，其他规格尺寸由供需双方协商后确定。

2）砖的等级：按强度分为 MU10、MU15、MU20、MU25、MU30 五个等级。

3）技术要求

① 外观质量和尺寸偏差应符合表 4-172 的规定。

外观质量和尺寸偏差（JC/T 239—2014）　　　　　表 **4-172**

项目			技术指标
外观质量	缺棱掉角	个数（个）	≤2
		三个方向投影尺寸的最大值（mm）	≤15
	裂纹	裂纹延伸的投影尺寸累计（mm）	≤20
	层裂		不允许
尺寸偏差	长度（mm）		+2 −1
	宽度（mm）		±2
	高度（mm）		+2 −1

② 强度等级应符合表 4-173 的规定，优等品砖的强度等级应不低于 MU15。

强度等级（JC/T 239—2014）　　　　　表 **4-173**

强度等级	抗压强度（MPa）		抗折强度（MPa）	
	平均值	单块最小值	平均值	单块最小值
MU10	≥10.0	≥8.0	≥2.5	≥2.0
MU15	≥15.0	≥12.0	≥3.7	≥3.0
MU20	≥20.0	≥16.0	≥4.0	≥3.2
MU25	≥25.0	≥20.0	≥4.5	≥3.6
MU30	≥30.0	≥24.0	≥4.8	≥3.8

③ 抗冻性应符合表 4-174 的规定。

抗冻性（JC/T 239—2014）　　　　　表 **4-174**

使用地区	抗冻指标	质量损失率	抗压强度损失率
夏热冬暖地区	D15	≤5%	≤25%
夏热冬冷地区	D25		
寒冷地区	D35		
严寒地区	D50		

④ 线性干燥收缩值应不大于 0.50mm/m。

⑤ 碳化系数≥0.85。

⑥ 吸水率≤20%。

4）检验规则

① 检验分类：出厂检验和型式检验。

A. 出厂检验的项目包括外观质量、尺寸偏差和强度等级。

B. 型式检验项目为技术要求的全部项目。在下列情况下进行型式检验：

a. 新厂生产试制定型鉴定时。

b. 正式生产后如原材料、工艺等有较大改变时，可能影响产品性能时。

c. 正常生产时，每半年应进行一次。

d. 停产 3 个月以上，恢复生产时。

e. 出厂检验结果与上次型式检验有较大差异时。

② 组批规则：以同一批原材料、同一生产工艺生产、同一规格型号、同一强度等级和同一龄期的每 10 万块砖为一批，不足 10 万块按一批计。

③ 抽样

A. 外观质量和尺寸偏差检验样品用随机抽样法从每一检验批的产品中抽取，其他项目的检验样品用随机抽样法从外观质量和尺寸偏差检验合格的样品中抽取。

B. 抽样数量按表 4-175 进行。

抽样（JC/T 239—2014）　　　　　　　　表 4-175

检验项目	抽样数量（块）
外观质量和尺寸偏差	100（$n_1 = n_2 = 50$）
强度等级	20
吸水率	3
线性干燥收缩值	3
抗冻性	20
碳化系数	25
放射性核素限量	3

（6）非烧结垃圾尾矿砖

1）按抗压强度分为 MU25、MU20、MU15 三个等级。

2）非烧结垃圾尾矿砖的公称尺寸为：长 240mm、宽 115mm、高 53mm。其他规格尺寸由供需双方协商确定。

3）技术要求

① 尺寸偏差应符合表 4-176 的规定。

尺寸偏差（JC/T 422—2007）　　　　　　　表 4-176

项目名称	合格品
长度（mm）	±2.0
宽度（mm）	±2.0
高度（mm）	±2.0

② 外观质量应符合表 4-177 的规定。

外观质量（JC/T 422—2007）　　　　　　　表 4-177

项目名称		合格品
弯曲（mm）		不大于 2.0
缺棱掉角	个数（个）	≤1
	三个方向投影尺寸的最小值（mm）	≤10

续表

项目名称		合格品
完整面		不小于一条面和一顶面
裂缝长度（mm）	大面上宽度方向及其延伸到条面的长度	不大于 30
	大面上长度方向及其延伸到顶面上的长度或条、顶面水平裂纹的长度	不大于 50
层裂		不允许
颜色		基本一致

③ 强度等级应符合表 4-178 的规定。

强度等级（JC/T 422—2007）　　　　　表 4-178

强度等级	抗压强度平均值（MPa）$\bar{f}$ ≥	变异系数 δ≤0.21	变异系数 δ＞0.21
		强度标准值（MPa）f_k ≥	单块最小抗压强度值（MPa）f_{min} ≥
MU25	25.0	19.0	20.0
MU20	20.0	14.0	16.0
MU15	15.0	10.0	12.0

④ 抗冻性应符合表 4-179 的规定。

抗冻性（JC/T 422—2007）　　　　　表 4-179

强度等级	冻后抗压强度平均值不小于（MPa）	单块砖的干质量损失不大于（%）
MU25	22.0	
MU20	16.0	2.0
MU15	12.0	

⑤ 干燥收缩值：干燥收缩值平均值不应大于 0.06%。

⑥ 吸水率单块值不大于 18%。

⑦ 碳化性能和软化性能

A. 碳化性能应符合表 4-180 的规定。

碳化性能（JC/T 422—2007）　　　　　表 4-180

强度等级	碳化后强度平均值不小于（MPa）
MU25	22.0
MU20	16.0
MU15	12.0

B. 软化系数 K_f≥0.8。

4）检验规则

① 检验分为出厂检验和型式检验。

A. 出厂检验：产品必须进行出厂检验。出厂检验项目包括尺寸偏差、外观质量和强度等级，每批产品经出厂检验合格后方可出厂。

B. 型式检验：型式检验项目包括技术要求的全部项目。有下列之一情况者，应进行型式检验：

a. 新厂生产试制定型检验。

b. 正式生产后，原材料、工艺等发生较大的改变，可能影响产品性能时。

c. 正常生产时，每半年进行一次（放射性检验一年进行一次）。

d. 产品停产 3 个月以上恢复生产时。

e. 出厂检验结果与上次型式检验结果有较大差异时。

f. 国家质量监督机构提出进行型式检验时。

② 组批规则：用同一种原材料、同一工艺生产、相同质量等级的 10 万块为一批，不足 10 万块亦按一批计。

③ 抽样

尺寸偏差和外观质量检验的试样采用随机抽样法，在检验批的产品堆垛中抽取 50 块进行检验。

其他检验项目的样品用随机抽样法从外观质量检验合格的样品中抽取如下数量的砖进行其他项目检验。

如果样品数量不足时，再在该批砖中补抽砖样（外观质量和尺寸偏差检验合格）进行项目检验。

抽样数量按表 4-181 进行。

抽样数量（JC/T 422—2007）　　　　　　　　　　　　　表 4-181

序号	检验项目	抽样数量（块）
1	外观质量	50（$n_1=n_2=50$）（从中随机抽 20 块检测）
2	尺寸偏差	20
3	强度等级	10
4	抗冻性	5
5	干燥收缩	5
6	吸水率	5
7	碳化性能	5
8	软化性能	4
9	放射性	5

（7）炉渣砖

1）按抗压强度分为 MU25、MU20、MU15 三个等级。

2）炉渣砖的公称尺寸为：长 240mm、宽 115mm、高 53mm。其他规格尺寸由供需双方协商确定。

3）技术要求

① 尺寸偏差应符合表 4-182 的规定。

尺寸偏差（JC/T 525—2007）　　表 4-182

项目名称	合格品
长度（mm）	±2.0
宽度（mm）	±2.0
高度（mm）	±2.0

② 外观质量应符合表 4-183 的规定。

外观质量（JC/T 525—2007）　　表 4-183

项目名称		合格品
弯曲		不大于 2.0
缺棱掉角	个数（个）	≤1
	三个方向投影尺寸的最小值（mm）	≤10
完整面		不小于一条面和一顶面
裂缝长度（mm）	大面上宽度方向及其延伸到条面的长度	不大于 30
	大面上长度方向及其延伸到顶面上的长度或条、顶面水平裂纹的长度	不大于 50
层裂		不允许
颜色		基本一致

③ 强度等级应符合表 4-184 的规定。

强度等级（JC/T 525—2007）　　表 4-184

强度等级	抗压强度平均值（MPa）$\bar{f}$ ≥	变异系数 δ≤0.21 强度标准值（MPa）f_k ≥	变异系数 δ≥0.21 单块最小抗压强度值（MPa）f_{min} ≥
MU25	25.0	19.0	20.0
MU20	20.0	14.0	16.0
MU15	15.0	10.0	12.0

④ 抗冻性应符合表 4-185 的规定。

抗冻性（JC/T 525—2007）　　表 4-185

强度等级	冻后抗压强度（MPa）平均值 ≥	单块砖的干质量损失（%）≤
MU25	22.0	
MU20	16.0	2.0
MU15	12.0	

⑤ 碳化性能应符合表 4-186 的规定。

碳化性能（JC/T 525—2007）　　表 4-186

强度等级	碳化后强度（MPa）平均值 ≥
MU25	22.0
MU20	16.0
MU15	12.0

⑥ 干燥收缩率应不大于 0.06%。

⑦ 耐火极限不小于 2.0h。

⑧ 抗渗性：用于清水墙的砖，其抗渗性应满足表 4-187 的规定。

表 4-187

抗渗性（JC/T 525—2007）

项目名称	指标
水面下降高度（mm）	三块中任一块不大于 10

4）检验规则

① 检验分类：出厂检验和型式检验。

A. 出厂检验：产品必须进行出厂检验。出厂检验项目包括尺寸偏差、外观质量和强度等级，每批产品经出厂检验合格后方可出厂。

B. 型式检验：型式检验项目包括技术要求的全部项目。有下列之一情况者，应进行型式检验：

a. 新厂生产试制定型检验。

b. 正式生产后，原材料、工艺等发生较大的改变，可能影响产品性能时。

c. 正常生产时，每半年进行一次。

d. 出厂检验结果与上次型式检验结果有较大差异时。

e. 国家质量监督机构提出进行型式检验时。

② 批量：1.5 万～3.5 万块为一批，当天产量不足 1.5 万块按一批计。

③ 抽样：外观质量检验的试样采用随机抽样法，在第一检验批的产品堆垛中抽取。尺寸允许偏差和其他检验项目的样品用随机抽样法从外观质量检验合格的样品中抽取。抽样数量按表 4-188 进行。

表 4-188

抽样数量（JC/T 525—2007）

序号	检验项目	抽样数量（块）
1	外观质量	50（$n_1 = n_2 = 50$）（从中随机抽 20 块检测）
2	尺寸允许偏差	20
3	强度等级	10
4	干燥收缩	5
5	抗冻性	5
6	碳化性能	5
7	耐火极限	按 GB/T 9978—2008 要求
8	抗渗性	3
9	放射性	4

（8）蒸压灰砂多孔砖

1）蒸压灰砂多孔砖规格及公称尺寸列于表 4-189。

产品规格（JC/T 637—2009） 表 4-189

公称尺寸（mm）		
长	宽	高
240	115	90
240	115	115

注：1. 经供需双方协商可生产其他规格的产品。
  2. 对于不符合尺寸的砖，用长×宽×高的尺寸来表示。

孔洞采用圆形或其他孔形，孔洞应垂直于大面。

2）产品等级

① 按抗压强度分为 MU30、MU25、MU20、MU15 四个等级。

② 按尺寸允许偏差和外观质量将产品分为优等品（A）和合格品（C）。

3）技术要求

① 尺寸允许偏差应符合表 4-190 的规定。

尺寸允许偏差（JC/T 637—2009） 表 4-190

项目名称	优等品		合格品	
	样本平均偏差（mm）	样本极差≤	样本平均偏差（mm）	样本极差≤
长度	±2.0	4	±2.5	6
宽度	±1.5	3	±2.0	5
高度	±1.5	2	±1.5	4

② 外观质量应符合表 4-191 的规定。

外观质量（JC/T 637—2009） 表 4-191

项目			指标	
			优等品	合格品
缺棱掉角	最大尺寸（mm）	≤	10	15
	大于以上尺寸的缺棱掉角个数（个）	≤	0	1
裂缝长度	大面宽度方向及其延伸到条面的长度（mm）	≤	20	50
	大面长度方向及其延伸到顶面或条面长度方向及其延伸到顶面的水平裂纹长度（mm）	≤	30	70
	大于以上尺寸的裂纹条数（条）	≤	0	1

③ 孔型、孔洞率及孔洞结构：孔洞排列上下左右应对称，分布均匀；圆孔直径不大于 22mm；非圆孔内切圆直径不大于 15mm；孔洞外壁厚度不小于 10mm；肋厚度不小于 7mm；孔洞率不小于 25%。

④ 强度等级应符合表 4-192 规定。

强度等级（JC/T 637—2009） 表 4-192

强度等级	抗压强度（MPa）	
	平均值 ≥	单块最小值 ≥
MU30	30.0	24.0

续表

强度等级	抗压强度（MPa）	
	平均值　≥	单块最小值　≥
MU25	25.0	20.0
MU20	20.0	16.0
MU15	15.0	12.0

⑤ 抗冻性符合表 4-193 的规定。

抗冻性（JC/T 637—2009）　　　　　　　　　表 4-193

强度等级	冻后抗压强度（MPa）平均值≥	单块砖的干质量损失（%）≤
MU30	24.0	
MU25	20.0	
MU20	16.0	2.0
MU15	12.0	

冻融循环次数应符合以下规定：夏热冬暖地区 15 次，夏热冬冷地区 25 次，寒冷地区 35 次，严寒地区 50 次。

⑥ 碳化性能：碳化系数应不小于 0.85。

⑦ 软化性能：软化系数应不小于 0.85。

⑧ 干燥收缩率应不大于 0.050%。

4）检验规则

① 检验分类：出厂检验和型式检验。

A. 出厂检验：产品必须进行出厂检验。出厂检验项目包括尺寸允许偏差、外观质量、孔洞率和强度等级，每批产品经出厂检验合格后方可出厂。

B. 型式检验：型式检验项目包括技术要求的合意项目。有下列情况之一时，应进行型式检验：

a. 新厂生产试制定型鉴定。

b. 正式生产后，原材料、工艺等发生较大的改变，可能影响产品性能时。

c. 正常生产时，每半年应进行一次。

d. 停产 3 个月以上，恢复生产时。

e. 出厂检验结果与上次型式检验结果有较大差异时。

f. 国家质量监督机构提出进行型式检验时。

② 批量：同规格、同等级、同类别的砖，每 10 万块为一批，不足 10 万块按一批计。

③ 抽样：外观质量的检验样品采用随机抽样法从每一检验批中抽取。尺寸允许偏差和其他检验项目的样品，用随机抽样法从外观质量检验合格的样品中抽取。非破坏性检验项目的样品可用于其他检验项目。

抽样数量按表 4-194 进行。

抽样数量（JC/T 637—2009）　　　　　　　　　　　　　表 4-194

序号	检验项目	抽样数量（块）
1	外观质量	50（$n_1 = n_2 = 50$）
2	尺寸允许偏差	20
3	孔型、孔洞率及孔洞结构	5
4	强度等级	10
5	抗冻性	10
6	碳化性能	7
7	软化性能	5
8	干燥收缩率	3
9	放射性	2

（9）普通混凝土小型砌块

1）分类

① 种类

A. 砌块按空心率分为空心砌块（空心率不小于 25%，代号：H）和实心砌块（空心率小于 25%，代号：S）。

B. 砌块按使用时砌筑墙体的结构和受力情况，分为承重结构用砌块（代号：L，简称承重砌块）、非承重结构用砌块（代号：N，简称非承重砌块）。

C. 常用的辅助砌块代号分别为：半块—50，七分头块—70，圈梁块—U，精扫孔块—W。

② 按砌块的抗压强度分级，见表 4-195。

砌块的强度等级（GB/T 8239—2014）　　　　　　　　　表 4-195

砌块种类	承重砌块（L） （MPa）	非承重砌块（N） （MPa）
空心砌块（H）	7.5、10.0、15.0、20.0、25.0	5.0、7.5、10.0
实心砌块（S）	15.0、20.0、25.0、30.0、35.0、40.0	10.0、15.0、20.0

2）技术要求

① 砌块尺寸及偏差

A. 砌块的外型宜为直角面体，常用块型的规格尺寸和尺寸允许偏差见表 4-196。对于薄灰缝砌块，其高度允许偏差应控制在 +1mm、-2mm。

砌块的规格尺寸及允许偏差（GB/T 8239—2014）　　　　表 4-196

项目名称	规格尺寸（mm）	尺寸允许偏差（mm）
长度	390	±2
宽度	90、120、140、190、240、290	±2
高度	90、140、190	+3、-2

注：1. 其他规格尺寸可由供需双方协商确定，采用薄灰缝砌筑的块型，相关尺寸可作相应调整。
　　2. 免浆砌块的尺寸允许偏差，应由企业根据块型特点自行给出，尺寸偏差不应影响垒砌和墙片性能。

B. 外壁和肋厚：承重空心砌块的最小外壁厚应不小于 30mm，最小肋厚度应不小于 25mm；非承重空心砌块的最小外壁厚和最小肋厚应不小于 20mm。

② 外观质量

砌块的外观质量应符合表 4-197 的规定。

外观质量 (GB/T 8239—2014)   表 4-197

项目名称		技术指标
弯曲	≤	2mm
缺棱掉角	个数 ≤	1个
	三个方向投影尺寸的最大值 ≤	20mm
裂纹延伸的投影尺寸累计	≤	30mm

③ 砌块的强度等级应符合表 4-198 的规定。

强度等级 (GB/T 8239—2014)   表 4-198

强度等级	抗压强度 (MPa)	
	平均值 ≥	单块最小值≥
MU5	5.0	4.0
MU7.5	7.5	6.0
MU10	10.0	8.0
MU15	15.0	12.0
MU20	20.0	16.0
MU25	25.0	20.0
MU30	30.0	24.0
MU35	35.0	28.0
MU40	40.0	32.0

④ 吸水率。L 类砌块的吸水率应不大于 10%；N 类砌块的吸水率应不大于 14%。

⑤ 线性干燥收缩值。L 类砌块的线性干燥收缩值应不大于 0.45mm/m；N 类砌块的线性干燥收缩值应不大于 0.65mm/m。

⑥ 砌块的抗冻性应符合表 4-199 的规定。

抗冻性 (GB/T 8239—2014)   表 4-199

使用环境条件	抗冻标号	质量损失率 (%)	强度损失率 (%)
夏热冬暖地区	D15	平均值≤5 单块最大值≤10	平均值≤20 单块最大值≤30
夏热冬冷地区	D25		
寒冷地区	D35		
严寒地区	D50		

注：环境条件应符合 GB 50176—2002 的规定。

⑦ 砌块的碳化系数应不小于 0.85。

⑧ 砌块的软化系数应不小于 0.85。

3) 检验规则

① 检验分类

A. 出厂检验。检验项目为：尺寸偏差、外观质量、强度等级、相对含水率，用于清水墙的砌块尚应检验抗渗性。

B. 型式检验。检验项目为技术要求中的全部项目。有下列情况之一者，应进行型式检验：

a. 新产品投产或产品定型鉴定时。

b. 正常生产后，原材料、配比及生产工艺改变时。

c. 正常生产时，每年进行一次。

d. 停产 3 个月以上恢复生产时。

e. 出厂检验与上次型式检验结果有较大差异时。

② 组批规则：砌块按规格、种类、龄期和强度等级分批验收。以同一种原材料配制成的相同规格、龄期、强度等级和相同生产的 $500m^3$ 且不超过 3 万块砌块为一批，每周生产不足 $500m^3$ 且不超过 3 万块砌块按一批计。

③ 抽样规则

A. 每批随机抽取 32 块做尺寸偏差和外观质量检验。

B. 从尺寸偏差和外观质量合格的检验批中，随机抽取表 4-200 数量进行以下项目的检验：

样品数量（GB/T 8239—2014）　　　　　　　　表 4-200

检验项目	样品数量（块）	
	$(H/B) \geqslant 0.6$	$(H/B) < 0.6$
空心率	3	3
外壁和肋厚	3	3
强度等级	5	10
吸水率	3	3
线性干燥收缩值	3	3
抗冻性	10	20
碳化系数	12	22
软化系数	10	20
放射性核素限量	3	3

注：H/B（高宽比）是指试样在实际使用状态下的承压高度（H）与最小水平尺寸（B）之比。

（10）轻集料混凝土小型空心砌块

1）分类

① 类别。按砌块孔的排数分为：单排孔、双排孔、三排孔、四排孔等。

② 规格尺寸。主规格尺寸长×宽×高为 390mm×190mm×190mm。其他规格尺寸可由供需双方商定。

2）等级

① 砌块密度等级分为八级：700、800、900、1000、1100、1200、1300、1400。

注：除自燃煤矸石掺量不小于砌块质量 35% 的砌块外，其他砌块的最大密度等级为 1200。

② 砌块强度等级分为五级：MU2.5、MU3.5、MU5.0、MU7.5、MU10.0。

3）技术要求

① 尺寸偏差和外观质量应符合表 4-201 要求。

尺寸偏差和外观质量（GB/T 15229—2011）　　　　表 4-201

项目			指标
尺寸偏差（mm）	长度		±3
	宽度		±3
	高度		±3
最小外壁厚（mm）	用于承重墙体	≥	30
	用于非承重墙体	≥	20
肋厚（mm）	用于承重墙体	≥	25
	用于非承重墙体	≥	20
缺棱掉角	个数（块）	≤	2
	三个方向投影的最大值（mm）	≤	20
裂缝延伸的累计尺寸（mm）		≤	30

② 密度等级应符合表 4-202 要求。

密度等级（GB/T 15229—2011）　　　　表 4-202

密度等级	干表观密度范围（kg/m³）
700	≥610，≤700
800	≥710，≤800
900	≥810，≤900
1000	≥910，≤1000
1100	≥1010，≤1100
1200	≥1110，≤1200
1300	≥1210，≤1300
1400	≥1310，≤1400

③ 强度等级符合表 4-203 的规定。同一强度等级砌块的抗压强度和密度等级范围应同时满足表 4-203 的要求。

强度等级（GB/T 15229—2011）　　　　表 4-203

强度等级	抗压强度 MPa		密度等级范围 kg/m³
	平均值	最小值	
MU2.5	≥2.5	≥2.0	≤800
MU3.5	≥3.5	≥2.8	≤1000
MU5.0	≥5.0	≥4.0	≤1200
MU7.5	≥7.5	≥6.0	≤1200[a] ≤1300[b]
MU10.0	≥10.0	≥8.0	≤1200[a] ≤1400[b]

注：当砌块的抗压强度同时满足 2 个强度等级或 2 个以上强度等级要求时，应以满足要求的最高强度等级为准。
　　a　除自然煤矸石掺量不小于砌块质量 35％以外的其他砌块；
　　b　自燃煤矸石掺量不小于砌块质量 35％的砌块。

④ 吸水率、干缩率和相对含水率：吸水率不应大于 18％；干燥收缩率应不大于 0.065％；相对含水率应符合表 4-204 的要求。

相对含水率（GB/T 15229—2011） 表 4-204

干燥收缩率 %	相对含水率（%）		
	潮湿地区	中等湿度地区	干燥地区
<0.03	≤45	≤40	≤35
≥0.03，≤0.045	≤40	≤35	≤30
>0.045，≤0.065	≤35	≤30	≤25

注：1. 相对含水率为砌块出厂含水率与吸水率之比。
　　2. 使用地区的湿度条件：
　　　　潮湿地区——年平均相对湿度大于 75% 的地区；
　　　　中等湿度地区——年平均相对湿度 50%～75% 的地区；
　　　　干燥地区——年平均相对湿度小于 50% 的地区。

⑤ 碳化系数和软化系数应不小于 0.8；软化系数应不小于 0.8。

⑥ 抗冻性应符合表 4-205 的要求。

抗冻性（GB/T 15229—2011） 表 4-205

使用环境条件	抗冻标号	质量损失率（%）	强度损失率（%）
温和与夏热冬暖地区	D15		
夏热冬冷地区	D25	≤5	≤25
寒冷地区	D35		
严寒地区	D50		

注：环境条件应符合 GB 50176—2002 的规定。

4）检验规则

① 检验分类：出厂检验和型式检验。

A. 出厂检验项目包括：尺寸偏差、外观质量、密度、强度、吸水率及相对含水率。

B. 型式检验项目包括技术要求的全部项目，放射性核素试验在新产品投产和产品定型鉴定时进行。在下列情况下进行型式检验：

a. 新产品投产或产品定型鉴定时。

b. 砌块的原材料、配合比及生产工艺发生较大变化时。

c. 正常生产经过 6 个月时（干燥收缩率、碳化系数和抗冻性每年一次）。

d. 产品停产 3 个月以上恢复生产时。

② 组批规则：砌块按密度等级和强度等级分批验收。以同一品种轻集料和水泥按同一生产工艺制成的相同密度等级和强度等级的 300m³ 砌块为一批；不足 300m³ 者亦按一批计。

③ 抽样规则

A. 出厂检验时，每批随机抽取 32 块做尺寸偏差和外观质量检验。再从尺寸偏差和外观质量检验合格的砌块中，随机抽取如下数量进行以下项目的检验。

a. 强度：5 块。

b. 密度、吸水率和相对含水率：3 块。

B. 型式检验时，每批随机抽取 64 块，并在其中随机抽取 32 块进行尺寸偏差、外观质量检验；如果尺寸偏差和外观质量合格，则在 64 块中抽取尺寸偏差和外观质量合格的下述块数进行其他项目检验。

    a. 强度：5 块。

    b. 密度、吸水率和相对含水率：3 块。

    c. 干燥收缩率：3 块；抗冻性：10 块。

    d. 软化系数：10 块。

    e. 碳化系数：12 块。

    f. 放射性：2 块。

（11）蒸压加气混凝土砌块

1）产品分类

① 砌块的规格尺寸见表 4-206。

规格尺寸（GB 11968—2006）　　　　　　　　　　　　　表 4-206

长度 L（mm）	宽度 B（mm）	高度 H（mm）
600	100　120　125 150　180　200 240　250　300	200　240　250　300

注：如需要其他规格，可由供需双方协商解决。

    ② 砌块按强度和干密度分级。强度级别有：A1.0，A2.0，A2.5，A3.5，A5.0，A7.5，A10 七个级别。干密度级别有：B03，B04，B05，B06，B07，B08 六个级别。

    ③ 砌块等级。砌块按尺寸偏差与外观质量、干密度、抗压强度和抗冻性分为：优等品（A）、合格品（B）二个等级。

2）要求

    ① 砌块尺寸允许偏差和外观质量应符合表 4-207 要求。

尺寸偏差和外观（GB 11968—2006）　　　　　　　　　　表 4-207

项目			指标	
			优等品（A）	合格品（B）
尺寸允许偏差（mm）	长度	L	±3	±4
	宽度	B	±1	±2
	高度	H	±1	±2
缺棱掉角（mm）	最小尺寸	≤	0	30
	最大尺寸	≤	0	70
	大于以上尺寸的缺棱掉角个数，不多于（个）		0	2
裂纹长度（mm）	贯穿一棱二面的裂纹长度不得大于裂纹所在面的裂纹方向尺寸总和的		0	1/3
	任一面上的裂纹长度不得大于裂纹方向尺寸的		0	1/2
	大于以上尺寸的裂纹条数，不多于（条）		0	2
裂缝、黏模和损坏深度（mm）		≤	10	30
平面弯曲			不允许	
表面疏松、层裂			不允许	
表面油污			不允许	

② 砌块的抗压强度应符合表 4-208 的规定。

砌块的立方体抗压强度（GB 11968—2006）　　　　　表 4-208

强度级别	立方体抗压强度（MPa）	
	平均值不小于	单组最小值不小于
A1.0	1.0	0.8
A2.0	2.0	1.6
A2.5	2.5	2.0
A3.5	3.5	2.8
A5.0	5.0	4.0
A7.5	7.5	6.0
A10.0	10.0	8.0

③ 砌块的干密度应符合表 4-209 的规定。

砌块的干密度（GB 11968—2006）　　　　　表 4-209

干密度级别		B03	B04	B05	B06	B07	B08
干密度 （kg/m³）	优等品（A）≤	300	400	500	600	700	800
	合格品（B）≤	325	425	525	625	725	825

④ 砌块的强度级别应符合表 4-210 的规定。

砌块的强度级别（GB 11968—2006）　　　　　表 4-210

干密度级别		B03	B04	B05	B06	B07	B08
强度级别	优等品（A）	A1.0	A2.0	A3.5	A5.0	A7.5	A10.0
	合格品（B）			A2.5	A3.5	A5.0	A7.5

⑤ 砌块的干燥收缩、抗冻性和导热系数（干态）应符合表 4-211 的规定。

干燥收缩、抗冻性和导热系数（GB 11968—2006）　　　　　表 4-211

干密度级别			B03	B04	B05	B06	B07	B08
干燥收缩值[a]	标准法（mm/m）≤		0.50					
	快速法（mm/m）≤		0.80					
抗冻性	质量损失（%）≤		5.0					
	冻后强度（MPa）≥	优等品（A）	0.8	1.6	2.8	4.0	6.0	8.0
		合格品（B）			2.0	2.8	4.0	6.0
导热系数（干态）[W/(m·k)]≤			0.10	0.12	0.14	0.16	0.18	0.20

a　规定采用标准法、快速法测定砌块干燥收缩值，若测定结果发生矛盾不能判定时，则以标准法测定的结果为准。

3）检验规则

① 检验分类：出厂检验和型式检验。

② 出厂检验

A. 出厂检验的项目包括：尺寸偏差、外观质量、立方体抗压强度、干密度。

B. 抽样规则：同品种、同规格、同等级的砌块，以 10000 块为一批，不足 10000 块亦为一批，随机抽取 50 块砌块，进行尺寸偏差、外观检验。从外观与尺寸偏差检验合格的砌块中，随机抽取6块制作试件，进行如下项目检验：

　　a. 干密度：3组9块。

　　b. 强度级别：3组9块。

　　③ 型式检验

　　A. 型式检验的项目包括要求中的所有指标。有下列情况之一时，进行型式检验：

　　a. 新厂生产试制定型鉴定。

　　b. 正式生产后，原材料、工艺等有较大改变，可能影响产品性能时。

　　c. 正常生产时，每年应进行一次检查。

　　d. 产品停产3个月以上，恢复生产时。

　　e. 出厂检验结果与上次型式检验有较大差异时。

　　f. 国家质量监督机构提出进行型式检验的要求时。

　　B. 抽样规则：在受检验的一批产品中，随机抽取80块砌块，进行尺寸偏差和外观检验。
从外观与尺寸偏差检验合格的砌块中，随机抽取17块砌块制作试件，进行如下项目检验：

　　a. 干密度：3组9块。

　　b. 强度级别：5组15块。

　　c. 干燥收缩：3组9块。

　　d. 抗冻性：3组9块。

　　e. 导热系数：1组2块。

（12）烧结瓦

1）通常规格及结构尺寸见表4-212。

通常规格及结构尺寸（GB/T 21149—2007）　　　　　表4-212

产品类别	规格	基本尺寸（mm）							
		厚度	瓦槽深度	边筋高度	搭接部分长度		瓦爪		
					头尾	内外槽	压制瓦	挤出瓦	后爪有效高度
平瓦	400×240～360～220	10～20	≥10	≥3	50～70	25～40	具有4个瓦爪	保证2个后爪	≥5
脊瓦	L≥300 b≥180	h	l_1				d		h_2
		10～20	25～35				>b/4		≥5
三曲瓦、双筒瓦、鱼鳞瓦、牛舌瓦	300×200～150×150	8～12	同一品牌、规格瓦的曲度或弧度应保持基本一致						
板瓦、筒瓦、滴水瓦、沟头瓦	430×350～110×50	8～16							
J形瓦、S形瓦	320×320～250×250	12～20	谷深c≥35，头尾搭接部分长度50～70，左右搭接部分长度30～50						
波形瓦	420×330	12～20	瓦脊高度≤35，头尾搭接部分长度30～70，内外槽搭接部分长度25～40						

① 瓦的正面或背面可以有以加固、挡水等为目的的加强筋、凹凸纹等。

② 需要粘接的部位不得附着大量釉以免妨碍粘接。

2）等级：相同品种、物理性能合格的产品，根据尺寸偏差和外观质量分为优等品（A）和合格品（C）两个等级。

3）要求

① 尺寸允许偏差应符合表 4-213 的规定。

尺寸允许偏差（GB/T 21149—2007）　　　　　　　　　　　　　　表 4-213

外形尺寸范围（mm）	优等品（mm）	合格品（mm）
$L(b) \geqslant 350$	±4	±6
$250 \leqslant L(b) < 350$	±3	±5
$200 \leqslant L(b) < 250$	±2	±4
$L(b) < 200$	±1	±3

② 外观质量

A. 表面质量应符合表 4-214 的规定。

表面质量（GB/T 21149—2007）　　　　　　　　　　　　　　表 4-214

缺陷项目		优等品	合格品
有釉类瓦	无釉类瓦		
缺釉、斑点、落脏、棕眼、熔洞、图案缺陷、烟熏、釉缕、釉泡、釉裂	斑点、起包、熔洞、麻面、图案缺陷、烟熏	距1m处目测不明显	距2m处目测不明显
色差、光泽差	色差	距2m处目测不明显	

B. 最大允许变形应符合表 4-215 的规定。

最大允许变形（GB/T 21149—2007）　　　　　　　　　　　　表 4-215

产品类型			优等品	合格品
平瓦、波形瓦（mm），≤			3	4
三曲瓦、双筒瓦、鱼鳞瓦、牛舌瓦（mm），≤			2	3
脊瓦、板瓦、筒瓦、滴水瓦、沟头瓦、J形瓦、S形瓦（mm），≤	最大外形尺寸	$L \geqslant 350$	5	7
		$250 < L < 350$	4	6
		$L \leqslant 250$	3	5

C. 裂纹长度允许范围应符合表 4-216 的规定。

裂纹长度允许范围（GB/T 21149—2007）　　　　　　　　　　表 4-216

产品类型	裂纹分类	优等品	合格品
平瓦、波形瓦	未搭接部分的贯穿裂纹	不允许	
	边筋断裂	不允许	
	搭接部分的贯穿裂纹	不允许	不得延伸至搭接部分的1/2处
	非贯穿裂纹（mm）	不允许	≤30
脊瓦	未搭接部分的贯穿裂纹	不允许	
	搭接部分的贯穿裂纹	不允许	不得延伸至搭接部分的1/2处
	非贯穿裂纹（mm）	不允许	≤20

续表

产品类型	裂纹分类	优等品	合格品
三曲瓦、双筒瓦、鱼鳞瓦、牛舌瓦	贯穿裂纹	不允许	
	非贯穿裂纹	不允许	不得超过对应连长的6%
板瓦、筒瓦、滴水瓦、沟头瓦、J形瓦、S形瓦	未搭接部分的贯穿裂纹	不允许	
	搭接部分的贯穿裂纹	不允许	
	非贯穿裂纹（mm）	不允许	≤30

D. 磕碰、釉粘的允许范围应符合表4-217的规定。

磕碰、釉粘的允许范围（GB/T 21149—2007）　表4-217

产品类型	破坏部位	优等品	合格品
平瓦、脊瓦、板瓦、波形瓦、筒瓦、滴水瓦、沟头瓦、J形瓦、S形瓦	可见面（mm）	不允许	破坏尺寸不得同时大于10×10
	隐蔽面（mm）	破坏尺寸不得同时大于12×12	破坏尺寸不得同时大于18×18
三曲瓦、双筒瓦、鱼鳞瓦、牛舌瓦	正面	不允许	
	背面（mm）	破坏尺寸不得同时大于5×5	破坏尺寸不得同时大于10×10
平瓦、波形瓦	边筋	不允许	
	后爪	不允许	

E. 石灰爆裂允许范围应符合表4-218的规定。

石灰爆裂（GB/T 21149—2007）　表4-218

缺陷项目	优等品	合格品
石灰爆裂（mm）	不允许	破坏尺寸不大于5

欠火、分层：各等级的瓦均不允许有欠火、分层缺陷存在。

③ 物理性能

A. 抗弯曲性能：平瓦、脊瓦、板瓦、筒瓦、滴水瓦、沟头瓦类的弯曲破坏荷重不小于1200N，其中青瓦类的弯曲破坏荷重不小于850N；J形瓦、S形瓦、波形瓦类的弯曲破坏荷重不小于1600N；三曲瓦、双筒瓦、鱼鳞瓦、牛舌瓦类的弯曲强度不小于8.0MPa。

B. 抗冻性能：经15次冻融循环不出现剥落、掉角、掉棱及裂纹增加现象。

C. 耐急冷急热性：经10次急冷急热循环不出现炸裂、剥落及裂纹延长现象。此项要求只适用于有釉瓦类。

D. 吸水率：Ⅰ类瓦不大于6.0%，Ⅱ类瓦大于6.0%、不大于10.0%，Ⅲ类瓦大于10.0%、不大于18.0%，青瓦类不大于21.0%。

E. 抗渗性能：经3h瓦背面无水滴产生。此项要求只适用于无釉瓦类。若其吸水率不大于10.0%时，取消抗渗性能要求，否则必须进行抗渗试验，并符合规定。

4）检验规则

① 检验分类：出厂检验和型式检验。

A. 出厂检验项目包括：尺寸偏差、外观质量、抗弯曲性能、吸水率。产品经出厂检验合格后方可出厂。

B. 型式检验项目包括技术要求的全部项目，有下列情况之一者，应进行型式检验：

a. 新老产品转厂生产的试制定型鉴定。

b. 正式生产后，如材料、设备、工艺等有较大改变，可能影响产品性能时。

c. 正常生产时，每半年进行一次。

d. 产品长期停产，恢复生产时。

e. 出厂检验结果与上次型式检验结果有较大差异时。

f. 国家质量监督机构提出型式检验要求时。

② 批量：同类别、同规格、同色号、同等级的瓦，每 10000 件～35000 件为一检验批。不足该数量时，也按一批计。

③ 抽样：单项检验的样品按表 4-219 的规定的样本大小直接在检验批中抽取。出厂检验和型式检验的物理性能试验的样品，从尺寸偏差和外观质量检查后的样品中抽取。非破坏性试验项目的试样，可用于其他项目检验。

抽样（GB/T 21149—2007）　　　　　　　　　　表 4-219

检验项目	样本大小 n（块）		第一次抽样		第一次抽样和第二次抽样和	
	第一次 n_1	第二次 n_2	合格判定数 A_{c_1}	不合格判定数 R_{e_1}	合格判定数 A_{c_1}	不合格判定数 R_{e_1}
尺寸偏差	20	20	2	4	4	5
外观质量	20	20	2	4	4	5
抗弯曲性能	5	5	0	2	1	2
抗冻性能	5	—	0	1	—	—
耐急冷急热性	5	5	0	2	1	2
吸水率	5	5	0	2	1	2
抗渗性能	3	—	0	1	—	—

（13）钢丝网石棉水泥中波瓦

1）等级。产品按其抗折力、吸水率分成二级：A 级与 B 级。每一级按其外观质量分为三等：优等品、一等品与合格品。

2）外观质量

表面平整、边缘整齐，不得有断裂、表面露网、伸出边缘的钢丝、分层与夹杂物等疵病。优等品应无掉角、掉边、裂纹，四边方正。一等品、合格品的外观质量应符合表 4-220 的规定。

一等品、合格品的外观质量（JC 447—1991（1996））　　　　表 4-220

检验项目				一等品	合格品
掉角（mm）	沿瓦长度方向		≤	50	100
	沿瓦宽度方向		≤	35	45
一张瓦				不得多于 1 个掉边	
宽度（mm）			≤	10	15
因成型而造成的表面裂纹（mm）	正表面	宽度	≤	1.0	1.5
		长度	≤	75	100
	背面	宽度	≤	1.5	2.0
		长度	≤	150	300
方正度（mm）			≤	6	7

3）物理力学性能

各级产品的物理力学性能应符合表 4-221 的规定。

物理力学性能（JC 447—1991（1996））　　表 4-221

检验项目	A 级	B 级
横向（N/m）	≥2700	≥2000
抗折力（N）	≥450	≥370
吸水率（%）	≤25	≤26
抗冻性	经 25 次冻融循环后，试样不得有起层等破坏现象	
不透水性	试验后，试样背面允许有湿斑，但不得出现水滴	

4）检验规则

① 出厂检验的项目包括产品的外观质量、规格尺寸、横向抗折力、吸水率和抗冻性。

A. 出厂检验的批量：由同一等级、同一规格的产品组成，每批量最多 3000 张，最少 200 张。

B. 出厂检验的抽样与样品数量：从每受检批次中随机抽取（每垛瓦最上面 5 张与底面 5 张除外）样品进行检验。

② 型式检验包括全部检验项目与纵向抗折力、不透水性。当产品有下列情况之一时，应进行型式检验：

A. 新产品或老产品转厂生产的试制定型鉴定。

B. 原材料和生产工艺有重大改变时。

C. 出厂检验结果与上次型式检验结果有较大差别时。

D. 正常生产时，每半年进行一次。

E. 国家质量监督机构提出要求时。

（14）纤维水泥波瓦及其脊瓦

1）分类与代号。波瓦按增强纤维成分分类无石棉型（*NA*）及温石棉型（*A*）。波瓦按波高尺寸分为：大波瓦（*DW*）、中波瓦（*ZW*）、小波瓦（*XW*）。脊瓦代号（*JW*）。

注：1. 无石棉型：增强纤维中不含石棉纤维。

　　2. 温石棉型：增强纤维中含有温石棉纤维。

2）等级。根据波瓦抗折力分为五个强度等级：Ⅰ级、Ⅱ级、Ⅲ级、Ⅳ级、Ⅴ级。

注：Ⅳ级、Ⅴ级波瓦仅适用于使用期 5 年以下的临时建筑。

3）要求

① 波瓦外观质量应符合表 4-222 的规定。

外观质量（GB/T 9772—2009）　　表 4-222

项目	大波瓦	中波瓦	小波瓦
掉角（mm）	沿瓦长度方向≤100 沿瓦宽度方向≤50	沿瓦长度方向≤50 沿瓦宽度方向≤35	沿瓦长度方向≤50 沿瓦宽度方向≤20
掉边（mm）	≤15	≤10	≤10
裂纹（mm）	正表面：宽度≤1.0 单条长度≤75	正表面：宽度≤1.0 单条长度≤75	正表面：宽度≤1.0 单条长度≤75

项目	大波瓦	中波瓦	小波瓦
断裂	不允许		
分层	不允许		

② 波瓦的形状与尺寸偏差应符合表 4-223 的规定。

波瓦的形状与尺寸偏差（GB/T 9772—2009）　　　表 4-223

项目		形状与尺寸偏差
长度		±10
宽度（mm）	大波瓦、中波瓦	±10
	小波瓦	±5
厚度（mm）	7.5	±0.5
	6.5	+0.5 −0.3
	6.0	
	5.5	+0.5 −0.2
	5.0	
	4.2	+0.5 −0
波高（mm）	大波瓦	±3
	中波瓦、小波瓦	±2
波距（mm）	大波瓦、中波瓦	±3
	小波瓦	±2
边距（mm）	大波瓦、中波瓦	±5
	小波瓦	±3
对角线差（mm）	大波瓦	≤10
	中波瓦、小波瓦	≤5

③ 脊瓦的形状与尺寸偏差应符合表 4-224 的规定。

脊瓦的形状与尺寸偏差（GB/T 9772—2009）　　　表 4-224

项目		形状与尺寸偏差
长度（mm）	搭接长 l_1	±5
	总长 l	±10
厚度（e，mm）	6.0	+0.5 −0.3
	5.0	+0.5 −0.2
	4.2	
宽度（b，mm）		总宽±10
角度（θ，°）		±5

④ 物理性能应符合表 4-225 的规定。

物理性能（GB/T 9772—2009）　　　　　　　　　　　　表 4-225

类别	吸水率（%）	抗冲击性	不透水性	抗冻性
大波瓦	≤28	冲击 1 次后被击处背面不得出现裂纹、剥落。	24h 检验后不得出现水滴，但允许反面出现湿痕。	经 25 次冻融循环，不得出现分层。
中波瓦	≤28			
小波瓦	≤26			
脊瓦	≤28	—	—	

⑤ 波瓦的力学性能应符合表 4-226 的规定。

力学性能（GB/T 9772—2009）　　　　　　　　　　　　表 4-226

等级	抗折力	大波瓦	中波瓦			小波瓦		
			6.5	6.0	5.5	6.0 5.5	5.0	4.2
I	横向（N/m）	3800	4200	3800	3500	2800	—	—
	纵向（N）	470	350	330	320	350	—	—
II	横向（N/m）	3300	3800	3400	3000	2700	2400	—
	纵向（N）	450	320	310	300	340	310	—
III	横向（N/m）	2900	3600	3200	2800	2600	2300	2000
	纵向（N）	430	310	300	290	330	300	260
IV	横向（N/m）	—	3200	2800	2400	2300	2000	1800
	纵向（N）	—	290	280	270	300	270	250
V	横向（N/m）	—	2800	2400	2000	2000	1800	1600
	纵向（N）	—	270	260	250	270	250	240

注：蒸气养护制品试验龄期不小于 7d，自然养护试验龄期不小于 28d。

⑥ 脊瓦的破坏荷载不得低于 600N。

4）检验规则

检验分类：出厂检验和型式检验。

① 有下列情况之一时应进行型式检验：

A. 新产品或老产品转厂生产的试制定型鉴定。

B. 生产中如原材料品种、配合比、工艺有较大改变时。

C. 正常生产时，每 12 个月进行一次。

D. 出厂检验结果与上次型式检验结果有较大差异时。

E. 停产达 6 个月，恢复生产时。

F. 国家质量监督部门提出进行型式检验的要求时。

② 出厂检验

A. 产品出厂前均应进行出厂检验。

B. 检验项目：外观质量、形状与尺寸偏差、抗折力。

C. 组批：应由同类别、同规格、同等级的产品组成，每检验批以 3000 张为一批，如不足 3000 张，但大于 200 张时也可组成为一批。

D. 抽样：外观质量、形状与尺寸偏差是从检验批中随机抽取 5 张作为必检样品。复检样品在同一批产品中抽取双倍数量 10 张；抗折力是从检验批产品中抽取 1 张，复检样品在同一批产品中抽取双倍数量 2 张。

（15）玻璃纤维增强聚酯波纹板

1）产品代号见表 4-227。

产品代号（GB/T 14206—2005）　　　　　　　　表 4-227

类型	成型方法		性能			截面形状		尺寸
	机制	手糊	普通型	透光型	阻燃型	正弦波	梯形波	
代号	J	S	CB	TB	F1，F2	z	t	波长-波高-公称厚度

2）技术要求

① 尺寸极限偏差见表 4-228。

尺寸极限偏差（GB/T 14206—2005）　　　　　　　　表 4-228

类型	长度（mm）	宽度（mm）	厚度（mm）	波高（mm）	波长（mm）	上底（mm）	下底（mm）
正弦波 极限偏差	+20 −5	+25 −5	+0.2 −0.1	+2 −2	+2 −2		
梯形波 极限偏差	+20 −5	+20 −5	+0.2 −0.1	+2 −2	+3 −2	+2 −2	+3 −3

② 外观：波形圆滑，无明显皱纹，色泽基本均匀，板边齐、直。不得有直径大于 4mm 的气泡、穿透性针孔、露丝、断裂、分层等缺陷。

③ 波纹板的树脂含量应不低于表 4-229 的规定。

波纹板的树脂含量（GB/T 14206—2005）　　　　　　　　表 4-229

类型	树脂含量
J	60%
S	48%

④ 固化度：波纹板的固化度应不低于 82%。

⑤ 波纹板的挠度值应不大于表 4-230 的规定。

波纹板的挠度值（GB/T 14206—2005）　　　　　　　　表 4-230

公称厚度（mm）	允许挠度（mm）	
	J	S
0.5	50	32
0.7	40	28
0.8	36	24
0.9	34	22
1.0	30	20
1.2	24	16
1.5	22	14
1.6	18	12
2.0	15	10
2.5	12	8

⑥ 波纹板经冲击强度试验后，不应有断裂或贯穿的孔穴。

⑦ 透光型波纹板可见光透光率应不低于表 4-231 的规定。

波纹板各等级透光率（GB/T 14206—2005）　　表 4-231

公称厚度（mm）	普通透光型（%）	阻燃透光型（%）
0.5	82	78
0.7		
0.8	80	76
0.9		
1.0		
1.2	77	73
1.5	75	70
1.6		
2.0	64	60
2.5	60	55

⑧ 阻燃型波纹板氧指数应不低于表 4-232 的规定。

波纹板各等级氧指数（GB/T 14206—2005）　　表 4-232

等级	氧指数
F1	30%
F2	26%

3）检验规则

① 出厂检验

A. 检验项目：每批产品必须进行外观、形状尺寸和弯曲挠度的检验，对透光型和阻燃型波纹板还需分别进行透光率和阻燃性的检验。

B. 批量：同一类型波纹板以 200 张为一批，不足 200 张时也记为一批，在此批产品中进行随机抽样。

② 型式检验

A. 有下列情况之一时应进行型式检验：

a. 正式投产前的试制定型检验。

b. 正式生产后，如材料、工艺有较大改变。

c. 正常生产时，J 型波纹板每生产 4000m²，S 型波纹板每生产 400 张。

d. 连续半年以上停产后恢复生产。

e. 出厂检验结果与上次型式检验有较大差异。

f. 国家质量监督机构提出进行型式检验要求。

B. 检验项目：全部项目进行检验。

（16）混凝土路面砖

1）类别：按形状分为普形混凝土路面砖（N）和异形混凝土路面砖（I）；按混凝土路面砖成型材料组成，分为带面层混凝土路面砖（C）和通体混凝土路面砖（F）。

2）规格：混凝土路面砖的公称厚度规格尺寸（mm）分为 60、70、80、90、100、

120、150。

　　3）强度等级：混凝土路面砖的抗压强度（MPa）分为 C_c40、C_c50、C_c60 三个等级；混凝土路面砖的抗折强度（MPa）分为 $C_f4.0$、$C_f5.0$、$C_f6.0$ 三个等级。

　　4）技术要求

　　① 外观质量

　　A. 混凝土路面砖的外观质量应符合表 4-233 的规定。

外观质量（GB 28635—2012）　　　　　表 4-233

序号	项目		要求
1	铺装面粘皮或缺损的最大投影尺寸（mm）	≤	5
2	铺装面缺棱或掉角的最大投影尺寸（mm）	≤	5
3	铺装面裂纹		不允许
4	色差、杂色		不明显
5	平整度（mm）	≤	2.0
6	垂直度（mm）	≤	2.0

　　B. 混凝土路面砖的尺寸允许偏差应符合表 4-234 的规定。

尺寸允许偏差（GB 28635—2012）　　　　　表 4-234

序号	项目		要求
1	长度、宽度、厚度（mm）		±2.0
2	厚度差（mm）	≤	2.0

　　② 强度等级

　　根据混凝土路面砖公称长度与公称厚度的比值确定进行抗压强度或抗折强度试验。公称长度与公称厚度的比值小于或等于4的，应进行抗压强度试验；公称长度与公称厚度的比值大于4的，应进行抗折强度试验。混凝土路面砖的抗压/抗折强度等级应符合表 4-235 的规定。

强度等级（GB 28635—2012）　　　　　表 4-235

抗压强度（MPa）			抗折强度（MPa）		
抗压强度等级	平均值	单块最小值	抗压强度等级	平均值	单块最小值
C_c40	≥40.0	≥35.0	$C_f4.0$	≥4.00	≥3.20
C_c50	≥50.0	≥42.0	$C_f5.0$	≥5.00	≥4.20
C_c60	≥60.0	≥50.0	$C_f6.0$	≥6.00	≥5.00

　　③ 混凝土路面砖的物理性能应符合表 4-236 的规定。

物理性能（GB 28635—2012）　　　　　表 4-236

序号	项目			指标
1	耐磨性[a]	磨坑长度（mm）	≤	32.0
		耐磨度	≥	1.9

续表

序号	项目		指标
2	抗冻性 严寒地区 D50； 寒冷地区 D35； 其他地区 D25	外观质量	冻后外观无明显变化，且符合表 4-234 要求
		强度损失率（%）　≤	20.0
3	吸水率（%）　　　　　　　　　　≤		6.5
4	防滑性（BRN）　　　　　　　　　≥		60
5	抗盐冻性b（剥落量，g/m²）		平均值≤1000，且最大值<1500

a 磨坑长度与耐磨度任选一项做耐磨性试验。

b 不与融雪剂接触的混凝土路面砖不要求此项性能。

5）检验规则

① 检验分类

A. 出厂检验项目：外观质量、尺寸偏差、强度。

B. 型式检验项目：产品技术要求的项目进行全部检验。有下列情况之一时，应进行型试检验：

a. 新产品试制定型鉴定或老产品转厂生产时。

b. 生产中如原材料、类别、混凝土配合比或工艺有较大改变时。

c. 正常生产时，每半年进行一次。

d. 出厂检验结果与上次型式检验结果有较大差异时。

e. 产品长期停产后，恢复生产时。

② 批量

每批混凝土路面砖应为同一类别、同一规格、同一强度等级，铺装面积 3000m² 为一批量，不足 3000m²，亦按一批量计。

（17）水泥花砖

1）产品分类、规格、等级

① 分类：水泥花砖按使用部位不同，分为地面花砖（F）和墙面花砖（W）。

A. 用于建筑物楼面与地面的水泥花砖为地面花砖，简称地砖。

B. 用于建筑物内墙面踢脚部位的水泥花砖，称为墙面花砖，简称墙砖。

② 水泥花砖的规格尺寸见表 4-237。

规格尺寸（JC 410—1991（1996）） 表 4-237

品种	规格		
	长（mm）	宽（mm）	厚（mm）
地砖（F）	200	200	12~16
	200	150	
	150	150	
墙砖（W）	200	150	10~14
	150	150	

③ 等级：水泥花砖按其外观质量、尺寸偏差与物理力学性能分为一等品（B）和合格

品（C）。

2）技术要求

① 外观质量。水泥花砖的缺棱、掉角、掉底、越线和图案偏差应符合表 4-238 规定。水泥花砖不允许有裂纹，露底和起鼓。水泥花砖不得有明显的色差、污迹和麻面。

外观质量（JC 410—1991（1996））　表 4-238

项目		一等品	合格品
正面（mm）	缺棱	长×宽>10×2，不允许	长×宽>20×2，不允许
	掉角	长×宽>2×2，不允许	长×宽>4×4，不允许
掉底（mm）		长×宽<20×20，深≤1/3 砖厚允许 1 处	长×宽<30×20，深≤1/3 砖厚允许 1 处
越线（mm）		越线距离<1.0，长度<10.0允许 1 处	越线距离<2.0，长度<20.0允许 1 处
图案偏差（mm）		≤1.0	≤3.0

② 尺寸偏差。尺寸允许偏差应符合表 4-239 的规定。

尺寸偏差（JC 410—1991（1996））　表 4-239

品种	一等品			合格品		
	长（mm）	宽（mm）	厚（mm）	长（mm）	宽（mm）	厚（mm）
F W	±0.5		±1.0	±1.0		±1.5

③ 物理力学性能

A. 抗折破坏荷载不得小于表 4-240 中的规定值。

物理力学性能（JC 410—1991（1996））　表 4-240

品种	规格 mm	一等品		合格品	
		平均值（N）	单块最小值（N）	平均值（N）	单块最小值（N）
F W	200×200	900 600	760 500	700 500	600 420
F W	200×150	680 460	580 380	520 380	440 320
F W	150×150	1080 720	920 610	840 600	720 500

B. 耐磨性能不得大于表 4-241 的规定值。

耐磨性能（JC 410—1991（1996））　表 4-241

品种	一等品		合格品	
	平均磨耗量（g）	最大磨耗量（g）	平均磨耗量（g）	最大磨耗量（g）
F	5.0	6.0	7.5	9.0

注：墙砖（W）不要求耐磨指标。

C. 吸水率不得大于 14%。

④ 结构性能

A. 地面花砖面层厚度的最小值，一等品应不低于 1.6mm，合格品应不低于 1.3mm。墙面花砖的面层厚度的最小值不低于 0.5mm。

B. 水泥花砖的一等品不允许有分层现象，合格品只允许有不明显的分层现象。

3）检验规则

① 检验分类：产品检验分出厂检验和型式检验。

A. 出厂检验的项目：外观质量、尺寸偏差、抗折破坏荷载和结构性能。

B. 型式检验：产品的技术要求全部进行检验。有下列情况之一时，应进行型式检验：

a. 新产品试制定型鉴定时；

b. 正式生产后，如材料、设备、工艺有较大改变，可能影响产品的性能时；

c. 正常生产时，每 6 个月进行一次周期性检验；

d. 产品长期停产恢复生产时；

e. 出厂检验结果与上次型式检验结果有较大差异时；

f. 国家质量监督机构提出进行型式检验要求时。

② 批的构成

A. 出厂检验：由同一规格的水泥花砖构成，批量可与销售批相同或不同。

B. 型式检验：提交检验的批应由同一规格的水泥花砖构成。

③ 抽样方案

A. 出厂检验和型式检验所需样本在水泥花砖成品库随机抽取。当批量为 3000～10000 块时，各项检验按表 4-242 规定的样品量抽。

抽样方案（JC 410—1991（1996））　　　　　　　　表 4-242

检验类型 检验分类	出厂检验	型式检验
外观质量（块）	80	80
尺寸偏差（块）	32	32
物理力学性能和结构性能（块）	10	15

批量不在 3000～10000 块范围内，按 GB 2828—2003 规定进行。

B. 外观质量检查的样品从整批样品中抽取，尺寸偏差检验的样本从外观质量检查合格的样本中抽取，物理力学性能和结构性能检验的样本从外观和尺寸偏差检验合格的样本中抽取。

16. 其他材料

（1）混凝土路缘石

1）等级

① 直线形缘石抗折强度等级（MPa）分为 $C_f6.0$、$C_f5.0$、$C_f4.0$、$C_f3.0$ 四个等级。

② 曲线形及直线形、截面 L 状缘石的抗压强度等级（MPa）分为 C_c40、C_c35、C_c30、C_c25 四个等级。

③ 质量等级：符合某个强度等级的缘石，根据外观质量、尺寸偏差和物理性能分为

优等品（A）、一等品（B）、合格品（C）。

2）外形

① 缘石应边角齐全、外形完好、表面平整，可视面宜有倒角。除斜面、圆弧面、边削角面构成的角之外，其他所有角宜为直角。

② 缘石面层（料）厚度，包括倒角的表面任何一部位的厚度，应不小于 4mm。

3）要求

① 缘石外观质量应符合表 4-243 的规定。

缘石外观质量（JC 899—2002）　　　　表 4-243

项目		单位	优等品（A）	一等品（B）	合格品（C）
缺棱掉角影响顶面或正侧面的破坏最大投影尺寸	≤	mm	10	15	30
面层非贯穿裂纹最大投影尺寸	≤	mm	0	10	20
可视面粘皮（脱皮）及表面缺损最大面积	≤	mm^2	20	30	40
贯穿裂纹			不允许		
分层			不允许		
色差、杂色			不明显		

② 缘石尺寸允许偏差应符合表 4-244 的规定。

缘石尺寸允许偏差（JC 899—2002）　　　　表 4-244

项目	优等品（A）	一等品（B）	合格品（C）
长度，（l，mm）	±3	+4 +3	+5 −3
宽度，（b，mm）	±3	+4 −3	+5 −3
高度，（h，mm）	±3	+4 −3	+5 −3
平整度（mm），≤	2	3	4
垂直度（mm），≤	2	3	4

③ 力学性能

A. 直线形缘石抗折强度应符合表 4-245 的规定。

直线形缘石抗折强度（JC 899—2002）　　　　表 4-245

等级		C$_f$6.0	C$_f$5.0	C$_f$4.0	C$_f$3.0
平均值（$\bar{C}_f$，MPa）	≥	6.00	5.00	4.00	3.00
单块最小值（C_{fmin}，MPa）	≥	4.80	4.00	3.20	2.40

B. 曲线形缘石，直线形、截面 L 状缘石抗压强度应符合表 4-246 的规定。

抗压强度（JC 899—2002）　　　　表 4-246

等级		C$_c$40	C$_c$35	C$_c$30	C$_c$25
平均值（$\bar{C}_c$，MPa）	≥	40.0	35.0	30.0	25.0
单块最小值（C_{cmin}，MPa）	≥	32.0	28.0	24.0	20.0

④ 物理性能

A. 缘石吸水率应符合表 4-247 的规定。

缘石吸水率 （JC 899—2002）　　　　　　　　表 4-247

项目	优等品（A）	一等品（B）	合格品（C）
吸水率（%），≤	6.0	7.0	8.0

B. 抗冻及抗盐冻性：需做抗盐冻性试验时，可不做抗冻性试验。抗冻性：寒冷地区、严寒地区缘石应进行抗冻性试验。缘石经 D50 次冻融试验的质量损失率应不大于 3.0%。抗盐冻性：寒冷地区、严寒地区冬季道路使用除冰盐除雪时及盐碱地区应进行抗盐冻性试验。缘石经 ND25 次抗盐冻性试验的质量损失应不大于 $0.5kg/m^2$。

4）抽样

① 批量：每批缘石应为同一类别、同一型号、同一规格、同一等级，每 20000 件为一批；不足 20000 件，亦按一批计；超过 20000 件，批量由供需双方商定。塑性工艺生产的缘石每 5000 件为一批，不足 5000 件，亦按一批计。

② 抽样：应随机抽样。抽样前应预先确定抽样方法，使所抽取的试件具有代表性。抽取龄期不小于 28d 的试件。

A. 外观质量和尺寸偏差试验的试件，按随机抽样法从成品堆场中每批产品抽取 13 块。

B. 物理性能和力学性能试验的试件（块），按随机抽样法从外观质量和尺寸偏差检验合格的试件中抽取。每项物理性能与力学性能中的抗压强度试块应分别从 3 个不同缘石上各切取 1 块符合试验要求的试块；抗折强度直接抽取 3 个试件。

C. 试件截取方法：从缘石的正侧面距端面和顶面各 20mm 以内的部位切割出 100mm×100mm×100mm 试块。

（2）建筑生石灰

1）分类及等级。按生石灰的加工情况分为建筑生石灰和建筑生石灰粉。按生石灰的化学成分分为钙质石灰和镁质石灰两类。根据化学成分的含量每类分成各个等级，见表 4-248。

建筑生石灰的分类 （JC/T 479—2013）　　　　　　表 4-248

类别	名称	代号
钙质石灰	钙质石灰 90	CL90
	钙质石灰 85	CL85
	钙质石灰 75	CL75
镁质石灰	镁质石灰 85	ML85
	镁质石灰 80	ML80

注：生石灰块在代号后加 Q，生石灰粉在代号后加 QP。

2）技术要求。建筑生石灰的物理性质应符合表 4-249 的要求。

建筑生石灰的物理性质 （JC/T 479—2013）　　　　　表 4-249

名称	产浆量 （dm³/10kg）	细度	
		0.2mm 筛余量（%）	90μm 筛余量（%）
CL90—Q	≥26	—	—
CL90—QP	—	≤2	≤7

续表

名称	产浆量 （dm³/10kg）	细度	
		0.2mm 筛余量（％）	90μm 筛余量（％）
CL85—Q CL85—QP	≥26 —	— ≤2	— ≤7
CL75—Q CL75—QP	≥26 —	— ≤2	— ≤7
ML85—Q ML85—QP	— —	— ≤2	— ≤7
ML80—Q ML80—QP	— —	— ≤7	— ≤2

3）检验规则。出厂检验：检验项目包括技术要求的全部项目。批量：以班产量或日产量为一个批量。取样：从整批物料的不同部位选取，取样点不少于 25 个，每个点的取样量不少于 2kg，最终缩分至 4kg 装入密封容器。

（3）建筑消石灰

1）分类及等级。建筑消石灰分类按扣除游离水和结合水后（CaO＋MgO）的百分含量加以分类，见表 4-250。

建筑消石灰的分类（JC/T 481—2013）　　表 4-250

类别	名称	代号
钙质消石灰	钙质消石灰 90	HCL90
	钙质消石灰 85	HCL85
	钙质消石灰 75	HCL75
镁质消石灰	镁质消石灰 85	HML85
	镁质消石灰 80	HML80

2）技术要求。建筑消石灰的物理性质应符合表 4-251 要求。

建筑消石灰的物理性质（JC/T 481—2013）　　表 4-251

名称	游离水 （％）	细度		安定性
		0.2mm 筛余量（％）	90μm 筛余量（％）	
HCL90	≤2	≤2	≤7	合格
HCL85				
HCL75				
HML85				
HML80				

3）检验规则。出厂检验：每批产品出厂前按要求进行检验。批量：以班产量或日产量为一个批量。取样：每一批量的产品中抽取 10 袋样品，从每袋不同位置抽取 100g 样品，总数量不少于 1kg，混合均匀，用四分法缩取，最后取 250g 样品供物理试验和化学分析。

五、结构检测及现场试验准备

建设工程的结构安全一直是被人们所重视和关心的，工程结构实体质量的好坏直接关系到整个建筑工程质量的安全性以及耐用性。对工程中结构实体质量进行检测，可以通过科学的数据来掌握其质量的整体情况以及其在使用过程中有可能出现的安全隐患，进而有效的保障工程的整体质量。

（一）结构检测的相关规定

1. 地基与基础工程

根据《建筑地基基础工程施工质量验收规范》GB 50202—2002，对地基与基础检测的相关规定如下：

（1）地基基础工程施工前，必须具备完备的地质勘察资料及工程附近管线、建筑物、构筑物和其他公共设施的构造情况，必要时应作施工勘察和调查以确保工程质量及邻近建筑的安全。

（2）施工单位必须具备相应专业资质，并应建立完善的质量管理体系和质量检验制度。

（3）从事地基基础工程检测及见证试验的单位，必须具备省级以上（含省、自治区、直辖市）建设行政主管部门颁发的资质证书和计量行政主管部门颁发的计量认证合格证书。

2. 混凝土结构工程

根据《混凝土结构工程施工质量验收规范》GB 50204—2015，对结构检测的相关规定如下：

（1）混凝土结构施工现场质量管理应有相应的施工技术标准、健全的质量管理体系、施工质量控制和质量检验制度。混凝土结构施工项目应有施工组织设计和施工技术方案，并经审查批准。

（2）对涉及混凝土结构安全的有代表性的部位应进行结构实体检验。结构实体检验应包括混凝土强度、钢筋保护层厚度、结构位置及尺寸偏差以及合同约定的项目。

（3）获得认证的产品或来源稳定且连续三批均一次检验合格的产品，进场验收时检验批的容量可扩大一倍，且检验批容量仅可扩大一次。扩大检验批后的检验中，出现不合格情况时，应按扩大前的检验批容量重新验收，且该产品不得再次扩大检验批容量。

（4）混凝土结构工程采用的材料、构配件、器具及半成品应按进场批次进行检验。

（5）对混凝土强度、预制构件结构性能等，应按国家现行有关标准和本规范规定的抽样检验方案执行。

3. 砌体结构工程

根据《砌体结构工程施工质量验收规范》GB 50203—2011，对砌体结构检测的相关规定如下：

（1）砌体工程所用的材料应有产品的合格证书、产品性能检测报告。质量应符合国家现行有关标准的要求。块材、水泥、钢筋、外加剂尚应有材料主要性能的进场复验报告，并应符合设计要求。严禁使用国家明令淘汰的材料。

（2）尚未施工楼面或屋面的墙或柱，其抗风允许自由高度不得超过表 5-1 的规定。如超过表中限值时，必须采用临时支撑等有效措施。

墙和柱的允许自由高度（m）（GB 50203—2011）　　　　　表 5-1

墙（柱）厚 (mm)	砌体密度>1600（kg/m³）			砌体密度 1300～1600（kg/m³）		
	风载（kN/m²）			风载（kN/m²）		
	0.3 (约7级风)	0.4 (约8级风)	0.5 (约9级风)	0.3 (约7级风)	0.4 (约8级风)	0.5 (约9级风)
190	—	—	—	1.4	1.1	0.7
240	2.8	2.1	1.4	2.2	1.7	1.1
370	5.2	3.9	2.6	4.2	3.2	2.1
490	8.6	6.5	4.3	7.0	5.2	3.5
620	14.0	10.5	7.0	11.4	8.6	5.7

注：1. 本表适用于施工处相对标高（H）在 10m 范围内的情况。如 10m<H≤15m，15m<H≤20m 时，表中的允许自由高度应分别乘以 0.9、0.8 的系数；如 H>20m 时，应通过抗倾覆验算确定其允许自由高度。

2. 当所砌筑的墙有横墙或其他结构与其连接，而且间距小于表中相应墙、柱的允许自由高度的 2 倍时，砌筑高度可不受本表的限制。

3. 当砌体密度小于 1300kg/m³ 时，墙和柱的允许自由高度应另行验算确定。

（3）砌筑完基础或每一楼层后，应校核砌体的轴线和标高。在允许偏差范围内，轴线偏差可在基础顶面或楼面上校正，标高偏差宜通过调整上部砌体灰缝厚度校正。

（4）搁置预制梁、板的砌体顶面应平整，标高一致。

（5）砌体施工质量控制等级应分为三级，并应符合表 5-2 的规定。

施工质量控制等级（GB 50203—2011）　　　　　表 5-2

项目	施工质量控制等级		
	A	B	C
现场质量管理	监督检查制度健全，并严格执行；施工方有在岗专业技术管理人员，人员齐全，并持证上岗	监督检查制度基本健全，并能执行；施工方有在岗专业技术管理人员，人员齐全，并持证上岗	有监督检查制度；施工方有在岗专业技术管理人员
砂浆、混凝土强度	试块按规定制作、强度满足验收规定，离散性小	试块按规定制作、强度满足验收规定，离散性较小	试块按规定制作、强度满足验收规定，离散性大
砂浆拌合	机械拌合；配合比计量控制严格	机械拌合；配合比计量控制一般	机械或人工拌合；配合比计量控制较差

续表

项目	施工质量控制等级		
	A	B	C
砌筑工人	中级工以上，其中高级工不小于30%	高、中级工不小于70%	初级工以上

注：1. 砂浆、混凝土强度离散性大小根据强度标准差确定。
　　2. 配筋砌体不得为C级施工。

4. 钢结构工程

根据《钢结构工程施工质量验收规范》GB 50205—2001，对钢结构检测的相关规定如下：

（1）钢结构工程施工单位应具备相应的钢结构工程施工资质，施工现场质量管理应有相应的施工技术标准、质量管理体系、质量控制及检验制度，施工现场应有经项目技术负责人审批的施工组织设计、施工方案等技术文件。

（2）钢结构工程施工质量的验收，必须采用经计量检定、校准合格的计量器具。

（3）钢结构工程应按下列规定进行施工质量控制：

1）采用的原材料及成品应进行进场验收。凡涉及安全、功能的原材料及成品按规范规定进行复验，并应经监理工程师（建设单位技术负责人）见证取样、送样。

2）各工序应按施工技术标准进行质量控制，每道工序完成后，应进行检查。

3）相关各专业工种之间，应进行交接检验，并经监理工程师（建设单位技术负责人）检查认可。

（4）当钢结构工程施工质量不符合规范要求时，应按下列规定进行处理：

1）经返工处理或更换构（配）件的检验批，应重新进行验收；

2）经有资质的检测机构检测鉴定能够达到设计要求的检验批，应予以验收；

3）经有资质的检测机构检测鉴定达不到设计要求，但经原设计单位核算认可能够满足结构安全和使用功能的检验批，可予以验收；

4）经返修或加固处理的分项、分部工程，虽然改变外形尺寸但仍能满足安全使用要求，可按处理技术方案和协商文件进行验收。

（5）通过返修或加固处理仍不能满足安全使用要求的钢结构分部工程，严禁验收。

5. 建筑节能工程

根据《建筑节能工程施工质量验收规范》GB 50411—2007，对建筑节能工程检测的相关规定如下：

（1）技术与管理

1）承担建筑节能工程的施工企业应具备相应的资质；施工现场应建立相应的质量管理体系，施工质量控制和检验制度，具有相应的施工技术标准。

2）建筑节能工程采用的新技术、新设备、新材料、新工艺，应按照有关规定进行评审、鉴定及备案。施工前应对新的或首次采用的施工工艺进行评价，并制定专门的施工技术方案。

3）建筑节能工程的质量检测，应由具备资质的检测机构承担。

（2）材料与设备

1）建筑节能工程进场材料和设备的复验项目应符合表 5-3 的规定。

建筑节能工程进场材料和设备的复验项目（GB 50411—2007）　　　　表 5-3

序号	节能工程名称	复验项目
1	墙体节能工程	1. 保温材料的导热系数、密度、抗压强度或压缩强度； 2. 粘结材料的粘结强度； 3. 增强网的力学性能、抗腐蚀性能
2	幕墙节能工程	1. 保温材料：导热系数、密度； 2. 幕墙玻璃：可见光透射比、传热系数、遮阳系数、中空玻璃露点； 3 隔热型材：抗拉强度、抗剪强度
3	屋面节能工程	保温隔热材料的导热系数、密度、抗压强度或压缩强度
4	采暖节能工程	1. 散热器的单位散热量、金属热强度； 2. 保温材料的导热系数、密度、吸水率
5	配电与照明节能工程	电缆、电线截面和每芯导体电阻值
6	通风与空调节能工程	1. 风机盘管机组的供冷量、供热量、风量、出口静压、噪声及功率； 2. 绝热材料的导热系数、密度、吸水率

2）建筑节能工程使用的材料、设备等，必须符合设计要求国家有关标准的规定。严禁使用国家明令禁止使用与淘汰的材料和设备。

3）材料和设备进场验收应遵守下列规定：

① 对材料和设备的品种、规格、包装、外观和尺寸等进行检查验收，并应经监理工程师（建设单位代表）确认，形成相应的验收记录。

② 对材料和设备的质量证明文件进行核查，并应经监理工程师（建设单位代表）确认，纳入工程技术档案。进入施工现场用于节能工程的材料和设备均应具有出厂合格证、中文说明书及相关性能检测报告；定型产品和成套技术应有型式检验报告，进口材料和设备应按规定进行出入境商品检验。

③ 对材料和设备应按照规范规定在施工现场抽样复验，复验应为见证取样送检。

4）建筑节能工程使用的材料应符合国家现行有关标准对材料有害物质限量的规定，不得对室内外环境造成污染。

5）现场配制的材料如保温材料、聚合物砂浆等，应按设计要求或试验室给出的配合比配制。当未给出要求时，应按照施工方案和产品说明书配制。

6）节能保温材料在施工使用时的停水率应符合设计要求、工艺要求及施工技术方案要求。当无上述要求时，节能保温材料在施工使用时的含水率不应大于正常施工环境温度下的自然含水率，否则应采取降低含水率的措施。

7）外墙节能构造现场实体检验结果符合设计要求。

8）严寒、寒冷和夏热冬冷地区的外窗气密性现场实体检测结果合格。

9）建筑设备工程系统节能性能检测结果合格。

6. 市政道路、桥梁工程

（1）根据《城镇道路工程施工与质量验收规范》CJJ 1—2008，对市政道路工程检测的相关规定如下：

1）施工单位建立健全施工技术、质量、安全生产管理体系，制定各项施工管理制度，并贯彻执行。

2）工程采用的主要材料、半成品、成品、构配件、器具和设备应按相关专业质量标准进行进场检验和使用前复验。现场验收和复验结果应经监理工程师检查认可。凡涉及结构安全和使用功能的，监理工程师应按规定进行平行检测或见证取样检测，并确认合格。

3）参加工程施工质量验收的各方人员应具备相关规定的资格。

4）承担复验或检测的单位应为具有相应资质的独立第三方。

（2）根据《城市桥梁工程施工与质量验收规范》CJJ 2—2008，对市政桥梁工程检测的相关规定如下：

1）施工单位应建立健全质量保证体系和施工安全管理制度。

2）施工中应加强施工测量与试验工作，按规定作业，内业资料完整，经常复核，确保准确。

3）施工中应按合同文件规定的国家现行标准和设计文件的要求进行施工过程与成品质量控制，确保工程质量。

4）工程采用的主要材料、半成品、成品、构配件、器具和设备应按相关专业质量标准进行检验和按规定进行复验，并经监理工程师检查认可。凡涉及结构安全和使用功能的，监理工程师应按规定进行平行检测、见证取样检测并确认合格。

5）承担见证取样检测及有关结构安全检测的单位应具有相应资质。

（二）结构验收的程序与基本要求

（1）在施工单位完成施工内容，并自验合格的基础上，施工单位对将验收的施工内容进行自评。

（2）由施工单位报当地质量安全监督总站进行主体结构分部的实体检测报告。

（3）监理单位对验收部分检查工程资料和验收，并做出评估报告。

（4）由业主向当地质量安全监督总站提交结构验收审请表，申请进行主体结构工程的中间验收。

（5）在当地质质量安全监督总站的监督下，由总监理工程师或建设单位项目负责人组织勘察、设计单位及施工单位项目负责人、技术质量负责人按设计要求和有关施工验收规范要求共同进行验收。

（三）结构验收现场试验准备及方法

1. 地基与基础工程

（1）地基基础工程检测的基本概念

作为建筑物的地基（Foundation，Subgrade），现在主要有天然地基、人工地基（含复合地基）及桩基础。不同的地基所采用的检测方法也不尽相同。

地基基础作为建筑物（构筑物）的主要受力构件，它的受力机理概括起来有以下两方面：

1）强度及稳定性问题

当地基基础的抗剪强度不足以支承上部结构的自重及外荷载时，地基就会产生局部或整体剪切破坏。

它会影响建（构）筑物的正常使用，甚至引起开裂或破坏。承载力较低的地基基础容易产生承载力不足问题而导致工程事故。土的抗剪强度不足，除了会引起建筑物地基失效的问题外，还会引起其他一系列的岩土工程稳定问题，如边坡失稳、基坑失稳、挡土墙失稳、堤坝垮塌、隧道塌方等。

2）变形问题

当地基基础在上部结构的自重及外界荷载的作用下产生过大的变形时，会影响建（构）筑物的正常使用；当超过建筑物所能容许的不均匀沉降时，结构可能开裂。

高压缩性土的地基基础容易产生变形问题。一些特殊土地基在大气环境改变时，由于自身物理力学特性的变化而往往会在上部结构荷载不变的情况下产生一些附加变形，如湿陷性黄土遇水湿陷、膨胀土的遇水膨胀和失水干缩、冻土的冻胀和融沉、软土的扰动变形等。这些变形对建（构）筑物的安全都是不利的。

基于以上问题，对地基基础的强度及变形检测是非常重要的。

（2）地基基础工程检测的一般规定

1）地基

① 天然地基：凡是基础直接建造在未经加固的天然岩土层上时，这种地基称之为天然地基。作为建筑地基的岩土，可分为岩石、碎石或卵石土、砂土、粉土、黏性土和人工填土。

天然地基竣工后其强度或承载力必须达到设计要求的标准。检验数量：每单位工程不应少于 3 点，1000m² 以上工程，每 1000m² 至少应有 1 点，3000m² 以上工程，每 300m² 至少应有 1 点。每一独立基础下至少应有 1 点，基槽每 20 延米应有 1 点。

② 复合地基（Composite Ground）也是人工地基的一种，是指地基中部分土体被增强或置换形成增强体，由增强体和周围地基土共同承担荷载的地基。复合地基在我国（尤其是北方地区）得到大量的采用。按照增强体的材料强度，复合地基主要分为：

A. 散体材料桩：无桩身强度，如碎石或卵石桩、砂桩和矿渣桩。

B. 柔性桩：桩身强度小于 1MPa，变形模量小于 200MPa，主要包括土桩、灰土桩、石灰桩和强度较低的水泥土桩。

C. 半刚性桩：桩身强度在 1MPa 和 10MPa 之间，变形模量在 20～1000MPa 之间，主要包括强度较高的水泥土桩。

D. 刚性桩：桩身强度大于 10MPa，变形模量大于 1000MPa，主要包括 CFG 桩和各种混凝土桩。

复合地基其承载力检验，数量为总数量的 0.5%～1%，但不应少于 3 处。有单桩强度检验要求时，数量为总数的 0.5%～1%，但不应少于 3 根。

2）桩基础

① 工程桩应进行承载力检验。对于地基基础设计等级为甲级或地质条件复杂，成桩质量可靠性低的灌注桩，应采用静载荷试验的方法进行检验，检验桩数不应少于总数的1%，且不应小于3根，当总桩数小于50根时，不应少于2根。

② 桩身质量应进行检验。对设计等级为甲级或地质条件复杂，成桩质量可靠性低的灌注桩，抽检数量不应小于总数的30%，且不应少于20根；其他桩基工程的抽检数量不应小于总数的20%，且不应少于10根；对混凝土预制桩及地下水位以上且终孔后经过核验的灌注桩，检验数量不应小于总桩数的10%，且不得小于10根，每个柱子承台下不得少于1根。

（3）地基基础工程检测程序

检测机构遵循必要的检测工作程序，不但符合我国质量保证体系的基本要求，而且有利于检测工作开展的有序性和严谨性，使检测工作真正做到"管理第一、技术第一和服务第一"的最高宗旨。具体的检测程序如下。

1）接受委托。正式接受检测工作前，检测机构应获得委托方书面形式的委托函，以帮助了解工程概况，明确检测目的，同时也使即将开展的检测工作进入合法轨道。

2）调查、资料收集。为进一步明确委托方的具体要求和现场实施的可行性，了解施工工艺和施工中出现的异常情况，应尽可能收集相关的技术资料，必要时检测人员到现场踏勘，使检测工作做到有的放矢，提高检测质量。检测工作应收集的主要资料有：岩土工程勘察报告、设计施工资料、现场辅助条件情况（如道路、水、电等）及施工工艺等。

3）制定检测方案与前期准备。在上述两项准备就绪后，应着手制定检测方案，方案的主要内容应包括工程概况、地质概况、检测目的、检测依据、抽检原则、所需的机械或人工配合、检测采用的设备、试验周期等。

4）现场检测、数据分析与扩大验证

现场试验必须严格按照规范的要求进行，以便检测数据可靠、减少实验误差。当测试数据因外界因素干扰、人员操作失误或仪器设备故障影响而变得异常时，应及时查明原因并加以排除，然后重新组织检测，否则用不准确的测试数据进行分析，得出的结果必然不正确。

扩大验证是针对检测中出现的缺乏依据、无法或难以定论的情况所进行的同类方法或不同类方法的核验过程，以得到准确和可靠的数据。扩大验证不能盲目进行，应首先会同建设、设计、施工、监理等有关方分析和判断。然后再依据地质情况、设计及施工中的变异性险等因素合理确定，并经有关方认可。

5）检测结果评价和检测报告

① 桩身完整性检测结果评价，应给出每根受检桩的桩身完整性类别。桩身完整性分类应符合表 5-4 的规定。

桩身完整性分类表（JGJ 106—2014）　　　　　　　　　　表 5-4

桩身完整性类别	分类原则
Ⅰ类桩	桩身完整
Ⅱ类桩	桩身有轻微缺陷，不会影响桩身结构承载力的正常发挥
Ⅲ类桩	桩身有明显缺陷，对桩身结构承载力有影响
Ⅳ类桩	桩身存在严重缺陷

② 检测报告作为技术存档资料，检测报告首先应结论准确，用词规范，具有较强的可读性；其次是内容完整、精炼，其内容包括：

A. 委托方名称、工程名称、地点，建设、勘察、设计、施工和监理单位全称，基础、结构形式，层数，设计要求，检测目的、检测数量、检测日期，样品描述。

B. 地质条件描述。

C. 检测点数量、位置和相关施工记录。

D. 检测方法，检测仪器设备，检测过程描述。

E. 检测依据，实测与计算分析曲线、表格和汇总结果。

F. 与检测有关的结论。

（4）桩基础的检测

桩基础的检测目的及检测方法按表 5-5 进行。

检测目的及检测方法（JGJ 106—2014）

表 5-5

检测目的	检测方法
1. 确定单桩竖向抗压极限承载力； 2. 判定竖向抗压承载力是否满足设计要求； 3. 通过桩身应变、位移测试，测定桩侧、桩端阻力，验证高应变法的单桩竖向抗压承载力检测结果	单桩竖向抗压静载试验
1. 确定单桩竖向抗拔极限承载力； 2. 判定竖向抗拔承载力是否满足设计要求； 3. 通过桩身应变、位移测试，测定桩的抗拔侧阻力	单桩竖向抗拔静载试验
1. 确定单桩水平临界荷载和极限承载力，推定土抗力参数； 2. 判定水平承载力或水平位移是否满足设计要求； 3. 通过桩身应变、位移测试，测定桩身弯矩	单桩水平静载试验
检测灌注桩桩长、桩身混凝土强度、桩底沉渣厚度，判定或鉴别桩端持力层岩土性状，判定桩身完整性类别	钻芯法
检测桩身缺陷及其位置，判定桩身完整性类别	低应变法
1. 判定单桩竖向抗压承载力是否满足设计要求； 2. 检测桩身缺陷及其位置，判定桩身完整性类别； 3. 分析桩侧和桩端土阻力； 4. 进行打桩过程监控	高应变法
测灌注桩桩身缺陷及其位置，判定桩身完整性类别	声波透射法

1）单桩竖向抗压静载试验

① 试验目的：用于检测单桩的竖向抗压承载力。为设计提供依据，或对工程桩的承载力进行抽样检验和评价。

② 现场试验设备安装

A. 试验加载设备宜采用液压千斤顶。

B. 试验反力系统宜采用反力桩提供支座反力，反力桩可采用工程桩；也可根据现场情况，采用地基提供支座反力。反力架的承载力应具有 1.2 倍的安全系数，并符合下列规定：

a. 采用反力桩提供支座反力时，桩顶面应平整并具有足够的强度。

b. 采用地基提供反力时，施加于地基的压应力不宜超过地基承载力特征值的 1.5 倍，反力梁的支点重心应与支座中心重合。

c. 试桩、锚桩（压重平台支墩边）和基准桩之间的中心距离，应符合表5-6的规定。

中心距离（JGJ 106—2014）　　　　　　　　　　　　　　表5-6

反力装置	距离		
	试桩中心与锚桩中心（或压重平台支墩边）	试桩中心与基准桩中心	基准桩中心与锚桩中心（或压重平台支墩边）
锚桩横梁	≥4（3）D且>2.0m	≥4（3）D且>2.0m	≥4（3）D且>2.0m
压重平台	≥4（3）D且>2.0m	≥4（3）D且>2.0m	≥4（3）D且>2.0m
地锚装置	≥4D且>2.0m	≥4（3）D且>2.0m	≥4D且>2.0m

注：1. D为试桩、锚桩或地锚的设计直径或边宽，取其较大者；
　　2. 括号内数值可用于工程桩验收检测时多排桩设计桩中心距小于4D或压重平台支墩下2～3倍宽影响范围内的地基土已进行加固处理的情况。

③ 现场试验检测要求

A. 试验桩的尺寸、成桩工艺和质量控制标准应与工程桩一致。

B. 为安置沉降测点和仪表，试验桩桩顶宜高出试坑底面，试坑底面宜与桩承台底标高一致。

C. 从成桩到开始试验的间歇时间：在桩身强度达到设计要求的前提下，对于砂类土，不应小于10d；对于粉土和黏性土，不应小于15d；对于淤泥或淤泥质土，不应少于25d。

D. 根据现场条件，加载反力装置选择锚桩反力装置、压重平台反力装置、锚桩压重联合反力装置、地锚反力装置等。

E. 加载反力装置提供的反力不得小于最大加载值的1.2倍；加载反力装置的构件应满足承载力和变形的要求；应对锚桩的桩侧土阻力、钢筋、接头进行验算，并满足抗拔承载力的要求；工程桩作锚桩时，锚桩数量不宜小于4根，且应对锚桩上拔量进行监测。

④ 检测数据的统计及报告

A. 为设计提供依据的单桩竖向抗压极限承载力的统计取值，应符合下列规定：

a. 对参加算术平均的试验桩检测结果，当极差不超过平均值的30％时，可取其算术平均值为单桩竖向抗压极限承载力；当极差超过平均值的30％时，应分析原因，结合桩型、施工工艺、地基条件、基础形式等工程具体情况综合确定极限承载力；不能明确极差过大的原因时，宜增加试桩数量。

b. 试验桩数量小于3根或桩基承台下的桩数不大于3根时，应取低值。

B. 单桩竖向抗压承载力特征值应按单桩竖向抗压极限承载力的50％的取值。

C. 检测报告除包括本章节内的报告规定的内容外，还应包括下列内容：

a. 受检桩桩位对应的地质柱状图。

b. 受检桩和锚桩的尺寸、材料强度、配筋情况以及锚桩的数量。

c. 加载反力种类，堆载法应指明堆载重量，锚桩法应有反力梁布置平面图。

d. 加、卸载方法。

e. 承载力判定依据。

f. 当进行分层侧阻力和端阻力测试时，应包括传感器类型、安装位置，轴力计算方法，各级荷载作用下的桩身轴力曲线，各土层的桩侧极限侧阻力和桩端阻力。

2）单桩竖向抗拔静荷载试验

① 试验目的：确定单桩竖向抗拔极限承载力，判定竖向抗拔承载力是否满足设计要

求。通过桩身内力及变形测试，测定桩的抗拔摩阻力。

② 现场试验设备安装

A. 试验加载设备宜采用液压千斤顶。

B. 试验反力系统宜采用反力桩提供支座反力，反力桩可采用工程；也可根据现场情况，采用地基提供支座反力。反力架的承载力应具有 1.2 倍的安全系数，并应符合下列规定。

a. 采用反力桩提供支座反力时，桩顶面应平整并具有足够的强度；

b. 采用地基提供反力时，施加于地基的压应力不宜超过地基承载力特征值的 1.5 倍；反力梁的支点重心应与支座中心重合。

C. 试桩、支座和基准桩之间的中心距离，应符合表 5-6 的规定。

③ 现场试验检测要求

A. 对混凝土灌注桩、有接头的预制桩，宜在拔桩试验前采用低应变法检测受检桩的桩身完整性。为设计提供依据的抗拔灌注桩，施工时应进行成孔质量检测，桩身中、下部位出现明显扩径的桩，不宜作为抗拔试验桩；对有接头的预制桩，应复核接头强度。

B. 单桩竖向抗拔静载试验应采用慢速维持荷载法。

④ 检测数据的统计及报告

A. 单桩竖向抗拔承载力特征值应按单桩竖向抗拔极限承载力的 50% 取值。当工程桩不允许带裂缝工作时，应取桩开裂前的一级荷载作为单桩竖向抗拔承载力特征值，并与按极限荷载 50% 取值确定的承载力特征值相比，取低值。

B. 检测报告除包括本章节内的报告规定的内容外，还应包括下列内容：

a. 邻近受检桩桩位的代表性地质柱状图。

b. 受检桩尺寸（灌注桩宜标明孔径曲线）及配筋情况。

c. 加、卸载方法。

d. 承载和判定依据。

e. 当时行抗拔侧阻力测试时，应包括传感器类型、安装位置、轴力计算方法、各级荷载作用下的桩身轴力曲线，各土层的抗拔极限侧阻力。

3）钻芯法

钻芯法借鉴了地质勘探技术，在混凝土中钻取芯样，通过芯样表观质量和芯样试件抗压强度试验结果，综合评价混凝土的质量是否满足设计要求。

① 试验目的：检测混凝土灌注桩的桩长、桩身混凝土强度、桩底沉渣厚度和桩身完整性。

② 现场试验设备安装

A. 钻取芯样宜采用液压操纵的高速钻机；基桩桩身混凝土钻芯检测，应采用单动双管钻具钻取芯样。

B. 钻机设备安装必须周正、稳固、底座水平。钻机在钻芯过程中不得发生倾斜、移位，钻芯孔垂直度偏差不得大于 0.5%。

③ 现场试验检测要求

A. 每根受检桩的钻芯孔数和钻孔位置，应符合下列规定：

a. 桩径小于 1.2m 的桩的钻孔数量可为 1～2 个孔，桩径为 1.2～1.6m 的桩的钻孔数量宜为 2 个孔，桩径大于 1.6m 的桩的钻孔数量宜为 3 个孔；

b. 当钻芯孔为 1 个时，宜在距桩中心 10～15cm 的位置开孔；当钻芯孔为 2 个或 2 个以上时，开孔位置宜在距桩中心 $0.15D～0.25D$ 范围内均匀对称布置；

c. 对桩端持力层的钻探，每根受检桩不应少于 1 个孔。

B. 对桩身质量、桩底沉渣、桩端持力层进行验证检测时，受检桩的钻芯孔数可为 1 孔。

C. 钻取的芯样应按回次顺序放进芯样箱中，并根据钻进情况和钻进异常情况，对芯样质量进行初步描述，并对芯样混凝土，桩底沉渣以及桩端持力层详细记录。

D. 钻芯结束后，应对芯样和钻探标示牌的全貌进行拍照。

E. 当单桩质量评价满足设计要求时，应从钻芯孔底往上用水泥浆回灌封闭；当单桩质量评价不满足设计要求时，应封存钻芯孔，留待处理。

④ 检测数据的统计及报告

A. 每根受检桩混凝土芯样试件抗压强度的确定应符合下列规定：

a. 取一组 3 块试件强度值的平均值，作为该组混凝土芯样试件抗压强度检测值。

b. 同一受检桩同一深度部位有两组或两组以上混凝土芯样试件抗压强度检测值时，取其平均值作为该桩深度处混凝土芯样试件抗压强度检测值。

c. 取同一受检桩不同深度位置的混凝土芯样试件抗压强度检测值中的最小值，作为该桩混凝土芯样试件抗压强度检测值。

B. 桩身完整性类别应结合钻芯孔数、现场混凝土芯样特征、芯样试件抗压强度试验结果，按表 5-4 和表 5-7 所列特征进行综合判定。

桩身完整性判定（JGJ 106—2014）　　　　　　　　　　　　表 5-7

类别	特征		
	单孔	两孔	三孔
I	混凝土芯样连续、完整、胶结好，芯样侧表面光滑、骨料分布均匀，芯样呈长柱状、断口吻合		
	芯样侧表面仅见少量气孔	局部芯样侧表面有少量气孔、蜂窝麻面、沟槽，但在另一孔同一深度部位的芯样中未出现，否则应判为 II 类	局部芯样侧表面有少量气孔、蜂窝麻面、沟槽，但在三孔同一深度部位的芯样中未同时出现，否则应判为 II 类
II	混凝土芯样连续、完整、胶结好，芯样侧表面较光滑、骨料分布基本均匀，芯样呈柱状、断口基本吻合，有下列情况之一		
	① 局部芯样侧表面有蜂窝麻面、沟槽或较多气孔。② 芯样侧表面蜂窝麻面严重、沟槽连续或局部芯样骨料分布极不均匀，但对应部位的混凝土芯样试件抗压强度检测值满足设计要求，否则应判定为 III 类	① 芯样侧表面有较多气孔、严重蜂窝麻面、连续沟槽或局部混凝土芯样骨料分布不均匀，但在两孔同一深度部位的芯样中未同时出现。② 芯样侧表面有较多气孔、严重蜂窝麻面、连续沟槽或局部混凝土芯样骨料分布不均匀，且在另一孔同一深度部位的芯样中同时出现，但该深度部位的混凝土芯样试件抗压强度检测值满足设计要求，否则应判定为 III 类。③ 任一孔局部混凝土芯样破碎段长度不大于 10cm，且在另一孔同一深度部位的局部混凝土芯样的外观判定完整性类别为 I 类或 II 类，否则应判为 III 类或 IV 类	① 芯样侧表面有较多气孔、严重蜂窝麻面、连续沟槽或局部混凝土芯样骨料分布不均匀，但在三孔同一深度部位的芯样中未同时出现。② 芯样侧表面有较多气孔、严重蜂窝麻面、连续沟槽或局部混凝土芯样骨料分布不均匀，且在任两孔或三孔同一深度部位的芯样中同时出现，但该深度部位的混凝土芯样试件抗压强度检测值满足设计要求，否则应判定为 III 类。③ 任一孔局部混凝土芯样破碎段长度不大于 10cm，且在另两孔同一深度部位的局部混凝土芯样的外观判定完整性类别为 I 类或 II 类，否则应判为 III 类或 IV 类

续表

类别	特征		
	单孔	两孔	三孔
Ⅲ	大部分混凝土芯样胶结较好，无松散、夹泥现象，有下列情况之一		大部分混凝土芯样胶结较好。有下列情况之一
Ⅲ	① 芯样不连续、多呈短柱状或块状。 ② 局部混凝土芯样破碎段长度不大于 10cm	① 芯样不连续、多呈短柱状或块状。 ② 任一孔局部混凝土芯样破碎段长度大于 10cm 但不大于 20cm，且在另一孔同一深度部位的局部混凝土芯样的外观判定完整性类别为Ⅰ类或Ⅱ类，否则应判为Ⅳ类	① 芯样不连续、多呈短柱状或块状。 ② 任一孔局部混凝土芯样破碎段长度大于 10cm 但不大于 30cm，且在另两孔同一深度部位的局部混凝土芯样的外观判定完整性类别为Ⅰ类或Ⅱ类，否则应判定为Ⅳ类。 ③ 任一孔局部混凝土芯样松散段长度不大于 10cm，且在另两孔同一深度部位的局部混凝土芯样的外观判定完整性类别为Ⅰ类或Ⅱ类，否则应判定为Ⅳ类
Ⅳ	有下列情况之一		
Ⅳ	① 因混凝土胶结质量差而难以钻进。 ② 混凝土芯样任一段松散或夹泥。 ③ 局部混凝土芯样破碎长度大于 10cm	① 任一孔因混凝土胶结质量差而难以钻进。 ② 混凝土芯样任一段松散或夹泥。 ③ 任一孔局部混凝土芯样破碎长度大于 20cm。 ④ 两孔同一深度部位的混凝土芯样破碎	① 任一孔因混凝土胶结质量差而难以钻进。 ② 混凝土芯样任一段松散或夹泥段长度大于 10cm。 ③ 任一孔局部混凝土芯样破碎长度大于 30cm。 ④ 其中两孔在同深度部位的混凝土芯样破碎、松散或夹泥

注：当上一缺陷的底部位置标高与下一缺陷的顶部位置标高的高差小于 30cm 时，可认定两缺陷处于同一深度部位。

C. 成桩质量评价应按单根受检桩进行。当出现下列情况之一时，应判定该受检桩不满足设计要求：

a. 混凝土芯样试件抗压强度检测值小于混凝土设计强度等级。

b. 桩长、桩底沉渣厚度不满足设计要求。

c. 桩底持力层岩土性状（强度）或厚度不满足设计要求。

D. 检测报告除包括本章节内的报告规定的内容外，尚应包括下列内容：

a. 钻芯设备情况。

b. 检测桩数、钻孔数量、开孔位置，架空高度、混凝土芯进尺、岩心进尺、总进尺，混凝土试件组数、岩石试件个数、圆锥动力触探或标准贯入试验结果。

c. 编制每孔柱状图。

d. 芯样单轴抗压强度试验结果。

e. 芯样彩色照片。

f. 异常情况说明。

4）低应变法

低应变法属于快速普查桩的施工质量的一种半直接法。

① 试验目的：检测混凝土桩的桩身完整性，判定桩身缺陷的程度及位置。

② 现场试验检测要求

A. 受检桩应符合下列规定：

a. 桩头的材质、强度应与桩身相同，桩头的截面尺寸不宜与桩身有明显差异。

b. 桩顶面应平整、密实，并与桩轴线垂直。

B. 根据桩径大小，桩心对称布置 2～4 个安装传感器的检测点：实心桩的激振点应选择在桩中心，检测点宜在距桩中心 2/3 半径处；空心桩的激振点和检测点宜为桩壁厚的 1/2 处，激振点和检测点与桩中心连续形成的夹角宜为 90°。

C. 不同检测点及多次实测时域信号一致性较差时，应分析原因，增加检测点数量。

③ 检测数据的统计及报告

A. 桩身完整性类别应结合缺陷出现的深度、测试信号衰减特性以及设计桩型、成桩工艺、地基条件、施工情况，按表 5-4 和表 5-8 所列时域信号特征或幅频信号特征进行综合判定。

桩身完整性判定（JGJ 106—2014）　　　　　　表 5-8

类别	时域信号特征	幅频信号特征
Ⅰ	$2L/c$ 时刻前无缺陷反射波，有桩底反射波	桩底谐振峰排列基本等间距，其相邻频差 $\Delta f \approx c/2L$
Ⅱ	$2L/c$ 时刻前出现轻微缺陷反射波，有桩底反射波	桩底谐振峰排列基本等间距，其相邻频差 $\Delta f \approx c/2L$，轻微缺陷产生的谐振峰与桩底谐振峰之间的频差 $\Delta f' > c/2L$
Ⅲ	有明显缺陷反射波，其他特征介于Ⅱ类和Ⅳ类之间	
Ⅳ	$2L/c$ 时刻前出现严重缺陷反射波或周期性反射波，无桩底反射波；或因桩身浅部严重缺陷使波形呈现低频大振幅衰减振动，无桩底反射波	缺陷谐振峰排列基本等间距，相邻频差 $\Delta f' > c/2L$，无桩底谐振峰；或因桩身浅部严重缺陷只出现单一谐振峰，无桩底谐振峰

注：对同一场地、地基条件相近、桩型和成桩工艺相同的基桩，因桩端部分桩身阻抗与持力层阻抗相匹配导致实测信号无桩底反射波时，可按本场地同条件下有桩底反射波的其他桩实测信号判定桩身完整性类别。

B. 检测报告除包括本章节内的报告规定的内容外，尚应包括下列内容：

a. 桩身波速取值。

b. 桩身完整性描述、缺陷的位置及桩身完整性类别。

c. 时域信号时段所对应的桩身长度标尺、指数或线性放大的范围及倍数；或幅频信号曲线分析的频率范围、桩底或桩身缺陷对应的相邻谐振峰间的频差。

5）高应变法

① 试验目的：检测基桩的竖向抗压承载力和桩身完整性；监测预制桩打入时的桩身应力和锤击能量传递比，为选择沉桩工艺参数及桩长提供依据。

② 现场试验设备安装

A. 锤击设备可采用筒式柴油锤、液压锤、蒸汽锤等具有导向装置的打桩机械，但不得采用导标式柴油锤、振动锤。

B. 高应变检测专用锤击设备应具有稳固的导向装置。重锤应形状对称，高径（宽）比不得小于 1。

C. 当采取落锤上安装加速度传感器的方式实测锤击力时，重锤的高径（宽）比应为 1.0～1.5。

D. 采用高应变法进行承载力检测时，锤的重量与单桩竖向抗压承载力特征值的比值不得小于 0.02。

E. 当作为承载力检测的灌注桩桩径大于 600mm 或混凝土桩桩长大于 30m 时，尚应对桩径或桩长增加引起的桩—锤匹配能力下降进行补偿，在符合上一条规定的前提下进一步提高检测用锤的重量。

③ 现场试验检测要求

A. 桩顶面应平整，桩顶高度应满足锤击装置的要求，桩锤重心应与桩顶对中，锤击装置架立应垂直。

B. 对不能承受锤击的桩头应进行加固处理。

C. 桩头顶部应设置桩垫，桩垫可采用 10～30mm 厚的木板或胶合板等材料。

D. 交流供电的测试系统应接地良好，检测时测试系统应处于正常状态。

④ 检测数据的统计及报告

A. 检测承载力时选取锤击信号，宜取锤击能量较大的击次。

B. 出现下列情况之一时，应采用静载试验方法进一步验证：

a. 桩身存在缺陷，无法判定桩的竖向承载力。

b. 桩身缺陷对水平承载力有影响。

c. 触变效应的影响，预制桩在多次锤击下承载力下降。

d. 单击贯入度大，桩底同向反射强烈且反射峰较宽，侧阻力波、端阻力波反射弱，波形表现出的桩竖向承载形状明显与勘察报告中的地基条件不符合。

e. 嵌岩桩桩底同向反射强烈，且在时间 2L/c 后无明显端阻力反射；也可采用钻芯法核验。

C. 高应变检测报告应给出实测的力与速度信号曲线。

D. 检测报告除包括本章节内的报告规定的内容外，尚应包括下列内容：

a. 计算中实际采用的桩身波速值和 j_c 值。

b. 实测曲线拟合法所选用的各单元桩和土的模型参数、拟合曲线、土阻力沿桩身分布图；

c. 实测贯入度；

d. 试打桩和打桩监控所采用的桩锤型号、桩垫类型，以及监测到的锤击数、桩侧和桩端静阻力、桩身锤击拉应力和压应力、桩身完整性以及能量传递比随入土深度的变化。

6）声波透射法

① 一般规定

A. 试验目的：检测混凝土灌注桩的桩身完整性，判定桩身缺陷的位置、范围和程度。对于桩径小于 0.6m 的桩，不宜采用本方法进行桩身完整性检测。

B. 有以下情况之一时，不得采用此方法对整桩的桩身完整性进行评定：

a. 声测管未沿桩身通长配置。

b. 声测管堵塞导致检测数据不全。

c. 声测管埋设数量、位置应符合规范及设计的要求。

② 现场试验检测要求

A. 声测管应有足够的径向刚度，其材料、内径必须符合设计要求。

B. 声测管应下端封闭、上端加盖、管内无异物；声测管连接处应光顺过渡，管口应高出混凝土顶面 100mm 以上。

C. 浇灌混凝土前应将声测管有效固定。

D. 各声测管内注满清水，检查声测管畅通情况，使检测用的圆柱状径向换能器能在声测管全程范围内正常升降；

E. 声波发射与接收换能器应从桩底向上同步提升，声测线间距不应大于 100mm；提升过程中，应校核换能器的深度和校正换能器的高差，并确保测试波形的稳定性，提升速度不宜大于 0.5m/s；

③ 检测数据的统计及报告

A. 当因声测管倾斜导致声速数据有规律地偏高或偏低变化时，应先对管距进行合理修正，然后对数据进行统计分析。当实测数据明显偏离正常值而又无法进行合理修正时，检测数据不得作为评价桩身完整性的依据。

B. 桩身完整性类别应结合桩身缺陷处声测线的声学特征、缺陷的空间分布范围，按表 5-4 和表 5-9 所列特征进行综合判定。

桩身完整性判定（JGJ 106—2014）　　　　　　　　　　　　　**表 5-9**

类别	特征
I	所有声测线声学参数无异常，接收波形正常； 存在声学参数轻微异常、波形轻微畸变的异常声测线，异常声测线在任一检测剖面的任一区段内纵向不连续分布，且在任一深度横向分布的数量小于检测剖面数量的 50%
II	存在声学参数轻微异常、波形轻微畸变的异常声测线，异常声测线在一个或多个检测剖面的一个或多个区段内纵向连续分布，或在一个或多个深度横向分布的数量不小于检测剖面数量的 50%； 存在声学参数明显异常、波形明显畸变的异常声测线，异常声测线在任一检测剖面的任一区段内纵向不连续分布，且在任一深度横向分布的数量小于检测剖面数量的 50%
III	存在声学参数明显异常、波形明显畸变的异常声测线，异常声测线在一个或多个检测剖面的一个或多个区段内纵向不连续分布，但在任一深度横向分布的数量小于检测剖面数量的 50%； 存在声学参数明显异常、波形明显畸变的异常声测线，异常声测线在任一检测剖面的任一区段内纵向不连续分布，但在一个或多个深度横向分布的数量不小于检测剖面数量的 50%； 存在声学参数严重异常、波形严重畸变或声速低于低限值的异常声测线，异常声测线在任一检测剖面的任一区段内纵向不连续分布，且在任一深度横向分布的数量小于检测剖面数量的 50%
IV	存在声学参数明显异常、波形明显畸变的异常声测线，异常声测线在一个或多个检测剖面的一个或多个区段内纵向连续分布，且在一个或多个深度横向分布的数量不小于检测剖面数量的 50%； 存在声学参数严重异常、波形严重畸变或声速低于低限值的异常声测线，异常声测线在一个或多个检测剖面的一个或多个区段内纵向连续分布，或在一个或多个深度横向分布的数量不小于检测剖面数量的 50%

注：1. 完整性类别由 IV 类往 I 类依次判定。
　　2. 对于只有一个检测剖面的受检桩，桩身完整性判定应按该检测剖面代表桩全部横截面的情况对待。

C. 检测报告除包括本章节内的报告规定的内容外，尚应包括下列内容：

a. 声测管布置图及声测剖面编号。

b. 受检桩每个检测剖面声速—深度曲线、波幅—深度曲线，并将相应判据临界值所对应的标志线绘制于同一个坐标系。

c. 各检测剖面实测波列图。

d. 对加密测试、扇形扫测的有关情况说明。

e. 当对管距进行修正时，应注明进行管距修正的范围及方法。

（5）地基的检测

检测方法可选择平板载荷试验、标准贯入试验、圆锥动力触探试验、静力触探试验。

1）平板载荷试验

① 试验目的：通过一定面积的刚性承压板向地基逐级施加荷载，测定地基的沉降荷载的变化，确定地基土的承载能力和变形特征。

平板载荷试验可分为浅层平板载荷试验、深层平板载荷试验和岩基载荷试验。

A. 浅层平板载荷试验：适用于埋深在 3.0m 以内和地下水位以上地表浅层地基地（包括各种填土和碎石或卵石土）。

B. 深层平板载荷试验：适用于埋深不小于 3.0m 和地下水位以上的地基土。

C. 岩基载荷试验：适用于不同深度的完整、较完整、较破碎基岩作为天然地基或桩基础。

② 现场试验检测要求

A. 浅层平板载荷试验。

a. 承压板面积不应小于 $0.25m^2$，对于软土不应小于 $0.5m^2$。在同一条件下每个场地检测不应少于 3 点。

b. 试验基坑宽度不应小于承压板宽度或直径的 3 倍。应保持试验土层的原状结构和天然湿度。宜在拟试压表面用粗砂或中砂层找平，其厚度不超过 20mm。

c. 试验现场须保证 220V 照明电源，临时停电应预先通知。

d. 加载反力装置根据现场条件可以有压重平台反力装置、地锚反力装置等。提供的反力不得小于最大加载量的 1.2 倍；压重宜在检测前一次加足，并均匀稳固地放置于平台上；压重施加于地基的压应力不宜大于地基承载力特征值的 1.5 倍。

e. 每一地基试验点位置必须保证施工道路畅通，运输道路保证 4m 以上，作业区道路保证 6m 以上，试桩周边 10m 之内无障碍物，上空无高压电线、电缆，地下无各种有效市政管线。检测时现场不得有重型机械、汽车、拖拉机、打桩机或其他非不可抗拒因素造成的较强振动。

B. 深层平板载荷试验：

a. 深层平板载荷试验的承压板采用直径为 0.8m 的刚性板，紧靠承压板周围外侧的土层高度应不少于 80cm。

b. 试验位置要开挖至基底标高，场地平整，满足试验条件；加强护壁应达到强度的 75%，方可进行试验检测；试验现场须保证 220V 电源畅通；提供桩位平面位置图、桩施工方案及地质勘察报告；确保现场设备安全进出场。

c. 加荷等级可按预估极限承载力的 1/15～1/10 分级施加。

d. 每级加荷后，第一个 h 内按间隔 10min、10min、10min、15min、15min，以后为每隔 0.5h 测读一次沉降。当连续 2h 内，每 h 的沉降量小于 0.1mm 时，则认为已趋稳定，可加下一级荷载。

e. 同一土层参加统计的试验点不应少于三点，当试验实测值的极差不超过平均值的 30% 时，取此平均值作为该土层的地基承载力特征值 f_{ak}。

C. 岩基载荷试验：

a. 采用圆形刚性承压板，直径为 300mm。当岩石埋藏深度较大时，可采用钢筋混凝土桩，但桩周需采取措施以消除桩身与土之间的摩擦力。

b. 试验位置要开挖至基底标高，场地平整，满足试验条件；加强护壁应达到强度的 75%，方可进行试验检测；试验现场须保证 220V 电源畅通；提供桩位平面位置图、桩施工方案及地质勘察报告；确保现场设备安全进出场。

c. 测量系统的初始稳定读数观测：加压前，每隔 10min 读数一次，连续三次读数不变可开始试验。

d. 加载方式：单循环加载，荷载逐级递增直到破坏，然后分级卸载。

e. 沉降量测读：加载后立即读数，以后每 10min 读数一次。

f. 稳定标准：连续三次读数之差均不大于 0.01mm。

g. 每个场地载荷试验的数量不应少于 3 个，取最小值作为岩石地基承载力特征值。

③ 检测数据的统计及报告

A. 浅层平板载荷试验

a. 当出现下列情况之一时，即可终止加载：

第一，承压板周围的土明显地侧向挤出。第二，沉降 s 急骤增大，荷载—沉降（p—s）曲线出现现陡降段。第三，在某一级荷载下，24h 内沉降速率不能达到稳定。第四，沉降量与承压板宽度或直径之比不小于 0.06。

当满足前三种情况之一时，其对应的前一级荷载定为极限荷载。

b. 作为持力层承载力检测结果的评价，应给出每个试验点的承载力检测值，并据此给出单位工程同一条件下的地基土承载力特征值是否满足设计要求的结论。

B. 深层平板载荷试验

a. 当出现下列情况之一时，可终止加载：

第一，沉降 s 急骤增大，荷载—沉降（p—s）曲线上有可判定极限承载力的陡降段，且沉降量超过 $0.04d$（d 为承压板直径）。第二，在某级荷载下，24h 内沉降速率不能达到稳定。第三，本级沉降量大于前一级沉降量的 5 倍。第四，当持力层土层坚硬，沉降量很小时，最大加载量不小于设计要求的 2 倍。

b. 承载力特征值的确定应符合下列规定：

第一，当 p—s 曲线上有比例界限时，取该比例界限所对应的荷载值。第二，满足终止加载条件前三项之一时，其对应的前一级荷载定为级限荷载，当该值小于对应比例界限的荷载值的 2 倍时，取极限荷载值的一半。第三，不能按上述二款要求确定时，可取 $s/d=0.01\sim0.015$ 所对应的荷载值，但其值不应大于最大加载量的一半。

C. 岩基载荷试验：

a. 终止加载条件：当出现下述现象之一时，即可终止加载：

第一，沉降量读数不断变化，在 24h 内，沉降速率有增大的趋势。第二，压力加不上或勉强加上而不能保持稳定。

注：若限于加载能力，荷载也应增加到不少于设计要求的 2 倍。

b. 卸载观测，每级卸载为加载时的两倍，如为奇数，第一级可分为 3 倍。每级卸载后，隔 10min 测读一次，测读三次后可卸下一级荷载。全部卸载后，当测读值 0.5h 回弹量小于 0.01mm 时，即认为稳定。

c. 岩石地基承载力的确定：

第一，对应于 $p—s$ 曲线上起始直线段的终点为比例界限。第二，符合终止加载条件的前一级荷载为极限荷载。第三，将极限荷载除以 3 的安全系数。所得值与对应于比例界限的荷载相比较，取小值。第四，岩石地基承载力不进行深宽修正。

D. 检测报告除包括本章节内的报告规定的内容外，尚应包括下列内容：

a. 受检地基土的位置和相关施工记录。

b. 检测方法，检测仪器、设备，检测过程叙述。

c. 受检桩的检测数据，实测与计算分析曲线、表格和汇总结果。

d. 与检测内容相应的检测结论。

e. 检测报告应结论准确、用词规范。

2）标准贯入试验

① 试验目的：用于砂土、粉土、黏性土、强风化岩或残积土的密实度、状态、强度、变形参数、地基承载力、砂土和粉土的液化等的评价。

② 现场试验检测要求

A. 试验钻孔应符合以下要求：

a. 钻孔采用回转钻进，钻孔垂直度应符合钻探规程的规定，孔径宜为 76～150mm。

b. 钻具钻进至试验深度以上 15cm 时，停止钻进，清除孔底残土，残土厚度不得超过 5cm，清孔应避免孔底以下土层被扰动。

c. 当在地下水位以下的土层中试验时，应保持孔内水位高于地下水位；当孔壁不稳定时应采用泥浆或套管护壁；采用套管时，套管不应推进至试验范围内。

B. 孔口宜采取导向措施；贯入器应平衡放至孔底，严禁冲击或压入孔底。

C. 试验必须采用自动落锤装置，并保持钻杆垂直，避免摇晃。

D. 试验时先预打 15cm（包括贯入器在其自重下的初始贯入量），然后开始试验锤击。

③ 检测数据的统计及报告

A. 记录每贯入 10cm 的锤击数，累计记录贯入 30cm 的锤击数为标准贯入试验锤击数（简称标贯击数）N。

B. 当锤击数超过 50 击，而贯入深度未达到 30cm 时，可终止试验，记录实际贯入深度，按式 5-1 换算成相应于贯入 30cm 的标贯击数 N。

C. 当在一次试验的 30cm 贯入深度内有不同地层时，可根据各层击数和贯入量按式 5-1 分别计算其 N 值。

$$N = \frac{30n}{\Delta s} \qquad\qquad 式 5\text{-}1$$

式中　Δs——实际的贯入深度（cm）；

　　　n——贯入 Δs 深度的锤击数（击）。

D. 每一深度的试验锤击过程不应有中间停顿，如因故发生中间停止，应在记录中注明原因和停止间歇时间。

E. 试验结束提出贯入器后，应打开对开管，对土样进行鉴别和描述，并根据需要采取扰动土试样。

F. 检测报告除包括本章节内的报告规定的内容外，尚应包括以下内容：

a. 钻杆长度、贯入起止深度，每贯入10cm的击数和30cm的累计击数，土的描述和样品编号等。

b. 绘制标贯击数N与试验深度h的关系曲线，或按规定图例标示在工程地质剖面图和柱状图上。当试验在全孔中进行，且试验点间距为1~3m时，宜绘制N—h曲线。

3) 动力触探试验

① 试验目的：判定一般黏性土、砂类土、碎石或卵石类土、极软岩层的物理力学特性。

A. 轻型动力触探可用于评价一般黏性土、砂类土和素填土的地基承载力。

B. 重型和超重型动力触探可用于评价砂类土、碎石或卵石类土、极软岩的地基承载力及测定砾石土、卵（碎）石土的变形模量。

② 现场试验检测要求

A. 动力触探试验孔数应结合场地大小和场地地基的均匀程度确定，同一场地主要岩土单元的有效测试数据不应小于3孔位。

B. 轻型动力触探试验应符合下列规定：

a. 试验标准贯入量为30cm，落锤应按标准落距自由下落，记录每贯入10cm的锤击数；累计记录贯入30cm的锤击数$N10$。

b. 试验应先用钻探设备钻至试验土层的顶面以上0.3m处，然后进行连续贯入试验。

c. 当贯入30cm的击数超过100击或贯入15cm的击数超过50击时，可终止试验。

C. 重型、超重型动力触探试验应符合下列规定：

a. 重型和超重型动力触探的标准贯入量均为10cm，落锤应按标准落距自由下落，记录标准贯入量锤击数$N63.5$、$N120$。

b. 试验时锤击频率应控制在15~30击/min，试验应保持连续贯入。

c. 试验过程中应防止落锤偏心和探杆的侧向晃动，并保持探头的垂直贯入。

d. 遇地层松软无法按标准贯入量记录试验锤击数时，可记录每阵击数N（一般为1~5击）的贯入量Δs，然后再换算为标准贯入量锤击数。

e. 重型动力触探实测锤击数连续3次大于50击时，即可停止试验；当需继续试验时，应改用超重型动力触探。当超重型动力触探实测击数小于2时，应改用重型动力触探进行试验。

f. 在钻孔中分段进行触探时，应先钻探至试验土层的顶面以上1.0m处，然后再开始贯入试验。

g. 重型动力触探试验深度超过15cm、超重型动力触探试验深度超过20m时，应注意触探杆的侧摩阻力对试验结果产生的影响。

③ 检测数据的统计及报告

A. 动力触探试验结果的统计分析应符合下列要求：

a. 在各试验岩土层有效厚度范围内，应剔除少数因试验土层不匀凸显的试验高值和其他异常试验数据，以确定参与统计分析的有效试验数据。剔除数量不宜超过有效厚度内试验数据的 10%。

b. 统计分析秘层有效厚度以内的有效试验数据，应以算术平均值 $N63.5$ 作为单孔试验分层的动力触探试验代表值，同时依据统计分析结果判别试验数据的离散变异性。

c. 当试验数据偏差或离散性较大时，应同时采用多孔试验资料及其他勘探资料综合分析确定单孔分层试验代表值。

d. 同一场地取得的有效数据，应按相应的置信标准统计分析各岩土单元的试验结果，以确定试验岩土层的工程特性。

B. 动力触探记录应在现场初步整理，校核实测击数和试验贯入深度。

C. 检测报告除包括本章节内的报告规定的内容外，尚应包括：

a. 每贯入 30cm 的累计击数，地层名称。

b. 试验地点平面图。

c. 试验结果评定。

4）静力触探试验

① 试验目的：用于软土、黏性土、粉土、砂类土及含少量碎石或卵石土层，划分土层界面、土类定名、确定地基承载力和单桩极限荷载、判定地基土液化可能性及测定地基土的物理学参数等。

② 现场试验检测要求

A. 对场地进行平整，先在触探试验点两旁的地上用铁锹，挖出一个能使地锚放入、深 30cm 的坑。

B. 电缆应按探杆连接顺序一次穿齐，其长度 L 可按式 5-2 估算：

$$L > n(l+0.2)+7 \qquad\qquad 式 5\text{-}2$$

式中　l——每根探杆（含接头）长度（m）；

　　　n——探杆根数。

C. 在地下水埋藏较深的地区进行孔压触探，应使用外径不小于孔压探头的单桥或双桥探头开孔至地下水位以下后，向孔内注满水，再换用孔压探头触探。

D. 试验过程中，不得松动、碰撞探杆，也不得施加使探杆上、下位移的力。

E. 孔压消散试验孔所在场区的地下水位未知或不明确时，至少应有一孔做到孔压消散达稳定值为止。

F. 探头拔出地面后，应及时清洗、检查。进行下一孔触探时，孔压探头的过滤片和应变腔应重新进行脱气处理。

G. 起拔探杆、探头完成后，利用手扶油压马达下锚器反向转动把地锚起出地面，对场地进行恢复。

③ 检测数据的统计及报告

A. 当测试中出现下列情况，应停止贯入并在记录中注明：

a. 达到预期贯入深度。

b. 静力触探机负荷达到额定荷载 120%，或探头负荷达到额定荷载。

c. 测量设备或测量系统异常，可能出现受损。

B. 检测报告除包括本章节内的报告规定的内容外，尚应包括：

a. 地层名称、岩性简述。

b. 静力触探试验成果图（P_s—h 关系曲线图）。

2. 混凝土结构工程

（1）混凝土强度试件取样频率

1）现场搅拌混凝土。用于检查结构构件混凝土强度的试件，应在混凝土的浇筑点随机取样，取样与试件留置应符合下列规定：

① 每拌制 100 盘且不超过 100m³ 的同配合比混凝土，取样不得少于一次。

② 每工作班拌制的同一配合比的混凝土不足 100 盘时，取样不得少于一次。

③ 当一次连续浇筑超过 1000m³ 时，同一配合比混凝土每 200m³ 的不得少于一次。

④ 每一楼层、同一配合比的混凝土，取样不得少于一次。

⑤ 每次取样应至少留置一组标准养护试件，同条件养护试件的留置组数应根据实际需要确定。

⑥ 喷射混凝土抗压强度系指在喷射混凝土板件上，切割制取边长为 100mm 的立方体试件，在标准养护条件下养护 28d，用标准试验方法测得的极限抗压强度，乘以 0.95 的系数。其他工程，每喷射 50～100m³ 混合料或小于 50m³ 混合料的独立工程，不得少于 1 组。材料或配合比变更时需重新制取试件。

2）预拌（商品）混凝土。对于预拌的混凝土取样检验不得少于一次，当一个工作班相同配合比的混凝土不足 100m³，也不得少于一次。

3）抗渗混凝土。防水混凝土的抗渗性能，应采用标准条件下养护混凝土抗渗试件的结果评定，试件应在浇筑地点制作。

① 地下工作连续浇筑混凝土每 500m³ 应留置一组抗渗试件（6 个抗渗试块），且每项工程不得小于两组，采用预拌混凝土的抗渗试件，留置组数应视结构的规模和要求而定。

② 普通工程有抗渗要求的混凝土结构，同一工程、同配合比的混凝土，取样不应少于 1 次，留置组数可根据需要而定。

4）道路混凝土

① 道路混凝土抗折强度试验用试样的采取批量，每工作班或每 200m³ 混合料制备试块 2 组，每组 3 个试块。

② 道路混凝土制作抗压强度试块拌合物的采取批量，浇筑一般体积的结构物（如基础、墩台等）时，每单元结构物应制取 2 组试块。

5）隧道喷射混凝土每 10 延长米至少应在拱脚和边墙各制取 1 组试块。

6）每天或铺筑 200m³ 混凝土（机场 400m³），应同时制作两组试块，龄期应分别为 7d 或 28d；每铺筑 1000～2000m³ 混凝土应增做一组试块，用于检查后期强度，龄期不应小于 90d。

7）建筑地面水泥混凝土的组数，按每一层（或检验批）建筑地面工程不应少于 1 组。当每一层（或检验批）建筑地面工程面积大于 1000m² 时，每增加 1000m² 应增做 1 组试块。小于 1000m² 按 1000m² 计算。当改变配合比时，亦应制作相应地试块组数。

8）应根据施工需要，另制取几组与结构物同条件养护的试块，作为拆模、吊装、张拉预应力承受荷载等施工阶段的强度依据。路面用混凝土应用正在摊铺的混凝土拌合物制作试块，试块的养护条件与现场混凝土板养护相同。

（2）混凝土取样数量

1）普通混凝土立方体抗压强度和劈裂抗拉强度试块为立方体试块，试块尺寸按表5-10规定采用，每组3块。

普通混凝土立方体取样数量 表 5-10

试块尺寸（mm）	骨料最大颗粒直径（mm）	
	劈裂抗拉强度试验	其他试验
100×100×100 非标准试块	20	31.5
150×150×150 标准试块	40	40
200×200×200 非标准试块	—	63

当混凝土强度等级＜C60 时，混凝土抗压强度采用非标准试块 100mm×100mm×100mm 和 200mm×200mm×200mm 立方体试块确定强度时，必须将其抗压强度分别乘以系数 0.95 和 1.05，将其折算成标准试块的抗压强度值。劈裂抗拉强度采用 100mm×100mm×100mm 非标准试件测得的劈裂抗拉强度值，应乘以尺寸换算系数 0.85。

2）抗冻试块的标准尺寸 100mm×100mm×100mm，每组3块。留置数量，见表5-11要求。

抗冻试块留置数量 表 5-11

设计抗冻等级	D25	D50	D100	D150	D200	D250	D300	D300 以上
检查强度所需冻融次数	25	50	50 及 100	100 及 150	150 及 200	200 及 250	250 及 300	300 及设计次数
鉴定 28d 强度所需试件组数	1	1	1	1	1	1	1	1
冻融试件组数	1	1	2	2	2	2	2	2
对比试件组数	1	1	2	2	2	2	2	2
总计试件组数	3	3	5	5	5	5	5	5

3）普通混凝土抗折（即弯曲抗拉）试验，采用 150mm×150mm×600mm（或550mm）作为标准试块，100mm×100mm×400mm 作为非标准试块，每组3块。当试件尺寸为 100mm×100mm×400mm 非标准试件时，应乘以尺寸换算系数 0.85。

4）轴心抗压强度和静力受压弹性模量试件，采用 150mm×150mm×300mm 的棱柱体试件作为标准试块，100mm×100mm×300mm 和 200mm×200mm×400mm 的棱柱体试件是非标准试块，轴心抗压混凝土试块为每组3块，静力受压弹性模量试块为每组6块。

当轴心抗压混凝土强度等级＜C60 时，采用非标准试件测得的强度值均应乘以换算系数，其值为对 200mm×100mm×400mm 试件取 1.05；对 100mm×100mm×300mm 的试件取 0.95。

5）普通混凝土抗渗性能试验试块采用顶面直径（D_1）为 175mm，底面直径（D_2）为 185mm，高度（h）为 150mm 的圆柱体试块，每组6块。

6）轻骨料混凝土试验要求，见表 5-12 要求。

轻骨料混凝土试验项目　　　　　　　　　　　表 5-12

试验项目	标准试块尺寸（mm）	每组块数
抗压强度	150×150×150	3
干表观密度	150×150×150 或 20～30 以下的小块	3
吸水率和软化系数	100×100×100 150×150×150	12 6
线膨胀系数	100×100×300	3
导热系数	200×200×（20～30） 200×200×（60～100）	1 2

（3）取样方法

1）普通混凝土，同一组混凝土拌合物的取样应从同一盘混凝土或同车混凝土中取样。取样应具有代表性，宜采用多次采样的方法。一般在同盘混凝土或同一车混凝土中的约 1/4 处、1/2 处和 3/4 处之间分别取样，从第一次取样到最后一次取样不宜超过 15min，然后人工搅拌均匀，从取样完毕到开始做各项性能试验不宜超过 5min。

2）检查结构构件混凝土质量的试块，应在混凝土的浇筑地点随机取样制作。

3）预拌混凝土，用于交货检验的混凝土试样应在交货地点采取。用于出厂检验的混凝土试样应在搅拌地点采取。

（4）混凝土拌合性能测试、试块成型方法以及养护方法

1）混凝土坍落度测试方法

① 润湿坍落度筒及底板，但不能有明水。底板应放置在坚实水平面上，并把筒放在底板中心，然后用脚踩住两边的脚踏板，坍落度筒在装料时应保持固定的位置。

② 按要求取得的混凝土试样用小铲分三层均匀地装入筒内，使捣实后每层高度为筒高的 1/3 左右。每层用捣棒插捣 25 次，插捣应沿螺旋方向由外向中心进行，各次插捣应在截面上均匀分布。插捣筒边混凝土时，捣棒可以稍稍倾斜，插捣底层时，捣棒应贯穿整个深度，插捣第二层和顶层时，捣棒应插透本层至下一层的表面。浇灌顶层时，混凝土应灌到高出筒口。插捣过程中，如混凝土沉落到低于筒口，则应随时添加。顶层插捣完后，刮去多余的混凝土，并且抹刀抹平。

③ 清除筒边底板上的混凝土后，垂直平衡地提起坍落度筒。坍落度筒的提离过程应在 5～10s 内完成，从开始装料到提坍落度筒的整个过程应不间断地进行，并应在 150s 内完成。

④ 提起坍落度筒后，测量筒高与坍落后混凝土试体最高点之间的高度差，该混凝土拌合物的坍落度值；坍落度筒提离后，如混凝土发生崩坍或一边剪坏现象，则表示该混凝土和易性不好，应予记录备查。

⑤ 观察坍落后的混凝土试体的黏聚性和保水性。黏聚性的检查方法是用振捣棒在已坍落的混凝土锥体侧面轻轻敲打，此时如果锥体逐渐下沉，则表示黏聚性良好，如果锥体倒塌、部分崩裂或出现离析现象，则表示黏聚性不好。保水性以混凝土拌合物稀浆析出的程度来评定，坍落度筒提起后如有较多的稀浆从底部析出，锥体部分的混凝土也因失浆而

骨料外露，则表明混凝土拌合物的保水性能不好，如坍落度筒提起后无稀浆或仅有少量稀浆自底部析出，则表示此混凝土拌合物保水性良好。

⑥ 最大直径和最小直径，在这两个直径之差小于 50mm 的条件下用其算术平均值作为坍落扩展度值；否则，此次试验无效。如果发现粗骨料在中央集堆或边缘有水泥浆析出，表示此混凝土拌合物抗离析性不好。

⑦ 混凝土拌合物坍落度和坍落扩展度值以 mm 为单位，测量精确到 1mm，结果修约至 5mm。

2）自密实混凝土拌合物工作性能的试验方法

① 坍落扩展度、T500 流动时间试验方法。坍落扩展度、T500 流动时间试验所用主要仪器为混凝土坍落度筒。试验步骤如下：

A. 润湿底板和坍落度筒，在坍落度内壁和底板上应无明水；底板应旋转在坚实的水平面上，并把筒放在底板中心，然后用脚踩住两边的脚踏板，坍落度筒在装料时应保持在固定的位置。

B. 用铲子将混凝土加入到坍落度筒中，每次加入量为坍落度筒体积的 1/3，中间间隔 30s，不用振捣，加满后用抹刀抹平。将底盘坍落度筒周围多余的混凝土清除。

C. 垂直平稳地提起坍落度筒，使混凝土自由流出。坍落度筒的提离过程应在 5s 内完成；从开始装料到提离坍落度筒的整个过程应不间断地进行，并应在 150s 内完成。

D. 自提离坍落度筒开始立即读表并记录混凝土扩散至 500mm 圆圈所需要的时间（T500 单位：s）。

E. 用钢尺测量混凝土扩展后最终的扩展直径，测量在相互垂直的两个方向上进行，并计算两个所测直径的平均值（单位：mm）。

F. 最终坍落后的混凝土的状况，如发现粗骨料在中央堆积或最终扩展后的混凝土边缘有较多水泥浆析出，表示此混凝土拌合物抗离析性不好。

② L 型仪试验方法。L 型仪用硬质不吸水材料制成。试验步骤如下：

A. 将仪器水平放在地面上，保证活动门可以自由地开关。

B. 润湿仪器内表面，清除多余的水。

C. 用混凝土将 L 型仪前槽填满。

D. 静默 1min 后，迅速提起活动门使混凝土拌合物流进水平部分。

E. 混凝土拌合物停止流动后，测量并记录 "H1"、"H2"。

③ U 型试验方法。U 型仪用硬质不吸水材料制成的槽子。试验步骤如下：

A. 将仪器水平放在地面上，保证活动门可以自由开关。

B. 润湿仪器内表面，清除多余的水。

C. 用混凝土将 U 型仪前槽填满，并抹平。

E. 静默 1min 后，提起闸板使混凝土流进后槽。

E. 当混凝土停止流动后，分别测量前后槽混凝土高度 h_1、h_2，计算 $\Delta h = h_1 - h_2$，得填充高度差。

F. 整个试验在 5min 内完成。

④ 拌合物稳定性跳桌试验方法。拌合物稳定性检验筒用硬质、光滑、平整的金属板

制成。试验步骤如下：

A. 将自密实混凝土拌合物用料斗装入稳定性检测筒内，平至料斗口，垂直移走料斗，静置 1min，用抹刀将多余的拌合物除去并抹平，要轻抹，不允许压抹。

B. 将稳定性检测筒放置在跳桌上，每秒钟跳动一次摇柄，使跳桌跳动 25 次；

C. 分节拆除稳定检测筒，并将每节筒内拌合物装入孔径为 5mm 的圆孔筛子中，用清水冲洗拌合物，筛除浆体和细骨料，将剩余的粗骨料用海绵拭干表面的水分，用天平称其质量，分别得到上、中、下三段拌合物中粗骨料的湿重 m_1、m_2、m_3。按下式计算粗骨料振动离析率：

$$f_m = (m_3 - m_2)/\overline{m} \times 100\%$$ 式 5-3

式中　$\overline{m}$——为三段混凝土拌合物中湿骨料质量的平均值。

3）混凝土试件的制作和养护

① 成型前，应将试模内表面涂一薄层矿物油或其他不与混凝土发生反应的隔离剂。

② 取样或试验室拌制的混凝土应在拌制后最短的时间内成型，一般不宜超过 15min。

③ 取样或拌制好的混凝土拌合物应至少用铁铲再来回拌合三次。

④ 不同成型方法的成型

A. 用振动台制作：将混凝土拌合物一次装入试模，装料时应用抹刀沿各试模壁插捣，并使混凝土拌合物高出试模口；试模应附着或固定在振动台上，振动时试模不得有任何跳动，振动应持续到表面出浆为止，不得过振。

B. 用人工插捣制作：混凝土拌合物分两层装入模内，每层的装料厚度大致相等；插捣时应按螺旋方向、从边缘向中心均匀进行。在插捣底层混凝土时，捣棒应达到试模底部；插捣上层时，捣棒应贯穿上层后插入下层 20mm，插捣时保持垂直，不得倾斜。然后应用抹刀沿试模内壁插拔数次；每层插捣次数按在 10000mm² 截面积内不得少于 12 次；插捣后应用橡皮锤轻轻敲击试模四周，直到插捣棒留下的空洞消失为止；刮除试模上口多余的混凝土，待混凝土临近初凝时，用抹刀抹平。

4）养护

① 采用标准养护的试件应在温度为 20±5℃ 的温度环境下停置一昼夜至两昼夜，然后编号、拆模。拆模后应立即放入温度为 20±2℃、相对湿度为 95% 以上的标准养护室中养护。

② 同条件养护试件的拆模时间可与实际构件的拆模时间相同，拆模后，试件仍需同条件养护，用于结构实体检测的试件应作好养护平均温度记录。

（5）混凝土结构实体检验方法

对涉及混凝土结构安全的重要部位应进行结构实体检验。结构实体检验应在监理工程师见证下，由施工项目技术负责人组织实施。结构实体检验的内容包括混凝土强度、钢筋保护层厚度以及工程合同约定的项目。

1）钢筋保护层厚度检验

① 检测目的：检测混凝土结构内部钢筋位置和钢筋保护层厚度。

② 现场试验检验要求：

A. 钢筋保护层厚度检验的结构部位和构件数量，应符合下列要求：

　　a. 钢筋保护层厚度检验的结构部位，应由监理（建设）、施工等各方根据结构构件的重要性共同选定。

　　b. 对梁、板类构件，应各抽取构件数量的 2％且不少于 5 个构件进行检验；当有悬挑构件时，抽取的构件中悬挑梁类、板类所占比例均不宜小于 50％。

　　B. 钢筋保护层厚度检验的测区、测点的布置。

　　a. 对选定的梁类构件，应对全部纵向受力钢筋的保护层厚度进行检验。

　　b. 对选定的板类构件，应抽取不少于 6 根纵向受力钢筋的保护层厚度进行检验；对每根钢筋，应在有代表性的部位测量 1 点。

　　c. 在测定钢筋保护层厚度时须标记检测范围内设计间距相同的连续钢筋轴线位置，连续量测构件钢筋的间距。

　　C. 当遇到下列情况之一时，应选取不少于 30％的已测钢筋且不应少于 6 处（当试样检测数量不到 6 处时全部选取），采用钻孔、剔凿等方法验证，并填写相应的记录表：

　　a. 认为相邻钢筋对检测结果有影响时。

　　b. 钢筋公称直径未知或有异议。

　　c. 钢筋实际根数、位置与设计有较大偏差。

　　d. 钢筋以及混凝土材质与校准试件有显著差异。

　　③ 检测数据的统计评定及报告

　　A. 钢筋保护层厚度检验时，纵向受力钢筋保护层厚度的允许偏差，对梁类构件为 $+10mm$，$-7mm$；板类构件允许偏差为 $+8mm$，$-5mm$。

　　B. 对梁类、板类构件纵向受力钢筋的保护层厚度应分别进行验收。

　　结构实体钢筋保护层厚度验收合格应符合下列规定：

　　a. 当全部钢筋保护层厚度检验的合格率为 90％及以上时，钢筋保护层厚度的检验结果应判为合格。

　　b. 当全部钢筋保护层厚度检验的合格率小于 90％但不小于 80％，可再抽取相同数量的构件进行检验；当按两次抽样总和计算的合格点率为 90％及以上时，钢筋保护层厚度的检验结果仍应判为合格。

　　c. 每次抽样检验结果中不合格点的最大偏差均不应大于规定允许偏差的 1.5 倍。

　　C. 检测报告应包括：

　　a. 设计、建设监理单位。

　　b. 工程概况、结构类型、建筑面积。

　　c. 相应的钢筋设计图纸。

　　d. 混凝土中含有的铁磁性物质。

　　e. 检测部位钢筋品种、牌号、设计规格、设计保护层厚度和间距，结构构件中预留管道、金属预埋件等。

　　f. 施工记录等相关资料。

　　g. 检测原因。

　　2）混凝土强度回弹法检验

　　① 检测目的：检测普通混凝土抗压强度。

② 现场试验检验要求：

A. 结构或构件混凝土强度检测可采用下列两种方式：

a. 单个构件，适用于单个结构或构件的检测。

b. 批量检测，适用于在相同生产工艺条件下，混凝土强度等级相同，原材料、配合比、成型工艺、养护条件基本一致且龄期相近的同类结构或构件。按批检测的构件，抽检数量不得少于同批构件总数的 30％且构件数量不得少于 10 件。抽检构件时，应随机抽取并使所选构件具有代表性。

B. 测区数量：每一结构或构件测区数不应少于 10 个，对某一方向尺寸小于 4.5m 且另一方向尺寸小于 0.3m 的构件，其测区数量可适当减少但不应少于 5 个。

C. 测区布置就符合下列要求：

a. 测区应选在使回弹仪处于水平方向检测混凝土浇筑侧面，宜可选在使回弹仪处于非水平方向检测混凝土浇筑侧面、表面或底面；

b. 测区宜选在构件两个对称可测面，也可选在一个可侧面上且均匀分布；

c. 测区面积不宜大于 0.04m²，每测区布置 16 个测点，相邻两测区的间距应控制在 2m 以内，测区离构件端部或施工缝边缘的距离不应大于 0.5m，且不应小于 0.2m；

d. 测区表面应清洁、平整、干燥，不应有接缝、饰面层、粉刷层、浮浆、油垢以及蜂窝麻面等，必要时可用砂轮清除表面的杂物和不平整处，磨光的表面不应有残留的粉末或碎屑。

D. 测点宜在测区范围内均匀分布，并不应弹击在气孔或外露石子上。同一测点弹击一次，相邻两测点的间距一般不小于 2cm。测点距结构或构件边缘或外露钢筋、预埋件的距离一般不小于 3cm。

E. 碳化深度值测量

a. 回弹值测量完毕后，应在每个测区选择一处测量混凝土的碳化深度值，测点不应少于构件区数的 30％，取其平均值为该构件每测区的碳化深度值。当碳化深度值极差大于 2.0mm 时，应在每一测区测量。

b. 测量碳化深度值时，可用合适的工具在测区表面形成直径约为 15mm 的孔洞（其深度略大于混凝土的碳化深），然后除去孔洞中的粉末和碎屑（不得用液体冲洗），并用浓度为 1％酚酞酒精溶液滴在孔洞内壁的边缘处，再用深度测量工具测量自混凝土表面至深部不变色（未碳化部分变成紫红色）且有代表性交界处的垂直距离 1～2 次，该距离即为混凝土的碳化深度值，每次测读至 0.5mm。

③ 检测数据的统计评定及报告

A. 回弹值计算。从测区的 16 个回弹值中分别剔除三个最大值和三个最小值，然后将余下的 10 个回弹值按式 5-4 计算测区平均回弹值：

$$\overline{N} = \frac{\sum\limits_{i=1}^{10} N_i}{10} \qquad\qquad 式\ 5\text{-}4$$

式中　$\overline{N}$——测区平均回弹值，计算至 0.1；

　　N_i——每 1 个测点的回弹值。

非水平方向检测混凝土浇筑侧面时，要进行角度修正。

水平方向检测混凝土浇筑表面或顶面时，应进行浇筑面修正。

当检测时回弹仪为非水平方向且测试面为非混凝土浇筑侧面时，应先进行角度修正，然后进行浇筑面修正。

B. 碳化深度值按式 5-5 计算。

$$L = \frac{\sum_{i=1}^{n} L_i}{n} \qquad 式5-5$$

式中　L——测区的平均碳化深度值（mm）；

　　　L_i——第 i 次测量的碳化深度值（mm）；

　　　n——测区的碳化深度测量次数。

按公式计算出的平均碳化深度值 L 如不大于 0.4mm，则按无碳化（即平均碳化深度值 L 为 0）处理；如小于 6mm，则平均碳化深度值 L 按等于 6mm 计算。

C. 混凝土强度推定值计算。根据修正后的回弹值和碳化深度值，查表得出构件混凝土强度换算值。

a. 当结构或构件测区不少于 10 个或按批量检测时，应按式 5-6 计算混凝土强度推定值：

$$f_{cu,e} = m_{f_{cu}^c} - 1.645 s_{f_{cu}^c} \qquad 式5-6$$

式中　$m_{f_{cu}^c}$——结构或构件测区混凝土强度换算值的平均值（MPa），精确至 0.1MPa；

　　　$s_{f_{cu}^c}$——结构或构件测区混凝土强度换算值的标准差（MPa），精确至 0.01MPa。

b. 当结构或构件测区数少于 10 个，构件中最小的测区混凝土强度换算值即为该构件的混凝土强度推定值。

D. 检测报告除包括本章节内的报告规定的内容外，尚应包括：

a. 结构或构件名称、外形尺寸、数量混凝土强度等级。

b. 水泥品种、强度等级、安定性；砂、石种类、粒径；外加剂或掺合料品种、掺量；混凝土配合比。

c. 模板、浇筑、养护情况及成型日期。

d. 相关设计图纸、施工记录。

e. 检测原因。

3）混凝土强度钻芯法检验

① 检测目的：从混凝土结构中钻取芯样，以测定普通混凝土的强度。

钻芯法检测混凝土强度主要用于下列情况：

A. 对试块抗压强度的测试结果有怀疑时，如试块强度很高而结构混凝土质量很差或试块强度不足而结构质量较好等。

B. 因材料、施工或养护不良而发生混凝土质量问题。

C. 混凝土遭受冻害、火灾、化学侵蚀或其他损害以及表层与内部质量不一致的混凝土。

D. 需检测多年使用的建筑结构或构筑物中混凝土强度。

E. 对混凝土强度等级低于 C10 的混凝土结构，不宜采用钻芯法检测。

② 现场试验检验要求

A. 搭设牢固的操作平台；保证电源的通畅，且做好漏电保护装置。

B. 钻芯取样应在结构或构件的下列部位钻取：

a. 结构或构件受力较小的部位。

b. 混凝土强度质量具有代表性的部位。

c. 便于钻芯机安放和操作的部位。

d. 避开主筋、预埋件和管线的位置，并尽量避开其他钢筋。

e. 用钻芯法和非破损法综合测定强度时，应与非破损法取同一测区。

C. 钻取芯样的数量应符合下列规定：

a. 按单个构件检测时，每个构件的钻芯数量不应少于 3 个；对于较小构件，钻芯数量可取 2 个。

b. 对构件的局部区域进行检测时，应由要求检测的单位提出钻芯位置及芯样数量。

c. 作回弹法检测混凝土强度修正的芯样数量应不少于 6 个。

D. 钻取芯样的要求

a. 钻取的芯样直径一般不宜小于骨料最大粒径的 3 倍，在任何情况下不得小于骨料最大粒径的 2 倍。

b. 每个"修正的芯样"的表面均需有构件混凝土原浆模板面，以便读取回弹值、碳化深度值后再制作芯样试件。不可以将较长芯样沿长度方向截取为几个芯样来计算修正系数。

c. 从钻孔中取出的芯样在稍微晾干后，应标上清晰标记。若所取芯样的高度及质量不能满足要求时，应重新钻取芯样。芯样在运输前应仔细包装，避免损坏。

d. 结构或构件钻芯后所留下的孔洞，可采用树脂类或微膨胀水泥类的细骨料混凝土（比原设计提高一个强度等级）及时进行修补，以保证其正常工作。

e. 钻芯时用于冷却钻头和排除混凝土料屑的冷却水流量宜为 3~5L/min，出口水温不宜超过 30℃。

③ 检测数据的统计评定及报告

A. 芯样的抗压强度试验。

a. 芯样的试件宜在与被检测结构或构件混凝土湿度基本一致的条件下进行抗压强度试验。如结构工作条件比较干燥，芯样试件应以自然干燥状态进行试验；如结构工作条件比较潮湿，芯样试件应以潮湿状态进行试验。

b. 按自然干燥状态进行试验时，芯样试件在受压前应在室内自然干燥 3 天，再进行抗压强度试验。

c. 按潮湿状态进行试验时，芯样应在 20±5℃的清水中浸泡 40~48h，从水中取出后揩干立即进行抗压强度试验。

d. 芯样的抗压强度试验按混凝土立方体强度的试验方法进行。

B. 芯样混凝土强度的计算。

a. 芯样试件的混凝土强度换算值系指用钻芯法测得的芯样的强度，换算成相应于测试龄期的，边长为 150mm 的立方体试块的抗压强度值。

b. 单个构件或单个构件的局部区域。可取芯样试件混凝土强度换算值中的最小值作为其代表值。

C. 检测报告除包括本章节内的报告规定的内容外，尚应包括：

a. 结构或构件种类、外形尺寸及数量。

b. 成型日期、原材料和混凝土试块抗压强度试验报告。

c. 设计采用的混凝土强度等级。

d. 有关的设计图和施工资料等。

e. 检测的原因。

4）预制构件结构性能的检验

① 检验目的：确保混凝土预制构件结构性能的质量，正确评价混凝土预制构件的结构性能。

② 预制构件应按标准或设计要求的试验参数及检验指标进行结构性能检验。检验内容：

A. 钢筋混凝土构件和允许出现裂缝的预应力混凝土构件进行承载力、挠度和裂缝宽度检验。

B. 要求不出现裂缝的预应力混凝土构件进行承载力、挠度和抗裂检验。

C. 预应力混凝土构件中的非预应力杆件按钢筋混凝土构件的要求进行检验。

D. 对设计成熟、生产数量较少的大型构件（如桁架等），当采取加强材料和制作质量检验的措施时，可仅作挠度抗裂或裂缝宽度检验；当采取上述措施并有可靠的实践经验时，亦可不作结构性能检验。

③ 现场试验检验要求

A. 必须是原材料、钢筋连接、混凝土强度、保护层厚度等检验合格的预制构件；在试验前应量测其实际尺寸，并仔细检查构件的表面，所有的缺陷和裂缝应在构件上标出。

B. 构件应在0℃以上的温度中进行试验；蒸汽养护后的构件应在冷却至常温后进行试验。

C. 预制构件应在明显部位标明生产单位、构件型号、生产日期和质量验收标志。构件上的预埋件、插筋和预留孔洞的规格、位置和数量应符合标准图或设计的要求。

D. "同类型产品"是指同一钢种、同一混凝土强度等级、同一生产工艺和同一结构形式的构件。对同类型产品进行抽样检验时，试件应从设计荷载最大、受力最不利或生产数量最多的构件中抽取。对同类型的其他产品，也应定期进行抽样检验。

E. 检验数量：对成批生产的构件，应按同一工艺正常生产的不超过1000件且不超过3个月的同类型产品为一批。当连续检验10批且每批的结构性能检验结果均符合本规范规定的要求时，对同一工艺正常生产的构件，可改为不超过2000件且不超过3个月的同类型产品为一批。在每批中应随机抽取一个构件作为试件进行检验。

F. 试验构件的支承方式应符合下列规定：

a. 板、梁和桁架等简支构件，试验时应一端采用铰支承，另一端采用滚动支承。铰支承可采用角钢、半圆型钢或焊于钢板上的圆钢，滚动支承可采用圆钢。

b. 周边简支或四角简支的双向板，其支承方式应保证支承处构件能自由转动，支承面可以相对水平移动。

c. 当试验的构件承受较大集中力或支座反力时，应对支承部分进行局部受压承载力验算。

d. 构件与支承面应紧密接触；钢垫板与构件、钢垫板与支墩间，宜铺砂浆垫平。

e. 构件支承的中心线位置应符合标准图或设计的要求。

④ 检测数据的统计评定及报告

A. 构件结构性能的检验结果应按下列规定评定：

a. 当试件结构性能的全部检验结果均符合要求时，该批构件的结构性能应评为合格。

b. 当第一个构件的检验结果未达到标准，但又能符合第二次检验的要求时，可加试两个备用构件。第二次检验的指标，对抗裂、承载力检验系数的允许值应取规定允许值的0.95 倍；对挠度检验系数的允许值应取规定允许值的 1.10 倍。

c. 当第二次两个试件的全部检验结果均符合第二次检验的要求，或者第一个备用试件的全部检验结果均达到标准要求，则构件的结构性能评为合格。

B. 检测报告除包括本章节内的报告规定的内容外，尚应包括：试验背景、试验方案、试验记录、检验结论等内容。试验报告中的原始数据和观察记录必须真实、准确，不得任意涂抹篡改。

3. 砌体结构工程

（1）砌体结构检测方法及取样频率

1）砌体结构的检测可分为砌筑块材、砌筑砂浆、砌体强度、砌筑质量与构造以及损伤与变形等项工作。

2）取样频率

① 砌筑块材

A. 砌筑块材强度的检测，应将块材品种相同、强度等级相同、质量相近、环境相似的砌筑构件划为一个检测批，每个检测批砌体的体积不宜超过 250m³。

B. 鉴定工作需要依据砌筑块材强度和砌筑砂浆强度确定砌体强度时，砌筑块材强度的检测位置宜与砌筑砂浆强度的检测位置对应。

② 砌筑砂浆的代表批量

A. 每一检验批且不超过 250m³ 砌体的各类、各强度等级的普通砌筑砂浆，每台搅拌机应至少检验一次。验收批的预拌砂浆、蒸压加气混凝土砌块专用砂浆，抽检可为 3 组。

B. 冬期施工时砂浆试块的留置，除应按常温规定要求外，尚应增加 1 组与砌体同条件养护的试块，用于检验转入常温 28d 的强度；如有特殊需要，可另外增加相应龄期的同条件养护的试块。

C. 干拌砂浆同强度等级、同批号，每 400t 为一验收批，不足 400t 也按一批计。

D. 建筑地面水泥砂浆强度试块的组数，按每一层（或检验批）建筑地面工程不小于 1组。当每一层（或检验批）建筑地面工程面积大于 1000m² 时，每增加 1000m² 应增做 1组试块，小于 1000m² 按 1000m² 计算。当改变配合比时，亦相应地制作试块组数。

E. 配筋砌体，试块不应少于 1 组，验收批砌体试块不得少于 3 组。

（2）砌体结构实体检验方法

1）砌筑砂浆试块强度

① 检验目的：检验砌筑砂浆的抗压强度。

② 现场试验检验要求：

A. 在砂浆搅拌机出料口或在湿拌砂浆的储存容器出料口随机取样制作砂浆试块（现场拌制的砂浆，同盘砂浆只应作 1 组试块），砂浆试块尺寸为 70.7mm×70.7mm×70.7mm 的标养 28d 后做强度试验。

B. 预拌砂浆中的湿拌砂浆稠度应在进场时取样检测。

③ 检测数据的统计评定

A. 试块强度验收时其强度合格标准应符合下列规定：

a. 同一验收批砂浆试块强度平均值应不小于设计强度等级值的 1.10 倍。

b. 同一验收批砂浆试块抗压强度的最小一组平均值应不小于设计强度等级值的 85%。

c. 当砌体用强度等级小于 M5 的水泥砂浆砌筑时，砌体强度设计值应予降低，其中抗压强度值乘以 0.9 的调整系数；轴心抗拉、弯曲抗拉、抗剪强度值乘以 0.8 的调整系数；当砌筑砂浆强度等级不小于 M5 时，砌体强度设计值不予降低。

注：(1) 砌筑砂浆的验收批，同一类型、强度等级的砂浆试块不应少于 3 组；同一验收批砂浆只有 1 组或 2 组试块时，每组试块抗压强度平均值应不小于设计强度等级值的 1.10 倍；对于建筑结构的安全等级为一级或设计使用年限为 50 年及以上的房屋，同一验收批砂浆试块的数量不少于 3 组；

(2) 砂浆强度应标准养护，28d 龄期的试块抗压强度为准；

(3) 制作砂浆试块的砂浆稠度应与配合比设计一致。

B. 当施工中或验收时出现下列情况，可采用现场检验方法对砂浆或砌体强度进行实体检测，并判定其强度：

a. 砂浆试块缺乏代表性或试块数量不足。

b. 对砂浆试块的试验结果有怀疑或有争议。

c. 砂浆试块的试验结果，不能满足设计要求。

d. 发生工程事故，需要进一步分析事故原因。

C. 砌体强度可按试件测试强度的最小值确定砌体强度的标准值，此时试件的数量不得少于 3 件，也不宜大于 6 件，且不应进行数据的舍弃。

2) 回弹法检测砌筑砂浆强度

① 检验目的：检测烧结普通砖墙体中的砂浆强度；用于砂浆强度均质性普查。

② 现场试验检验要求应符合下列要求：

A. 测位宜选在承重墙的可测面上，并避开门窗洞口及预埋件等附近的墙体。墙面上每个测位的面积宜大于 0.3m²。

B. 测位处的粉刷层、勾缝砂浆、污物等应清除干净。弹击点处的砂浆表面，应仔细打磨平整，并除去浮灰。

C. 每个测位内均匀布置 12 个弹击点。选定弹击点应避开砖的边缘，气孔或松动的砂浆。相邻两弹击点的间距不应小于 20mm。

D. 在每个弹击点上，使回弹仪连续弹击 3 次，第 1、2 次不读数，仅记录第 3 次回弹值，精确至 1 个刻度。测试过程中，回弹仪应始终处于水平状态，其轴线应垂直于砂浆表面，且不得移位。

E. 在每个测位内，选择 1～3 处灰缝，用碳化深度测定仪和 1% 的酚酞试剂测量砂浆碳化深度，读数应精确至 0.5mm。

③ 检测数据的统计评定

A. 平均回弹值

从每个测位的 12 个回弹值中，分别剔除最大值、最小值，将余下的 10 个回弹值计算平均值，以 R 表示。

B. 平均碳化深度

每个测位的平均碳化深度，应取该测量值的算术平均值，以 d 表示，精确至 0.5mm。

C. 强度推定

当检测结构的变异系数大于 0.35 时，应检查检测结果离散性较大的原因，若系检测单元划分不当，宜重新划分，并可增加测区数进行补测，然后重新推定。

3）填充墙砌体植筋锚固力的检验

① 检验目的：填充墙砌体植筋锚固力检验。

② 现场试验检验要求。

A. 抽检率，详见表 5-13。

检验批抽检锚固钢筋样本最小容量（GB/T 50344—2004） 表 5-13

检验批的容量	样本最小容量	检验批的容量	样本最小容量
≤90	5	281~500	20
91~150	8	501~1200	32
151~280	13	1201~3200	50

B. 试验采用原位试验检测，植筋完成后，胶体强度达到设计强度方可进行检测，锚固钢筋拉拔试验的轴向受拉非破坏承载力检验值应为 6.0kN。抽检钢筋在检验值作用下应基材无裂缝、钢筋无滑移宏观裂损现象；持荷 2min 期间荷载值降低不大于 5%。

③ 检测数据的统计评定

A. 所有测点检测承载力大于 6.0kN，且抽检钢筋在检验值作用下应基材无裂缝、钢筋无滑移宏观裂损现象；持荷 2min 期间荷载值降低不大于 5%。评定合格。

B. 当部分测点检测承载力小于 6.0kN 时，应扩大检测，二次抽样检测合格，检测批评定合格。

C. 填充墙砌体植筋锚固力检验抽样判定应按表 5-14 和表 5-15 进行。

正常一次性抽样的判定（GB 50203—2011） 表 5-14

样本容量	合格判定数	不合格判定数	样本容量	合格判定数	不合格判定数
5	0	1	20	2	3
8	1	2	32	3	4
13	1	2	50	5	6

正常二次性抽样的判定（GB 50203—2011） 表 5-15

样本容量	合格判定数	不合格判定数	样本容量	合格判定数	不合格判定数
(1)-5	0	2	(1)-20	1	3
(2)-10	1	2	(2)-40	3	4

样本容量	合格判定数	不合格判定数	样本容量	合格判定数	不合格判定数
(1) -8 (2) -16	0 1	2 2	(1) -32 (2) -64	2 6	5 7
(1) -13 (2) -26	0 3	3 4	(1) -50 (2) -100	3 9	6 10

4. 钢结构工程

钢结构工程是以钢材制作为主的结构，是主要的建筑结构类型之一，其工程检测的重点在于安装、拼接过程中产生的质量问题。因此，钢结构焊接连接构造设计，应符合下列规定：

① 宜减少焊缝的数量和尺寸。

② 焊缝的布置宜对称于构件截面的中性轴。

③ 节点区的空间应便于焊接操作和焊后检测。

④ 宜采用刚度较小的节点形式，宜避免焊缝密集和双向、三向相交。

⑤ 焊缝位置应避开高应力区。

⑥ 应根据不同焊接工艺方法选用坡口形式和尺寸。

（1）钢结构工程的检验方法

钢结构工程中主要的检测内容有：

① 构件尺寸及平整度的检测。

② 焊接工艺评定试验。

③ 焊缝无损检测（超声波、X射线、磁粉等）。

④ 高强度螺栓。

⑤ 钢网架节点承载力试验。

⑥ 钢结构防火涂料性能试验。

（2）钢结构工程的检验

1）构件尺寸及平整度的检测

① 每个尺寸在构件的3个部位量测，取3处的平均值作为该尺寸的代表值。钢构件的尺寸偏差应以设计图纸规定的尺寸为基准计算尺寸偏差；偏差的允许值应符合其产品标准的要求。

② 梁和桁架构件的变形有平面内的垂直变形和平面外的侧向变形，因此要检测两个方向的平直度。柱的变形主要有柱身倾斜与挠曲。检查时可先目测，发现有异常情况或疑点时，对梁、桁架可在构件支点间拉紧一根钢丝或细线，然后测量各点的垂度与偏差；对柱的倾斜可用经纬仪或铅垂测量。柱挠曲可在构件支点间拉紧一根钢丝或细线测量。

2）焊接工艺评定试验

① 基本目的：验证所拟定的焊件焊接工艺的正确性而进行的试验过程及结果评价；为制定正式的焊接工艺指导书或焊接工艺提供可靠的技术依据。

首次采用的钢材、焊接材料、焊接方法、接头形式、焊接位置、焊后热处理制度以及焊接工艺参数、预热和后热措施等各种参数的组合条件，应在钢结构构件制作及安装施工之前进行焊接工艺评定。

② 现场试验检验要求

A. 收集齐全评定需用的焊接性评价资料，包括：钢材的技术参数、钢材焊接裂纹敏感性试验报告、研究报告、应力腐蚀试验报告、公开发表的相关焊接工程总结等。

B. 评定所用的钢材、焊接材料均应具有出厂合格证件，并符合相应标准，如有怀疑应进行主要元素复验和力学性能试验。

C. 焊接工艺评定试验检验项目和数量如无特殊要求，对接焊缝的焊接工艺评定试验检验项目及试验数量见表 5-16 和表 5-17。

对接焊缝的焊接工艺评定试验检验项目及试验数量（DL/T 868—2014）　表 5-16

试样厚度 t（mm）	试验项目和试验数量								
	外观检查	射线或超声检测	拉伸[a]	弯曲[b,c]			硬度[g]	冲击试验[d,e,f]	
				面弯	背弯	侧弯		焊缝区	热影响区
t<8	全部	全部	2	2	2	—		5	5
8≤t<15			2	2	2	—		5	5
t≥15			2	—	—			5	5

a　直径 $D_0 \leq 76$mm 的管材，可用一整根工艺件代替剖管的 2 个拉伸试样。
b　当试样焊缝两侧的母材之间或焊缝金属和母材之间的弯曲性能有显著差别时，可按 GB/T 2653 进行辊筒弯曲。
c　当试样厚度 $t \geq 15$mm 时，可用 4 个侧弯试样代替 2 个面弯、2 个背弯试样。2 种及以上焊接就去组合进行焊接工艺评定时，应进行侧弯试验。
d　除产品技术条件要求外，AⅢ类钢、BⅢ类钢和Ⅱ-4～Ⅱ-8类钢应做冲击试验。
e　要求做冲击试验时，试样数量为热影响区和焊缝上各取 5 个。异种钢接头的每侧热影响区分别取 5 个，焊缝取 5 个。2 种以及上焊接方法组合进行焊接工艺评定时，冲击试验中应包括每种方法（工艺）的焊缝金属和热影响区。
f　当试件尺寸无法备制规格为 5mm×10mm×55mm 的冲击试样时，可免做冲击试验。
g　有焊接热处理要求的应做硬度试验。要求做硬度试验时，每个部位（焊缝、焊趾附近）至少应测 3 点，取平均值。
注：1. B 类钢、C 类钢以及与其他钢种的异种钢焊接接头应做焊接断面的微观金相试验，检验数量为 1 件。
　　2. 用于有腐蚀倾向环境部件的 C 类钢应做晶间腐蚀试验或 δ 铁素体含量测定，其试验及取样方法应分别符合 GB/T 4335 和 GB/T 1954。

角焊缝的焊接工艺评定试验检验项目及试样数量（DL/T 868—2014）　表 5-17

接头形式	外观检验	宏观金相检验（件数）
管板、管座	要求	4
板状	要求	5

D. 各种焊接方法应单独评定，不得互相代替。

E. 如采取一种以上焊接方法组合形式评定时，每种焊接方法可单独评定，亦可组合评定。单独或组合应用每种焊接方法时，焊缝金属厚度在各自的评定厚度适用范围之内有效。

F. 各类别的焊条、焊丝应分别评定，同类别而不同级别者，高级别的评定可适用于低级别；在同级别焊条上，经酸性焊条评定者，可免做碱性焊条评定。

③ 检测数据的统计评定

A. 焊缝外观检查

对接焊缝和角焊缝外观检查的要求为：

a. 焊缝及热影响区表面无裂纹、未熔合、夹渣、弧坑、气孔。

b. 焊缝咬边深度不超过 0.5mm。管子对接焊缝两侧咬边总长度：管件不大于焊缝部长的 20％，板件不大于焊缝部长的 15％。

B. 焊缝的无损探伤检查

a. 管状试件焊缝质量不低于Ⅱ级。

b. 板状试件焊缝质量不低于Ⅱ级。

C. 拉伸试验

a. 同种材料焊接接头每个试样的抗拉强度不应低于母材抗拉强度规定值的下限。

b. 异种钢焊接接头每个试样的抗拉强度不应低于较低一侧母材抗拉强度规定值的下限。

c. 采用两片或多片试样进行拉伸试验，其同一厚度位置的每组试样的平均值应符合上述要求。

d. 当产品技术条件规定焊缝金属抗拉强度低于母材的抗拉强度时，其接头的抗拉强度不应低于熔敷金属抗拉强度规定值的下限。

e. 如果试样断在熔合线以外的母材上，只要强度不低于母材规定最小抗拉强度的 95％，可以为试验满足要求。

D. 弯曲试验：试样弯曲到规定的角度一，其每片试样的拉伸面上在焊缝和热影响区内任何方向上都不得有长度超过 3mm 的开裂缺陷。试样棱角上的裂缝除外，但由于夹渣或其他内部缺陷所造成的上述开裂缺陷均应计入。

E. 冲击试验：评定合格标准为：三个试样的冲击功平均值不应低于技术文件规定的钢材的下限值，且不得小于 27J，其中，允许有一个试样的冲击功低于规定值，但不得低于规定值的 70％。

F. 焊接工艺评定结果不合格时，可在原焊件上就不合格项目重新加倍取样进行检验。如还不能达到合格标准，应分析原因，制定新的焊接工艺评定方案，按原步骤重新评定，直到合格为止。

④ 焊接工艺评定报告的管理

A. 根据试件焊制时的各项数据和检验的各项原始报告和记录，由负责评定工作的焊接工程师做出综合评定结论并填写《焊接工艺评定报告》。

B. 根据《焊接工艺评定报告》编制《焊接工艺（作业）指导书》。

3）焊缝无损检测（超声波、X 射线、磁粉等）

① 基本目的：用超声探伤、射线探伤、磁粉探伤或渗透探伤等手段，在不损坏被检查焊缝性能和完整性的情况下，对焊缝质量是否符合规定要求和设计意图进行检验。

根据检测项目、检测目的、建筑结构状况和现场条件选择适宜的检测方法。可按照表 5-18 选择无损检测方法。

无损检测方法的选用

表 5-18

序号	检测方法	适用范围
1	磁粉检测	铁磁性材料表面和近表面缺陷的检测
2	渗透检测	表面开口性缺陷的检测
3	超声波检测	内部缺陷的检测，主要用于平面型缺陷的检测
4	射线检测	内部缺陷的检测，主要用于体积型缺陷的检测

② 现场试验检验要求

A. 焊接检验一般程序包括焊前检验、焊中检验和焊后检验，并应符合下列规定：

第一，焊接检验应包括下列内容：

a. 按设计文件和相关标准的要求对工程中所用钢材、焊接材料的规格、型号（牌号）、材质、外观及质量证明文件进行确认。

b. 焊工合格证及认可范围确认。

c. 焊接工艺技术文件及操作规程审查。

d. 坡口形式、尺寸及表面质量检查。

e. 组对后构件的形状、位置、错边量、角变形、间隙等检查。

f. 焊接环境、焊接设备等条件确认。

g. 定位焊缝的尺寸及质量认可。

第二，焊中检验应至少包括下列内容：

a. 实际采用的焊接电流、焊接电压、焊接速度、预热温度、层间温度及后热温度和时间等焊接工艺参数与焊接工艺文件的符合性检查。

b. 采用双面焊清根的焊缝，应在清根后进行外观检查及规定的无损检测。

第三，焊后检验应至少包括下列内容：

a. 焊缝的外观质量与外形尺寸检查。

b. 焊接工艺规程记录及报告审查。

B. 构件的无损检测应在外观检验合格后进行，外观检验应符合下列规定：

第一，所有焊缝应冷却到环境温度后方可进行外观检测。

第二，对接、角接及 T 形等接头，应符合下列规定：

a. 用不小于 5 倍放大镜检查试件表面，不得有裂纹、未焊满、未熔合、焊瘤、气孔、夹渣等超标缺陷。

b. 焊缝咬边总长度不得超过焊缝两侧长度的 15%，咬边深度不得超过 0.5mm。

c. 焊缝外观尺寸应符合表 5-19 中一级焊缝的要求；试件角变形可以冷矫正，可以避开焊缝缺陷位置取样。

焊缝外观质量要求（GB 50661—2011）　　　　　　　　　　　表 5-19

焊缝质量等级　检验项目	一级	二级	三级
裂纹	不允许		
未焊满	不允许	≤0.2mm+0.02t 且≤1mm，每 100mm 长度焊缝内未焊满累积长度≤25mm	≤0.2mm+0.04t 且≤2mm，每 100mm 长度焊缝内未焊满累积长度≤25mm
根部收缩	不允许	≤0.2mm+0.02t 且≤1mm，长度不限	≤0.2mm+0.04t 且≤2mm，长度不限
咬边	不允许	深度≤0.05t 且≤0.5mm，连续长度≤100mm，且焊缝两侧咬边总长≤10%焊缝全长	深度≤0.1t 且≤1mm，长度不限
电弧擦伤	不允许		允许存在个别电弧擦伤
接头不良	不允许	缺口深度≤0.05t 且≤0.5mm，每 1000mm 长度焊缝内不得超过 1 处	缺口深度≤0.1t 且≤1mm，每 1000mm 长度焊缝内不得超过 1 处

续表

焊缝质量等级 检验项目	一级	二级	三级
表面气孔	不允许		每 50mm 长度焊缝内允许存在直径＜0.4t 且≤3mm 的气孔 2 个；孔距应≥6 倍孔径
表面夹渣	不允许		深≤0.2t，长≤0.5t 且≤20mm

第三，栓钉焊接接头外观检验应符合表 5-20 的要求。当采用电弧焊方法进行栓钉焊接时，其焊缝最小焊脚尺寸还应符合表 5-21 的要求。

栓钉焊接接头外观检验合格标准（GB 50661—2011）　　**表 5-20**

外观检验项目	合格标准	检验方法
焊缝外形尺寸	360°范围内焊缝饱满 拉弧式栓钉焊：焊缝高 K_1≥1mm；焊缝宽 K_2≥0.5mm 电弧焊：最小焊脚尺寸应符合表 5-18 的规定	目测、钢尺、焊缝量规
焊缝缺欠	无气孔、夹渣、裂纹等缺欠	目测、放大镜（5 倍）
焊缝咬边	咬边深度≤0.5mm，且最大长度不得大于 1 倍的栓钉直径	钢尺、焊缝量规
栓灯焊后高度	高度偏差≤±2mm	钢尺
栓钉焊后倾斜角度	倾斜角度偏差 θ≤5°	钢尺、量角器

采用电弧焊方法的栓钉焊接接头最小焊脚尺寸（GB 50661—2011）　　**表 5-21**

栓钉直径（mm）	角焊缝最小焊脚尺寸（mm）
10，13	6
16，19，22	8
25	10

C. 磁粉检测表面状况和准备应符合下列要求

a. 保证被检测区域表面无氧化皮、机油、油脂、焊接飞溅、机加工刀痕、污物、厚实或松散的油漆和任何能影响检测灵敏度的外来杂物。

b. 用砂纸或局部打磨来改善表面状况；任何清理或表面准备都不能影响磁粉显示的形成。

c. 提供母材和焊缝材料的类型和名称、焊接工艺、被检构件加工状态。

D. 焊缝渗透检测表面状况和准备应符合下列要求

a. 表面状况与最小可检测缺欠尺寸直接有关。由于表面粗糙或不规则（如咬边、飞溅）能形成高背景和非相关显示，从而导致降低小缺陷的可探测性，所以必须保证检测表面光滑。

b. 检测表面的宽度应包括焊缝金属和每侧各 10mm 距离的邻近母材金属。

③ 焊缝各等级要求

A. 焊缝表面不得有裂纹、焊瘤等缺陷。一级、二级焊缝不得有表面气孔、夹渣、弧坑裂纹、电弧擦伤等缺陷。且一级焊缝不许有咬边、未焊满、根部收缩等缺陷。

B. T 形接头、十字接头、角接接头等要求熔透的对接和角对接组合焊缝，其焊脚尺寸不应小于 $t/4$；设计有疲劳验算要求的吊车梁或类似构件的腹板与上翼缘连接焊缝的焊脚尺寸为 $t/2$，且不应小于 10mm。焊脚尺寸的允许偏差为 0～4mm。

C. 射线探伤。根据对接焊接接头中存在缺陷的性质、数量和密集程度，其质量分为Ⅰ、Ⅱ、Ⅲ、Ⅳ级。

a. Ⅰ级对接焊接接头内不允许存在裂纹、未熔合、和未焊透。

b. Ⅱ级、Ⅲ级对接焊接接头内不允许存在裂纹、未焊透和未熔合。

c. 对接焊接接头中缺陷超Ⅲ级者为Ⅳ级。

④ 抽样比例及合格判定

A. 焊缝处数的计数方法：工厂制作焊缝长度不大于 1000mm 时，每条焊缝应为 1 处；长度大于 1000mm 时，以 1000mm 为基准，每增加 300mm 焊缝数量应增加 1 处；现场安装焊缝每条焊缝应为 1 处。

B. 钢结构现场检测可采用全数检测或抽样检测。当抽样检测时，宜采用随机抽样或约定抽样方法。

C. 当遇到下列情况之一时，宜采用全数检测：

a. 外观缺陷或表面损伤的检查。

b. 受检范围较小或构件数量较少。

c. 构件质量状况差异较大。

d. 灾害发生后对结构受损情况的识别。

e. 委托方要求进行全数检测。

D. 在建钢结构按检验批检测时，其抽样检测的比例及合格判定应符合现行国家标准《钢结构工程施工质量验收规范》GB 50205 的规定。

E. 既有钢结构计数抽样检测时，其每批抽样检测的最小样本容量不应小于表 5-22 的限定值。

既有建筑钢结构抽样检测的最小样本容量　　　　　　表 5-22

检验批的容量	检验类别			检验批的容量	检验类别		
	A	B	C		A	B	C
3—8	2	2	3	501～1200	32	80	125
9—15	2	3	5	1201～3200	50	125	200
16—25	3	5	8	3201～10000	80	200	315
26—50	5	8	13	—	—	—	—
51—90	5	13	20	—	—	—	—
91—150	8	20	32	—	—	—	—
151—280	13	32	50	—	—	—	—
281—500	20	50	80	—	—	—	—

注：1. 检测类别 A 适用于一般施工质量的检测，检测类别 B 适用于结构质量或性能的检测，检测类别 C 适用于结构质量或性能的严格检测或复检。
　　2. 无特殊说明时，样本为构件。

F. 既有钢结构计数抽样检测时，根据检验批中的不合格数，判断检验批是否合格。检验批的合格判定应符合下列规定：

a. 计数抽样检测的对象为主控项目时，应按表 5-23 判定。

主控项目判定 表 5-23

样本容量	合格判定数	不合格判定数	样本容量	合格判定数	不合格判定数
2-5	0	1	80	7	8
8-13	1	2	125	10	11
20	2	3	200	14	15
32	3	4	>315	21	22
50	5	6	—	—	—

b. 计数抽样检测的对象为一般项目时，应按表 5-24 判定。

一般项目的判定 表 5-24

样本容量	合格判定数	不合格判定数	样本容量	合格判定数	不合格判定数
2-5	1	2	32	7	9
8	2	3	50	10	11
13	3	4	80	14	15
20	5	6	≥125	21	22

⑤ 检测报告

A. 检测报告应做出所检测的项目是否符合设计文件要求或相应验收规范的规定。既有钢结构性能的检测报告应给出所检项目的检测结论，并能为钢结构的鉴定提供可靠的依据。

B. 检测报告应结论准确、用词规范、文字简练，对于当事方容易混淆的术语和概念可书面予以解释。

C. 检测报告应包括以下内容：

a. 委托单位名称。

b. 建筑工程概况，包括工程名称、结构类型、规模、施工日期及现状等。

c. 建设单位、设计单位、施工单位及监理单位名称。

d. 检测原因、检测目的，以往检测情况概述。

e. 检测项目、检测方法及依据的标准。

f. 抽样方案及数量。

g. 检测日期，报告完成日期。

h. 检测项目的主要分类检测数据和汇总结果，检测结论。

i. 主检、审核和批准人员的签名。

4）高强度螺栓扭矩系数或预拉力试验

作为钢结构连接形式，高强度螺栓具有施工简便，可拆换，受力好，耐疲劳，不松动，比较安全等优点。高强度螺栓连接的施工方法一般采用扭矩法。

① 基本目的：测定高强度螺栓连接是否满足规范及设计的要求，确保操作熟练、检测数据的准确可靠、有效。

② 现场试验检验要求

连接副的现场试验要求应符合下列规定：

A. 螺栓、螺母和垫圈均应进行保证连接副扭矩系数和防锈的表面处理，表面处理工艺由制造厂选择。垫圈不允许有裂缝、毛刺、浮锈和影响使用的凹痕、划伤。

B. 连接副的扭矩系数试验在轴力计上进行，每一连接副只能试验一次，不得重复使用。

C. 组装连接副时，螺母下的垫圈有倒角的一侧应朝向螺母支承面。试验时，垫圈不得发生转动，否则试验无效。

D. 进行连接副扭矩系数试验时，应同时记录环境温度。试验所用的机具、仪表及连接副均应放置在该环境内至少 2h 以上。

E. 出厂检验按批进行：

a. 同一性能等级、材料、炉号、螺纹规格、长度（当螺栓长度≤100mm 时，长度相差≤15mm；当螺栓长度＞100mm 时，长度相差≤20mm，可视为同一长度）、机械加工、热处理工艺、表面处理工艺的螺栓为同批；同一性能等级、材料、炉号、螺纹规格、机械加工、热处理工艺、表面处理工艺的螺母为同批；同一性能等级、材料、炉号、规格、机械加工、热处理工艺、表面处理工艺的垫圈为同批。分别由同批螺栓、螺母、垫圈组成的连接副为同批连接副。

b. 同批高强度螺栓连接副最大数量为 3000 套。

c. 连接副扭矩系数的检验按批抽取 8 套。

扭剪型高强度螺栓现场试验要求应符合下列规定：

A. 高强度大六角头螺栓连接副终拧完成 1h 后、48h 内应进行终拧扭矩检查。按节点数检查 10%，且不应少于 10 个；每个被抽查节点按螺栓数抽查 10%，且不应少于 2 个。

B. 扭剪型高强度螺栓连接副终拧后，除因构造原因无法使用专用扳手终拧掉梅花头者外，未在终拧中拧掉梅花头的螺栓数不应大于该节点螺栓数的 5%。对所有梅花头未拧掉的扭剪型高强度螺栓连接副应采用扭矩法或转角头进行终拧掉的扭剪型高强度螺栓连接副，应采用扭矩法或转角法进行终拧并标记。按节点数抽查 10%，但不应少于 10 节点，被抽查节点中梅花头未拧掉的扭剪型高强度螺栓连接副全数进行终拧扭矩检查。

C. 扭剪型高强度螺栓应在施工现场待安装的螺栓批中随机抽取，每批应抽取 8 套连接副进行复验。

D. 连接副预拉力可采用经计量检定、校准合格的轴力计进行测试。

大六角头高强度螺栓现场试验要求应符合下列规定：

A. 应按出厂批复验高强度螺栓连接副的扭矩系数，每批复验 5 套。

B. 大六角头高强度螺栓施工所用的扭矩扳手，班前必须校正，其扭矩误差不得大于±5%，合格后方准使用。校正用的扭矩扳手，其扭矩误差不得大于±3%。

C. 螺栓的拉伸和冲击试件应在同一根棒材上截取，并经同一热处理工艺处理。

③ 检测数据的结果评定及报告

A. 连接副扭矩系数试验的结果评定应符合下列规定：

a. 高强度螺栓连接副拧后，螺栓丝扣外露应为 2～3 扣，其中允许有 10% 的螺栓丝扣外露 1 扣或 4 扣。

b. 进行连接副扭矩系数试验时，螺栓预拉力值 P 应控制在表 5-25 的规定范围内，超出该范围者，所测得扭矩系数无效。

螺栓预拉力值（kN）（GB/T 1231—2006）　　　　　　　　　　表 5-25

螺栓螺纹规格			M12	M16	M20	M22	M24	M27	M30
性能等级	10.9S	P	max	66	121	187	231	275	352	429
			min	54	99	153	189	225	288	351
	8.8S		max	55	99	154	182	215	281	341
			min	45	81	126	149	176	230	279

c. 同批连接副的扭矩系数的平均值应在 0.110～0.150，扭矩系数标准偏差应不大于 0.0100。每一连接副包括 1 个螺栓、1 个螺母、2 个垫圈，并分属同批制造。

d. 扭矩系数保证期为自出厂之日起 6 个月，用户如需延长保证期，可由供需双方解决。

B. 大六角头高强度螺栓的结果评定应符合下列规定：

a. 5 套扭矩系数的平均值应在 0.110～0.150 范围之内，其标准偏差应不大于 0.010。

b. 连接副扭矩系数保证期为自出厂之日起 6 个月，用户如需延长保证期，可由供需双方协议解决。

c. 螺栓、螺母、垫圈均应进行表面防锈处理，但经处理后的高强度大六角头螺栓连接副扭矩系数还必须符合 A 的规定。

C. 检测报告应包括以下内容：

a. 批号、规格和数量。

b. 试件拉力试验和冲击试验数据。

c. 实物机械性能试验数据。

d. 连接副扭矩系数测试值、平均值、标准偏差和测试环境温度。

5）高强度螺栓连接面抗滑移系数检测

① 基本目的：是钢结构高强度螺栓连接设计的重要技术参数，是否满足设计要求是保证钢结构使用安全的关键。

② 现场试验检验要求

A. 抗滑移试验制造单位必须试验一次，以保证所制作的钢结构件摩擦面的抗滑移系数符合设计规定，同时安装单位在安装前也应进行一次检验，以检验运输到安装现场的钢结构摩擦面的抗滑移系数是否满足设计要求。

制造批可按工程划分规定的工程量每 2000t 为一批，不足 2000t 的可视为一批。选用 2 种及 2 种以上表面处理工艺时，每种处理工艺应单独检验，每批 3 组试件。

B. 抗滑移系数试验要求试件能真实反映所代表构件的实际情况，所用试件应由制造厂加工，试件与所代表的钢结构构件应为同一材质、同一批制作、采用同一摩擦面处理工艺和具有相同的表面状态，并应用同一批同一性能等级的高强度螺栓连接副，在同一环境条件下存放。

C. 抗滑移系数检验应采用双摩擦面的二栓拼接的拉力试件，切割成型后应采用机械方法，使板面平整，不得翘曲变形，保证摩擦面能紧密贴合无缝隙。制作完成后试件板面应平整，无油污，孔和板的边缘无飞边、毛刺、焊接飞溅物、焊疤、氧化皮、污垢等。

试件钢板的厚度 t_1、t_2 应根据钢结构工程中有代表性的板材厚度来确定，同时应考虑在摩擦面滑移之前，试件钢板的净载面始终处于弹性状态；宽度 b 可参照表5-26规定取值。

试件板的宽度（mm）（GB 50205—2001）　　　　　　　　　表 5-26

螺栓直径 d	16	20	22	24	27	30
板宽 b	100	100	105	110	120	120

D. 高强度螺栓连接摩擦面应保持干燥、整洁，不应有飞边、毛刺、焊接飞溅物、焊疤、氧气皮、污垢等，除设计要求外摩擦面不应涂漆。

③ 检测数据的统计评定及报告

A. 在试验中当发生以下情况之一时，所对应的荷载可定为试件的滑移荷载：

a. 试验机发生回针现象。

b. 试件侧面画线发生错动。

c. X-Y 记录仪上变形曲线发生突变。

d. 试件突然发生"嘣"的响声。

B. 一批三组试件中，抗滑移系数检验的最小值必须小于设计规定值。若试验结果不能满足设计要求，应分析原因，确认试件钢板与高强度螺栓没有问题后，按照设计要求对构件摩擦面重新处理，处理后的构件摩擦面应按规定重新进行抗滑移系数检验。

C. 检测报告应包括以下内容：

a. 品种名称、螺栓规格型号及性能等级。

b. 试件钢板尺寸、钢板材质。

c. 滑移侧螺栓预拉力、摩擦面数。

d. 单侧螺栓数量、实测滑移载荷。

e. 抗滑移动系数实测值。

f. 检验结论。

6）钢网架节点承载力试验

① 基本目的：检验对钢网架结构的焊接球节点和螺栓球节点进行节点承载力。

② 现场试验检验要求，应符合下列要求：

A. 钢网架结构支座定位轴线的位置、支座锚栓的规格检查数量，按支座数抽查10%，且不应少于4处。

B. 钢网架结构支承垫块的种类、规格、摆放位置和朝向，必须符合设计要求和国家现行有关标准的规定。橡胶垫块与刚性垫块之间或不同类型刚性垫块之间不得互换使用，检查频率：按支座数抽查10%，且不应少于4处。

C. 网架支座锚栓紧固的检查频率：按支座数抽查10%，且不应少于4处。

D. 对建筑结构安全等级为一级，跨度40m及以上的公共建筑钢网架结构，且设计有要求时，应对焊接球节点和螺栓球节点进行节点承载力试验。对既有的螺栓球节点网架，可从结构中取出节点来进行节点的极限承载力检验。在截取螺栓球节点时，应采取措施确保结构安全，每项试验做3个试件。

E. 对焊接球节点检验时，应按设计指定规格的球及其匹配的钢管焊接成试件，进行单向轴心拉和受压的承载力试验，可用拉力、压力试验机或相应的加载试验装置。螺栓球节点检验时，应按设计指定规格的球最大螺栓孔的螺纹进行抗拉强度保证荷载试验，可用拉力试验机检验。检验时螺栓拧入深度为 d（d 为螺栓的公称直径），以螺栓孔的螺纹被剪断时的荷载作为该螺栓球的极限承载力值。

F. 钢网架结构安装完成后，其节点及杆件表面应干净，不应有明显的疤痕、泥沙和污垢。螺栓球节点应将所有接缝用油膨子填嵌严密，并应将多余螺孔封口。

③ 检测数据的统计评定及报告

A. 对焊接球节点检验时，试验时如出现下列情况之一者，即可判为球已达到极限承载力而破坏：当继续加荷而仪表的荷载读数却不上升时，该读数即为极限破坏值；在曲线 F—Δ（F 为加荷重量，Δ 为相应荷载下沿受力纵轴方向的变形）上取曲线的峰值为极限破坏值。

B. 对建筑结构安全等级为一级，跨度 40m 及以上的螺栓球节点钢网架结构，其连接高强度螺栓应进行表面硬度试验，对 8.8 级的高强度螺栓其硬度应为 HRC21—29；10.9 级高强度螺栓其硬度应为 HRC32—36，且不得有裂纹或损伤。

C. 对建筑结构安全等级为一级，跨度 40m 及以上的公共建筑钢网架结构，且设计有要求时，应按下列项目进行节点承载力试验，其结果应符合以下规定：

a. 焊接球节点应按设计指定规格的球及其匹配的钢管焊接成试件，进行轴心拉、压承载力试验，其试验破坏荷载值不小于 1.6 倍设计承载力为合格。

b. 螺栓球节点应按设计指定规格的球最大螺栓孔螺纹进行抗拉强度保证荷载试验，当达到螺栓的设计承载力时，螺孔、螺纹及封板仍完好无损为合格。

D. 钢网架结构总拼完成后及屋面工程完成应分别测量其挠度值，且所测的挠度值不应超过相应超过相应设计值的 1.15 倍。

E. 检测报告应包括以下内容：

a. 工程概况：工程名称、地点、委托单位、检测日期、报告编号。

b. 检测依据。

c. 取样数量。

d. 检测结果与结论。

7) 钢结构防火涂料性能试验

① 现场试验检验要求

A. 防火漆料漆装基层不应有油污、灰尘和泥砂等污垢。检查频率：按构件数抽查 10%，且同类构件不应少于 3 件。

底漆涂装用干漆膜测厚仪检查，每个构件检测 5 处，每处的数值为 3 个相距 50mm 测点涂层干漆膜厚度的平均值。

B. 钢结构防火漆料的粘结强度、抗压强度的检查频率：每使用 100t 或不中 100t 薄涂型防火涂料应抽检一次粘结强度；每使用 500t 或不足 500t 厚涂型防火涂料应抽检一次粘结强度和抗压强度。

C. 防火涂层厚度的测点选定

a. 楼板和防火墙的防火涂层厚度测定，可选两相邻纵、横轴线相交中的面积为一个单元，在其对角线上，按每米长度选一点进行测试。

b. 全钢框架结构的梁和柱的防火涂层厚度测定，在构件长度内每隔 3m 取一截面。

c. 书馆桁架结构，上弦和下弦每隔 3m 取一截面检测，其他腹杆每根取一截面检测。

d. 对于楼饭和墙面，在所选择的面积中，至少测出 5 个点；对于梁和柱梁和柱的所选择的位置中，分别测出 6 个和 8 个点。分别计算出它们的平均值，精确到 0.5mm。

e. 对梁、柱及桁架杆件的测试截面按图 5-1 布置测点。

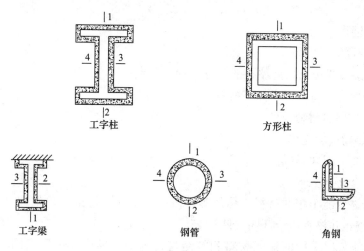

工字柱　　　　　　　　　　方形柱

工字梁　　　　　　钢管　　　　　　角钢

图 5-1　测点布置图

D. 防火漆料不得误涂、漏涂，涂层应闭合无脱层、空鼓、明显凹陷、粉化松散和浮浆等外观缺陷，乳突已剔除。

② 检测数据的统计评定及报告

A. 厚漆型防火涂料涂层的厚度，80％及以上面积应符合有关耐火极限的设计要求，且最薄处厚度不应低于设计要求的 85％。

B. 薄涂型防火漆料漆层表面裂纹宽度不应大于 0.5mm；厚涂型防火漆料涂层表面裂宽度不应大于 1mm。

C. 检测报告应包括以下内容：

a. 工程概况：工程名称、地点、委托单位、检测日期、报告编号。

b. 检测依据。

c. 取样数量。

d. 检测结果与结论。

5. 建筑节能工程

（1）墙体节能工程

1）墙体节能工程验收的内容

主体结构完成后进行施工的墙体节能工程，应在基层质量验收合格后施工，施工过程中应及时进行质量检查、隐蔽工程验收和检验批验收，施工完成后应进行墙体节能分项工程验收。与主体结构同时施工的墙体节能工程，应与主体结构一同验收。

① 墙体节能工程的保温材料在施工过程中应采取防潮、防水等保护措施。墙体节能工程应当采用外保温定型产品或成套技术时，其型式检验报告中应包括安全性和耐候性检验。

② 墙体节能工程应对下列部位或内容进行隐蔽工程验收，并应有详细的文字记录和必要的图像资料：

　　A. 保温层附着的基层及其表面处理。

　　B. 保温层粘结或固定。

　　C. 锚固件。

　　D. 增强网铺设。

　　E. 墙体热桥部位处理。

　　F. 预制保温板或预制保温墙板的板缝及构造节点。

　　G. 现场喷涂或浇注有机类保温材料的界面。

　　H. 被封闭的保温材料厚度。

　　I. 保温隔热砌块填充墙体。

2）墙体节能工程现场试验

① 现场试验检验要求

　　A. 用于墙体节能工程的材料、构件等，按进场批次，每批随机抽取 3 个试样，进行观察、尺量检查，并核查质量证明文件。

　　B. 墙体节能工程采用的保温材料和粘结材料等，进场按同一厂家同一品种的产品，当单位工程建筑面积在 20000m² 以下时各抽查不少于 3 次；当单位工程建筑面积在 20000m² 以上时各抽查不少于 6 次的检验频率对其以下性能进行复验，复验应为见证取样送检：

　　a. 保温材料的导热系数、密度、抗压强度或压缩强度。

　　b. 粘结材料的粘结强度。

　　c. 增强网的力学性能、抗腐蚀性能。

　　C. 保温板材与基层的粘结强度，应作现场拉拔试验。后置锚固件应进行锚固力现场拉拔试验。

　　D. 当外墙采用保温浆料作保温层时，应在施工中按每个检验批抽样制作同条件养护试块不少于 3 组的取样，检测其导热系数、干密度和压缩强度。保温浆料的同条件养护试件应见证取样送检。

　　E. 外墙外保温工程当采用粘贴饰面砖做饰面层时，饰面砖应作粘结强度拉拔试验，其安全性与耐久性必须符合设计要求。

　　F. 拉拔试验：实体工程墙体节能工程抹面层施工完成后，应做粘结强度现场拉拔试验，检查各层材料的综合粘结强度（断缝切割至基层），每个单体工程或一个检验批做 1 组，每组测 3 个点。检测结果判定：检测粘结强度平均值必须满足设计要求且不小于 0.01MPa，破坏界面不得位于界面层。所有墙体保温系统用同一标准检测：每组结果以 3 个测点粘结强度的平均值为准。

② 检测数据的统计评定

　　A. 严寒和寒冷地区外保温使用的粘结材料，其冻融试验结果应符合该地区最低气温环境的使用要求。

B. 墙体节能工程各构造层做法应符合设计要求，并应按照经过审批的施工方案施工。

C. 墙体节能施工必须保证以下的质量要求：

a. 保温隔热材料的厚度符合设计要求。

b. 保温板材与基层及各构造层之间的粘结或连接牢固；粘结强度和连接方式应符合设计要求；保温板的安装位置应正确、接缝严密，保温板在浇筑混凝土过程中不得移位、变形，保温板表面应采取界面处理措施，与混凝土粘结应牢固。

c. 保温浆料做外保温时，保温层与基层及各层之间的粘结必须牢固，不应脱层、空鼓和开裂。

d. 当墙体节能工程的保温层采用预埋或后置锚固件固定时，锚固件数量、位置、锚固深度和拉拔力应符合设计要求。

D. 墙体节能工程各类饰面层的基层及面层施工，应符合设计规范的要求，并应符合下列规定：

a. 饰面层施工的基层应无脱层、空鼓和裂缝，基层应平整、洁净，含水率应符合饰面层施工的要求。

b. 外墙外保温工程不宜采用粘贴饰面砖做饰面层；当采用时，其安全性与耐久性必须符合设计要求。

c. 外墙外保温工程的饰面层不得渗漏。当外墙外保温工程的饰面层采用饰面板开缝安装时，保温层表面应具有防水功能或采取其他防水措施。

（2）幕墙节能工程

1）幕墙节能工程验收的内容

幕墙节能应在主体结构工程质量验收合格后施工，并做为一个分项工程进行验收，其使用的保温材料在安装过程中应采取防潮、防水等保护措施。

幕墙节能工程施工中应对下列部位或项目进行隐蔽工程验收，并应有详细的文字记录和必要的图像资料：

① 被封闭的保温材料厚度和保温材料的固定。

② 幕墙周边与墙体的接缝处保温材料的填充。

③ 构造缝、结构缝。

④ 隔气层。

⑤ 热桥部位、断热接点。

⑥ 单元式幕墙板块间的接缝构造。

⑦ 冷凝水收集和排放构造。

⑧ 幕墙的通风换气装置。

2）幕墙节能工程现场试验

① 现场试验检验要求

A. 当幕墙节能工程采用隔热型材时，隔热型材生产厂家应提供型材所使用的隔热材料的力学性能和热变性性能试验报告。

B. 幕墙节能工程使用的材料、构件等进场时，按同一厂家的同一种产品抽查不少于一组，对其下列性能进行复验，复验应为见证取样送检：

　　a. 保温材料：导热系数、密度。

　　b. 幕墙玻璃：可见光透射比、传热系数、遮阳系数、中空玻璃露点。

　　c. 隔热型材：抗拉强度、抗剪强度。

　　C. 当幕墙面积大于 3000m² 或建筑外墙面积 50％时，现场抽取材料和配件，委托到检测中心安装制作试件进行气密性能检测。

　　D. 当不足上述情况应进行现场检测：现场观察及启闭检查按检验批抽查 30％，并不少于 5 件（处）。气密性能检测应对一个单位工程中面积超过 1000m² 的每一种幕墙均抽取一个试件进行检测。

　　E. 幕墙节能工程使用的保温材料，安装牢固，且不得松脱。按检验批抽查 10％，并不少于 5 处，对其厚度进行检验，检验方法为保温板或保温层采取针插法或剖开法，用尺量厚度。

　　F. 遮阳设施的安装应牢固，牢固程度使用扳手全数检测。

　　G. 冷凝水的收集和排放应畅通，按检验批抽查 10％，并不少于 5 处的检测频率，进行通水试验，且不得有渗漏情况。

　　H. 气密性能检测时，密封条应镶嵌牢固、位置正确、对接严密。单元幕墙板块之间的密封符合设计要求，开启扇应关闭严密。

　　② 检测数据的统计评定

　　A. 幕墙的气密性能应符合设计规定的等级要求。

　　B. 幕墙节能工程使用的材料、构件、尺寸等应符合设计要求和相关标准的规定。

　　C. 幕墙节能工程使用的保温材料，其厚度应符合设计要求。

　　D. 遮阳设施的安装位置满足设计要求。

　　E. 幕墙工程热桥部位的隔断热桥措施符合设计要求，断热节点的连接牢固。

　　F. 幕墙隔气层完整、严密、位置正确，穿透隔气层处的节点构造应采取密封措施。

　　（3）屋面节能工程

　　1）屋面节能工程验收的内容

　　基层质量验收合格后，进行屋面保温隔热工程的施工，屋面保温隔热层施工完成后，应及时进行找平层和防水层的施工，避免保温隔热层受潮、浸泡或受损。施工过程中应及时进行质量检查、隐蔽工程验收和检验批验收，施工完成后应进行屋面节能分项工程验收。

　　屋面保温隔热工程应对下列部位进行隐蔽工程验收，并有详细的文字记录和必要的图像资料：

　　① 基层。

　　② 保温层的敷设方式、厚度；板材的缝隙填充质量。

　　③ 屋面热桥部位。

　　④ 隔气层。

　　2）屋面节能工程现场试验

　　① 现场试验检验要求

A. 屋面节能工程使用的保温隔热材料，进场时应按同一厂家同一品种的产品各抽查不少于 3 组的频率对其导热系数、密度、抗压强度或压缩强度、燃烧性能进行复验，复验应为见证取样送检。

B. 屋面保温隔热层的敷设方式、厚度、缝隙填充质量及屋面热桥部位的保温隔热做法，按每 100m² 抽查一处，每处 10m²，整个屋面抽查不得少于 3 处的检测频率进行检验。

C. 屋面的通风隔热架空层，其架空高度、安装方式、通风口位置及尺寸，按照每 100m² 抽查一处，每处 10m²，整个屋面抽查不得少于 3 处的检测频率进行检验。

D. 屋面的隔气层位置按每 100m² 抽查一处，每处 10m²，整个屋面抽查不得少于 3 处的频率进行检验。

② 检测数据的统计评定

A. 用于屋面节能工程的保温隔热材料，其品种、规格应符合设计要求和相关标准的规定。

B. 屋面的通风隔热架空层，不得有杂物。架空面层应完整，不得有断裂和露筋等缺陷。

C. 采光屋面的传热系数、遮阳系数、可见光透射比、气密性符合设计要求。

D. 采光屋面的安装牢固，坡度正确，封闭严密，嵌缝处不得渗漏。

E. 屋面的隔气层应完整、严密。

（4）采暖节能工程

1）采暖节能验收工程的内容

采暖系统节能工程采用的散热设备、阀门、仪表、管材、保温材料等产品进场时，应按设计要求对其类型、材质、规格及外观等进行验收，且形成相应的验收记录。各种产品和设备的质量证明文件和相关技术资料齐全。

2）采暖节能工程现场试验

① 现场试验检验要求

A. 采暖系统节能工程采用的散热器和保温材料等进场时，应按同一厂家同一规格的散热器按其数量的 1‰ 进行见证取样送检，但不得少于 2 组；同一厂家同材质的保温材料见证取样送检的次数不得少于 2 次的检测频率，对下列技术性能参数进行复验，复验应为见证取样送检：

a. 散热器的单位散热量、金属热强度。

b. 保温材料的导热系数、密度、吸水率。

B. 按散热器组数抽查 5‰，不得少于 5 组的检测频率，对散热器及其安装进行检验。

C. 按总数抽查 5‰，不得少于 5 个的检测频率，对散热器恒温阀及其安装进行检验。

D. 防潮层和绝热层按检验批抽查 5 处，每处检查不少于 5 点的检测频率，对其进行检验。绝热层的厚度的检验方法，用钢针刺入绝热层，然后用尺量；温控装置按每个检验批抽查 10 个的检测频率，对其进行检验。

E. 按数量抽查 10‰，且保温层不得少于 10 段、防潮层不得少于 10m、阀门等配件不得少于 5 个的检测频率，对采暖管道保温层和防潮层进行检验。保温层的厚度的检验方法，用钢针刺入保温层，然后用尺量厚度。

F. 采暖系统安装完毕后，在采暖期内与热源进行联合试运转和调试。

② 检测数据的统计评定

A. 采暖系统的安装符合下列规定：

a. 采暖系统的制式，符合设计要求。

b. 散热设备、阀门、过滤器、温度计及仪表按设计要求安装齐全，不得随意增减和更换。

c. 室内温度调控装置、热计量装置、水力平衡装置以及热力入口装置的安装位置和方向符合设计要求，并便于观察、操作和调试。

d. 温度调控装置和热计量装置安装后，采暖系统能实现设计要求的分室（区）温度调控、分栋热计量和分户或分室（区）热量分摊的功能。

B. 散热器及其安装符合下列规定：

a. 每组散热器的规格、数量及安装方式符合设计要求。

b. 散热器外表面刷非金属性涂料。

C. 散热器恒温阀及其安装符合下列规定：

a. 恒温阀的规格、数量符合设计要求。

b. 明装散热器恒温阀不应安装在狭小和封闭空间，其恒温阀阀头应水平安装，且不应被散热器、窗帘或其他障碍物遮挡。

c. 暗装散热器的恒温阀采用外置式温度传感器，并安装在空气流通且能正确反映房间温度的位置上。

D. 地温热水地面辐射供暖系统的安装符合下列规定：

a. 防潮层和绝热层的做法及绝热层的厚度符合设计要求。

b. 室内温控装置的传感器安装在避开阳光直射和有发热设备且距地 1.4m 处的内墙面上。

E. 采暖系统热力入口装置的安装符合下列规定：

a. 热力入口装置中各种部件的规格、数量，符合设计要求。

b. 热计量装置、过滤器、压力表、温度计的安装位置、方向正确，并便于观察、维护。

c. 水力平衡装置及各类阀门的安装位置、方向正确，并便于操作和调试。安装完毕后，应根据系统水力平衡要求进行调试并做出标志。

F. 采暖管道保温层和防潮层的应符合下列规定：

a. 保温层应采用不燃或难燃材料，其材质、规格及厚度等应符合设计要求。

b. 保温管壳的粘贴应牢固、铺设应平整；硬质或半硬质的保温管壳每节至少应用防腐金属丝或难腐织带或专用胶带进行捆扎或粘贴 2 道，其间距为 300～350mm，且捆扎、粘贴应紧密，无滑动、松弛及断裂现象。

c. 硬质或半硬质保温管壳的拼接缝隙不应大于 5mm，并用粘结材料勾缝填满；纵缝应错开，外层的水平接缝应设在侧下方。

d. 松散或软质保温材料应按规定的密度压缩其体积，疏密应均匀；毡类材料在管道上包扎时，搭接处不应有空隙。

e. 防潮层应紧密粘贴在保温层上，封闭良好，不得有虚粘、气泡、皱褶、裂缝等缺陷。

f. 防潮层的立管应由管道的低端向高端敷设，环向搭接缝应朝向低端；纵向搭接缝应位于管道的侧面，并顺水。

g. 卷材防潮层采用螺旋形缠绕的方式施工时，卷材的搭接宽度宜为 30～50mm。

h. 阀门及法兰部位的保温层结构应严密，且能单独拆卸并不得影响其操作功能。

G. 采暖系统联合试运转和调试结果，采暖房间温度相对于设计计算温度不得低于 2℃，且不高于 1℃。

H. 采暖系统过滤器等配件的保温层密实、无空隙，不得影响其操作功能。

（5）配电与照明节能工程

1）配电与照明节能工程验收的内容

室内灯具效率的检测，道路灯具、投光灯具的检测，各种镇流器的谐波含量检测，各种镇流器的自身功耗检测，气体放电灯的整体功率因数检测。且生产厂家也应提供以上数据的性能检测报告。

2）配电与照明节能工程现场试验

① 试验目的：通过试验，选择高效的照明光源、灯具及其附属装置，提高建筑照明系统的节能效果。

② 现场试验检验要求

A. 照明光源、灯具及其附属装置，进场验收时应进行技术性能核查，并经监理工程师（建设单位代表）检查认可，并有相关记录。

B. 低压配电系统选择的电缆、电线截面，进场时应对其截面和每芯导体电阻值进行见证取样送检。

C. 低压配电电源质量进行检测，必须是低压配电系统调试合格后进行。

D. 在通电试运行中，按每种功能区检查不少于 2 处，对测试并记录照明系统的照度和功率密度值。

③ 检测数据的统计评定

A. 对低压配电系统进行调试，满足下列几个要求：

a. 供电电压允许偏差：三相供电电压允许偏差为标称系统电压的 ±7%；单相 220V 为 +7%、−10%。

b. 公共电网谐波电压限值为：380V 的电网标称电压，电压总谐波畸变率（THDu）为 5%，奇次（1～25 次）谐波含有率为 4%，偶次（2～24 次）谐波含有率为 2%。

c. 谐波电流不应超过表 5-27 中规定的允许值。

谐波电流允许值（GB 50411—2007）　　　　　表 5-27

标准电压（kV）	基准短路容量（MVA）	谐波次数及谐波电流允许值（A）											
		2	3	4	5	6	7	8	9	10	11	12	13
0.38	10	78	62	39	62	26	44	19	21	16	28	13	24
		谐波次数及谐波电流允许值（A）											
		14	15	16	17	18	19	20	21	22	23	24	25
		11	12	9.7	18	8.6	16	7.8	8.9	7.1	14	6.5	12

d. 三相电压不平衡度允许值为 2%，短时不得超过 4%。

B. 照明系统的照度值不得小于设计值的 90％；功率密度值符合规范要求。

（6）通风与空调节能工程

1）通风与空调节能工程验收的内容

通风与空调节能工程中的送、排风系统及空调风系统、空调水系统，应符合下列规定：

A. 各系统的制式，应符合设计要求。

B. 各种设备、自控阀门与仪表不得随意增减和更换，按设计要求安装齐全。

C. 水系统各分支管路水力平衡装置、温控装置与仪表的安装位置、方向应符合设计要求，并便于观察、操作和调试。

D. 空调系统应能实现设计要求的分室（区）温度调控功能。对设计要求分栋、分区或分户（室）冷、热计量的建筑物，空调系统应能实现相应的计量功能。

2）通风与空调节能工程现场试验

① 现场试验检验要求

A. 通风与空调系统节能工程所使用的设备、管道、阀门、仪表、绝热材料等产品进场时，应按设计要求对其类型、材质、规格及外观等进行验收，并应对下列产品的技术性能参数进行核查。各种产品和设备的质量证明文件和相关技术资料应齐全，并应符合有关国家现行标准和规定。

a. 组合式空调机组、柜式空调机组、新风机组、单元式空调机组、热回收装置等设备的冷量、热量、风量、风压、功率及额定热回收效率。

b. 风机的风量、风压、功率及其单位风量耗功率。

c. 成品风管的技术性能参数。

d. 自控阀门与仪表的技术性能参数。

B. 风机盘管机组和绝热材料进场时，按同一厂家的风机盘管机组按数量复验 2％，但不得少于 2 台；同一厂家同材质的绝热材料复验次数不得少于 2 次的检查频率，对其下列技术性能参数进行复验，复验应为见证取样送检。

a. 风机盘管机组的供冷量、供热量、风量、出口静压、噪声及功率。

b. 绝热材料的导热系数、密度、吸水率。

C. 按同类产品的数量抽查 20％，且不得少于 1 台的检查频率，采用尺量和核查风管及风管系统严密性检验记录的方法对风管进行检验：

a. 风管的材质、断面尺寸及厚度。

b. 风管与部件、风管与土建及风管间的连接。

c. 风管的严密性及风管系统的严密性检验和漏风量。

D. 按数量抽查 10％，且不得少于 1 个系统的检查频率，采用全数观察和核查漏风量测试记录的方法对组合式空调机组、柜式空调机组、新风机组、单元式空调机组进行检验：

a. 各种空调机组的规格、数量。

b. 安装位置和方向应正确，与风管、送风静压箱、回风箱的连接。

c. 现场组装的组合式空调机组各功能段之间连接应严密，做漏风量的检测。

E. 按总数抽查 10％，且不得少于 5 台的检查频率，采用观察检查的方法对通风与空调系统中风机进行检验：

a. 规格、数量。

b. 安装位置及进、出口方向和与风管的连接。

F. 按总数抽检 20%，且不得少于 1 台的检查频率，采用观察检查的方法带热回收功能的双向换气装置和集中排风系统中的排风热回收装置进行检验：

a. 规格、数量及安装位置。

b. 进、排风管的连接。

c. 室外进、排风口的安装位置、高度及水平距离。

G. 管道按轴线长度抽查 10%；风管穿楼板和穿墙处及阀门等配件抽查 10%，且不得少于 2 个的检查频率，采用观察和钢针刺入绝热层、尺量检查的方法，对空调风管系统及部件的绝热层和防潮层进行检验：

a. 绝热层应采用不燃或难燃材料，其材质、规格及厚度。

b. 绝热层表面应平整。

c. 风管法兰部位绝热层的厚度。

H. 按数量抽查 10%，且绝热层不得少于 10 段、防潮层不得少于 10m、阀门等配件不得少于 5 个的检查频率，采用观察和钢针刺入绝热层、尺量检查的方法，对空调水系统管道及配件的绝热层和防潮层进行检验。

I. 按数量抽检 5%，且不得少于 5 处的检查频率，采用观察、尺量检查的方法，对空调水系统的冷热水管道与支、吊架之间应设置绝热衬垫进行检验。

J. 通风与空调系统安装完毕，应进行通风机和空调机组等设备的单机试运转和调试，并应进行系统的风量平衡调试。

② 检测数据的统计评定

A. 空调系统能实现设计要求的分室（区）温度调控功能。对设计要求分栋、分区或分户（室）冷、热计量的建筑物，空调系统能实现相应的计量功能。

B. 风管的制作与安装检验结果应符合下列规定：

a. 风管的材质、断面尺寸及厚度符合设计要求。

b. 风管与部件、风管与土建及风管间的连接严密、牢固。

c. 风管的严密性及风管系统的严密性检验和漏风量，符合设计要求或现行国家标准有关规定。

C. 组合式空调机组、柜式空调机组、新风机组、单元式空调机组的安装应符合下列规定：

a. 安装位置和方向正确，且与风管、送风静压箱、回风箱的连接应严密可靠。

b. 现场组装的组合式空调机组各功能段之间连接应严密，漏风量检测的结果应符合现行国家标准规定。

c. 机组内的空气热交换器翅片和空气过滤器应清洁、完好，且安装位置和方向正确，并便于维护和清理。当设计未注明过滤器的阻力时，应满足粗效过滤器的初阻力 $\leqslant$ 50Pa，粒径 $\geqslant$ 5.0μm，效率：80% $>E\geqslant$ 20%；中效过滤器的初阻力 $\leqslant$ 80Pa，粒径 $\geqslant$ 1.0μm，效率：70% $>E\geqslant$ 20% 的要求。

D. 风机盘管机组的检验应符合下列规定：

a. 位置、高度、方向应正确，并便于维护、保养。

b. 机组与风管、回风箱及风口的连接应严密、可靠。

E. 通风与空调系统中风机的检验时，与风管的连接应严密、可靠。

F. 带热回收功能的双向换气装置和集中排风系统中的排风热回收装置检验时，进、排风管的连接应正确、严密、可靠。

G. 空调风管系统及部件的绝热层和防潮层检验应符合下列规定：

a. 绝热层的材质、规格及厚度等应符合设计要求。

b. 绝热层与风管、部件及设备紧密贴合，无裂缝、空隙等缺陷，且纵、横向的接缝错开。

c. 绝热层表面应平整，当采用卷材或板材时，其厚度允许偏差为 5mm；采用涂抹或其他方式时，其厚度允许偏差为 10mm。

d. 风管法兰部位绝热层的厚度，不应低于风管绝热层厚度的 80%。

e. 风管穿楼板和穿墙处的绝热层应连续不间断。

f. 防潮层（包括绝热层的端部）应完整，且封闭良好，其搭接缝应顺水。

g. 带有防潮层隔气层绝热材料的拼缝处，应用胶带封严，粘胶带的宽度不应小于 50mm。

H. 空调水系统管道及配件的绝热层和防潮层检验，应符合下列规定：

a. 绝热层的材质、规格及厚度等应符合设计要求。

b. 绝热管壳的粘贴牢固、铺设平整；硬质或半硬质的绝热管壳每节至少用防腐金属丝或难腐织带或专用胶带进行捆扎或粘贴 2 道，其间距为 300~350mm，且捆扎、粘贴应紧密，无滑动、松弛与断裂现象。

c. 硬质或半硬质绝热管壳的拼接缝隙，保温时不应大于 5mm、保冷时不应大于 2mm，并用粘结材料勾缝填满；纵缝应错开，外层的水平接缝应设在侧下方。

d. 防潮层与绝热层应结合紧密，封闭良好，不得有虚粘、气泡、皱褶、裂缝等缺陷；

e. 卷材防潮层采用螺旋形缠绕的方式施工时，卷材的搭接宽度宜为 30~50mm。

I. 空调水系统冷热水管道与支、吊架之间设置的绝热衬垫，其厚度不应小于绝热层厚度，宽度应大于支、吊架支承面的宽度。衬垫的表面应平整，衬垫与绝热材料之间应填实无空隙。

J. 通风机和空调机组等设备的单机试运转和调试以及风量平衡调试的结果：单机试运转和调试结果符合设计要求；系统的总风量与设计风量的允许偏差不应大于 10%，风口的风量与设计风量的允许偏差不应大于 15%。

6. 市政道路、桥梁工程

（1）路基工程

1）路基工程的验收内容

① 土方路基施工前，对路基回填土进行天然含水量、液限、塑限、标准击实、CBR试验，必要时应做颗粒分析、有机质含量、易溶盐含量、冻膨胀和膨胀量等试验。

② 土方路基试验内容：压实度、弯沉值。

③ 填石路堤应先修筑试验段，以确定能达到最大压实干密度的松铺厚度与压实机械组合，及相应的压实遍数、沉降差等施工参数。

2）路基工程的现场试验

① 现场试验检验要求

A. 土方路基填方材料的强度（CBR）值应符合设计要求，其最小强度值应符合表 5-28 中规定。对液限大于 50%、塑性指数大于 26、可溶盐含量大于 5%、700℃有机质烧失量大于 8% 的土，未经技术处理不得用作路基填料。

路基填料强度（CBR）的最小值（CJJ 1—2008）　　表 5-28

填方类型	路床顶面以下深度（cm）	最小强度（%）	
		城市快速路、主干路	其他等级道路
路床	0~30	8.0	6.0
路基	30~80	5.0	4.0
路基	80~150	4.0	3.0
路基	>150	3.0	2.0

B. 土的压实度试验方法及使用范围：

a. 环刀法试验方法适用于细粒土。

b. 灌水法试验方法适用于现场测定粗粒土的压实度。

c. 灌砂法试验方法适用于现场测定粗粒土的压实度。

C. 砂的压实度试验方法及使用范围：相对密度试验方法适用于粒径不大于 5mm 的土，且粒径 2~5mm 的试样质量不大于试样总质量的 15%。

D. 土方路基压实度按环刀法、灌砂法或灌水法，按每 1000m²，每压实层抽检 3 点的频率进行检测。

E. 按每车道、每 20m 测 1 点的频率使用弯沉仪对路基弯沉进行检测。

F. 盐渍土路基施工中应对填料的含盐量及其均匀性加强监控，路床以下每 1000m³ 填料、路床部分每 500m³ 填料至少应做一组试件（每组取 3 个土样），不足上列数量时，也应做一组试样。

G. 按每 1000m²，每压实层抽检 3 点的频率，利用水准仪测量石方路基的沉降差。

H. 按每 100m，每侧各抽检 1 点的频率，采用环刀法、灌砂法或灌水法对路肩压实进行检测，且压实度应不小于 90%。

I. 最大干密度及最佳含水量

a. 土及土石混合使用的是轻型或重型击实试验。

取样：用四分法取代表土样 20kg（重型为 50kg）。若为灰土，白灰的取样数量按比例而定。

b. 砂使用的是相对密度试验：砂的最小干密度试验宜采用漏斗法和量筒法，砂的最大干密度试验采用振动锤击法。

② 检测数据的统计评定

A. 土方路基压实度的标准符合表 5-29 中规定。

路基压实度标准（CJJ 1—2008）　　　　　　　　　表 5-29

填挖类型	路床顶面以下深度(cm)	道路类别	压实度（%）(重型击实)	检验频率		检验方法
				范围	点数	
挖方	0～30	城市快速路、主干路	95	1000m²	每层1组(3点)	细粒土用环刀法，粗粒土用灌水法或灌砂法
		次干路	93			
		支路及其他小路	90			
填方	0～80	城市快速路、主干路	95			
		次干路	93			
		支路及其他小路	90			
	>80～150	城市快速路、主干路	93			
		次干路	90			
		支路及其他小路	90			
	>150	城市快速路、主干路	90			
		次干路	90			
		支路及其他小路	87			

B. 土方路床应平整、坚实、无显著轮迹、翻浆、波浪、起皮等现象，路堤边坡应密实、稳定、平顺等。

C. 石方路基路床的顶面应嵌缝牢固，表面均匀、平整、稳定，无推移、浮石。其边坡必须稳定，严禁有松石、险石。

D. 人行道路床压实度检查数量：每 100m 查 2 点；挡土墙施工时压实度检查数量：每压实层、每 500m² 取 1 点，不足 500m² 也取 1 点；倒虹管及涵洞回填土压实度检查数量：每压实层抽查 3 点。检验方法：环刀法、灌砂法、灌水法。

③ 弯沉试验现场准备

A. 测试车：采用后轴 10t 标准轴载，BZZ-100 的汽车。

B. 测试路段按设计画好行车道分隔线，并每 20m 一点标注桩号（线路短于 50m 的可 10m 一个点）。

C. 备注四名辅助工，协助拿弯沉仪；一名指挥员，指挥测试车行驶。

④ 管道闭水试验试验程序

在具备了闭水条件后，试验从上游往下游分段进行，上游试验完毕后，可往下游充水，倒段试验以节约用水。试验各阶段如下：

A. 注水浸泡：闭水试验的水位，应为试验段上游管内顶以上 2m，将水灌至接近上游井口高度。注水过程应检查管堵、管道、井身，无漏水和严重渗水，在浸泡管和井 24h 后进行闭水试验。

B. 闭水试验：将水灌至规定的水位，开始记录，对渗水量的测定时间，不少于 30min，根据井内水面的下降值计算渗水量，渗水量不超过规定的允许渗水量即为合格。

C. 按混凝土管 $q = 1.25 \sqrt{D_i}/24$ 计算出允许渗水量，其中 D_i 指管道内径。

D. 渗水量试验时间 30min，恒压时间内补入的水量 $W(L)$ 则按 $L/(h \times m)$ 计算出渗水量。h 指恒压时间，m 指试验管道长度。

当 $Q \leqslant$ 允许渗水量时，试验即为合格。

（2）基层工程

1）基层工程验收内容

① 基层工程施工前，对初步确定使用的底基层和基层的混合料，应进行表 5-30 所列的试验。

初步确定使用的底基层和基层的混合料应做试验项目（CJJ 1—2008）　　表 5-30

试验项目	目的
重型击实试验	求最佳停水量和最大干密度，以规定工地碾压时的含水量和应该达到的最小干密度，确定制备强度试验和耐久性试验的试件所应该用的含水量和干密度，确定制备承载比试件的材料含水量
承载比	求工地预期干密度下的承载比，确定材料是否适宜做基层或底基层
抗压强度	进行材料组成设计，选定最适宜于用水泥或石灰稳定的土（包括粒料）；规定施工中所用的结合料剂量；为工地提供评定质量的标准

② 基层施工的检测内容：

A. 无结合料底基层检测包括压实度、弯沉值。

B. 级配碎石或卵石（或砾石）检测包括压实度、颗粒组成、弯沉值。

C. 填隙碎石或卵石检测包括压实度、弯沉值。

D. 水泥土、石灰土、二灰及二灰土检测包括压实度、水泥或石灰剂量（%）。

E. 水泥稳定土、石灰稳定土、石灰工业废渣稳定土包括压实度、颗粒组成、水泥或石灰剂量（%）。

2）基层工程的现场试验

① 现场试验检验要求

A. 对用做底基层和基层的原材料，应进行表 5-31 所列的试验及试验方法。

用做底基层和基层的原材料的试验项目（CJJ 1—2008）　　表 5-31

试验项目	材料名称	目的	频率	仪器和试验方法
含水量	土、砂砾、碎石或卵石等集料	确定原始含水量	每天使用前测 2 个样品	烘干法、酒精燃烧法、含水量快速测定仪
颗粒分析	砂砾、碎石或卵石等集料	确定级配是否符合要求，确定材料配合比	确定级配是否符合要求，确定材料配合比	筛分法
液限、塑限	土、级配砾石或级配碎石或卵石中 0.5mm 以下的细土	求塑性指数，审定是否符合规定	每种土使用前测 2 个样品，使用	液限塑限联合测定法测液限；滚搓法塑限试验测塑限
相对毛体积密度、吸水率	砂砾、碎石或卵石等	评定粒料质量，计算固体体积率	使用前测 2 个样品，砂砾使用过程中每 2000m³ 测 2 个样品，碎石或卵石种类变化重做 2 个样品	网篮法或容积 1000mL 以上的比重瓶法
压碎值	砂砾、碎石或卵石等	评定石料的抗压碎能力是否符合要求	同上	集料压碎值试验
有机质和硫酸盐含量	土	确定土是否适宜于用石灰或水泥稳定	对土有怀疑时做试验	有机质含量试验，易溶盐试验

试验项目	材料名称	目的	频率	仪器和试验方法
有效钙、氧化镁	石灰	确定石灰质量	做材料组成设计和生产使用时分别测2个样品，以后每月测2个样品	石灰的化学分析
水泥强度等级和终凝时间	水泥	确定水泥的质量是否适宜应用	做材料组成设计时测1个样品，料源或强度等级变化时重测	水泥胶砂强度检验方法，水泥凝结时间检验方法
烧失量	粉煤灰	确定粉煤灰是否适用	做材料组成设计前测2个样品	烧失量试验

B. 基层混合料

基层检测时，应保证表面平整、坚实、无粗细骨料集中现象，无明显轮迹、推移、裂缝，接茬平顺，无贴皮、散料。

a. 无侧限抗压强度试验最少试件数量应不小于表 5-32 的规定，如果试验结果的偏差系数大于表中的规定值，则应重做试验，并找原因，加以解决。如不能降低偏差系数，则应增加试件数量。试件在规定温度下保湿养生 6d，浸水 24h 后，进行 7d 无侧限抗压强度试验。

无侧限抗压强度试验最少试件数量（CJJ 1—2008）　　　　表 5-32

偏差系数 土壤类别	<10%	10%~15%	15%~20%
细粒土	6	9	—
中粒土	6	9	13
粗粒土	—	9	13

b. 7 天龄期的无侧限抗压强度取样数量应符合表 5-33 要求。

7 天龄期的无侧限抗压强度　　　　表 5-33

品种	检验频率	样品数量（kg）
细粒土（最大粒径≤10mm）	每一作业段或2000m² 测 1 次	5
中粒土（最大粒径≤25mm）		20
粗粒土（最大粒径≤40mm）		100

c. 施工过程中的试验检测、频率和质量标准应符合表 5-34 要求。

试验检测、频率和质量标准（CJJ 1—2008）　　　　表 5-34

工程类别	项目	频率	质量标准
无结合料底基层	压实度	每一作业段或不大于 2000m² 检查 6 次以上	96% 以上，填隙碎石或卵石以固体体积率表示，不小于 83%
	塑性指数	每1000m²1 次，异常时间随时试验	小于规范规定值
	承载比	每 3000m²1 次，据观察，异常时随时增加试验	小于规范规定值
	弯沉值	每一评定段（不超过 1km）每车道 40~50 个测点	95%（二级及二级以下公路）或 97.7%（高速公路和一级公路）概率的上波动界限不大于计算得的容许值

续表

工程类别	项目		频率	质量标准
无结合料基层	级配		每 2000m² 1 次	在规范规定范围内
	压实度		每一作业段或不超过 2000m² 检查 6 次以上	级配集料基层 98%，中间层 100%，填隙碎石或卵石固体体积率 85%
	塑性指数		每 1000m² 1 次，异常时间随时试验	小于规范规定值
	承载比		每 2000m² 1 次	小于规范规定值
	弯沉值		每一评定段（不超过 1km）每车道 40～50 个测点	95%（二级及二级以下公路）或 97.7%（高速公路和一级公路）概率的上波动界限不大于计算得的容许值
水泥或石灰稳定土及综合稳定土	级配		每 2000m² 1 次	在规范规定范围内
	水泥或石灰剂量		每 2000m² 1 次，至少 6 个样品，用滴定法或用直读式测钙仪试验，并与实际水泥或石灰用量校核	不小于设计值的 1.0%
	压实度	稳定细粒土	每一作业段或不超过 2000m² 检查 6 次以上	二级及二级以下公路 93% 以上，高速公路和一级公路 95% 以上
		稳定中粒土和粗粒土		二级及二级以下公路的底基层 95%，基层 97%；高速公路和一级公路的底基层 96%，基层 98%
	抗压强度		稳定细料土，每一作业段或每 2000m² 6 个试件；稳定中粒土和粗粒土，每一作业段或 2000m² 6 个或 9 个试件	符合规范规定要求

d. 对于无机结合料稳定基层，应取钻件（俗称路面芯样）检验其整体性。水泥稳定基层的龄期 7～10d 时，应能取出完整的钻件。二灰稳定基层的龄期 20～28d 时，应能取出完整的钻件。

② 检测数据的统计评定

A. 石灰稳定土，石灰、粉煤灰稳定砂砾（碎石或卵石），石灰、粉煤灰稳定钢渣基层及底基层检验结果应符合下列规定：

a. 压实度：城市快速路、主干路基层不小于 97%、底基层不小于 95%；其他等级道路基层不小于 95%、底基层不小于 93%。

b. 基层、底基层试件作 7d 饱水无侧限抗压强度，应符合设计要求。

B. 水泥稳定土类基层及底基层检验结果应符合下列规定：

a. 基层、底基层的压实度：城市快速路、主干路基层不小于 97%；底基层不小于 95%；其他等级道路基层不小于 95%；底基层不小于 93%。

b. 基层、底基层 7d 的饱水无侧限抗压强度应符合设计要求。

C. 级配砂砾及级配砾石基层及底基层检验结果应符合下列规定：

a. 基层、底基层的压实度：基层不小于 97%、底基层不小于 95%。

b. 弯沉值，设计规定时不得大于设计规定。

（3）路面工程

1）路面工程的检验内容

① 水泥混凝土路面

A. 开工前，应按设计要求进行混凝土配合比试验工作，满足弯拉强度、抗裂、耐久性抗磨等性能要求。

B. 施工过程中的检验内容包括：混凝土抗压、抗折试件取样；验收时的检验内容包括：构造深度。

② 沥青混凝土路面

A. 使用旧的水泥混凝土路面作为基层加铺沥青混合料面层时，应对原混凝土路面做弯沉试验，符合设计要求。

B. 开工前，应对当地同类道路的沥青混合料配合比及其使用情况进行调研，借鉴成功经验，开展沥青配合比试验工作。

C. 施工过程中的检验内容包括：混合料原材料、马歇尔、混合料级配。

D. 验收时的检验内容包括：路面弯沉、平整度、构造深度、摩擦系数摆值、横向力系数、渗水系数，面层压实度和总厚度。

2）路面工程的现场试验

① 水泥混凝土路面现场试验检验要求及控制标准

水泥混凝土面层检测时，应保证板面平整、密实，边角应整齐、无裂缝，并不得有石子外露和浮浆、脱皮、踏痕、积水等现象，蜂窝麻面面积不得大于总面积的 0.5%。

A. 混凝土弯拉、抗压强度：每 $100m^3$ 的同配合比的混凝土，取样 1 次；不足 $100m^3$ 时按 1 次计。每次取样应至少留置 1 组标准养护试件。同条件养护试件的留置组数应根据实际需要确定。

B. 混凝土面层厚度应符合设计规定，允许误差为±5mm，每 $1000m^2$ 1 组（1 点）。

C. 抗滑构造深度应符合设计要求：每 $1000m^2$ 1 点，检验方法：铺砂法。

② 沥青混凝土路面现场试验检验要求及控制标准

沥青混凝土面层检测时，表面应保证平整、坚实，接缝紧密，无枯焦；不得有明显轮迹、推挤裂缝、脱落、烂边、油斑、掉渣等现象，不得污染其他构筑物。面层与路缘石、平石及其他构筑物应接顺，不得有积水现象。

沥青路面弯沉试验前准备的工作：在受检道路标上起讫桩号。为防止面层被污染，用醒目的粘贴签按 20m 一个间隔贴在道路两边的路缘石上，以便机械车辆按桩号停放。

A. 粘层、透层与封层

沥青洒布量的现场检测方法：本方法是为了避免乳化沥青中掺加了过量的稀释物。

首先，视路段的长短，但最少准备 3~5 块 50cm×50cm 的不渗水板或者盘，并称其质量 m_1，均匀放置需要洒布路段的中。当洒布完毕后，将不渗水板或盘依旧放置在路上，直到表面干燥。取出不渗水板或盘称其质量 m_2，然后按式 5-7 计算沥青洒布量：

$$(m_1 - m_2)/0.25 \quad 单位：kg/m^3 \qquad 式 5-7$$

求出 3~5 个沥青洒布量的平均值，即为该路段洒布量。

B. 沥青混合料施工过程中材料的检测内容与要求，符合表 5-35 的要求。

材料的检测（CJJ 1—2008）　　　　　　　　　　　表 5-35

材料	检查项目	高速公路、一级公路 城市快速路、主干路	其他等级公路 与城市道路
粗集料	外观（石料品种、扁平细长颗粒、含泥量等）	随时	随时
	颗粒组成	必要时	必要时
	压碎值	必要时	必要时
	磨光值	必要时	必要时
	洛杉矶磨耗值	必要时	必要时
	含水量	施工需要时	施工需要时
	松方单位重	施工需要时	施工需要时
细集料	颗粒组成	必要时	必要时
	含水量	施工需要时	施工需要时
	松方单位重	施工需要时	施工需要时
矿粉	外观	随时	随时
	<0.075mm 含量	必要时	必要时
	含水量	必要时	必要时
石油沥青	针入度	每 100t　1 次	每 100t　1 次
	软化点	每 100t　1 次	必要时
	延度	每 100t　1 次	必要时
	含蜡量	必要时	必要时
乳化沥青	黏度	每 50t　1 次	每 100t　1 次
	沥青含量	每 50t　1 次	每 100t　1 次

注：1. 表列内容是在材料进场进时已按"批"对材料进行了全面检查的基础上，日常施工过程中质量检查的项目与要求列的。

　　2. "必要时"是指施工企业、监理、质量监督部门、业主等各个部门对其质量发生怀疑，提出需要检查时，或是根据需要商定的检查频度。

C. 热拌沥青混合料面层

a. 混合料面层压实度，对城市快速路、主干路不得小于 96%；对次干路及以下道路不得小于 95%。检查频率：每 1000m² 测 1 点。

b. 面层厚度应符合设计规定，允许偏差为 -5～+10mm。检查频率：每 1000m² 测 1 点。检验方法：钻孔或刨挖，用钢尺量。

c. 弯沉值，不得大于设计规定。检查频率：每车道、每 20m，测 1 点。检验方法：弯沉仪检测。

D. 冷拌沥青混合料面层

a. 冷拌沥青混合料的压实度不得小于 95%。检查频率：每 1000m² 测 1 点。

b. 面层厚度应符合设计规定，允许偏差为 -5～+15mm。检查频率：每 1000m² 测 1 点。检验方法：钻孔，用钢尺量。

E. 沥青贯入式面层压实度不应小于 95%，检查频率：每 1000m² 抽检 1 点，检查方法：灌砂法、灌水法、蜡封法；弯沉值按每车道、每 20m，测 1 点；面层厚度，允许偏差为 -5～+15mm，检查数量每 1000m² 抽检 1 点，检验方法：钻孔，用钢尺量。

F. 沥青混合料铺筑人行道面层：沥青混合料压实度不得小于 95%，检查频率：每

100m 测 2 点。

③ 桥梁桥面沥青混凝土面层

A. 混凝土桥面防水层粘结检验频率及方法见表 5-36。

混凝土桥面防水层粘结检验频率及方法（CJJ 2—2008）　　表 5-36

项目	允许偏差（mm）	检验频率		检验方法
		范围	点数	
防水涂膜厚度	符合设计要求；设计未规定时 ±0.1	每 200m²	4	用测厚仪检测
粘结强度（MPa）	不小设计要求，且≥0.3（常温），≥0.2（气温≥35℃）	每 200m²	4	拉拔仪（拉拔速度：10mm/min）
抗剪强度（MPa）	不小设计要求，且≥0.4（常温），≥0.3（气温≥35℃）	1 组	3 个	剪切仪（剪切速度：10mm/min）
剥离强度（N/m）	不小设计要求，且≥0.3（常温），≥0.2（气温≥35℃）	1 组	3 个	90°剥离仪（剪切速度：10mm/min）

B. 钢桥面防水层粘结检验频率及方法见表 5-37。

钢桥面防水层粘结检验频率及方法（CJJ 2—2008）　　表 5-37

项目	允许偏差（mm）	检验频率		检验方法
		范围	点数	
粘结层厚度	符合设计要求	每洒布段	6	用测厚仪检测
粘结层与基层结合力（MPa）	不小于设计要求	每洒布段	6	用拉拔仪检测
防水层总厚度	不小于设计要求	每洒布段	6	用测厚仪检测

C. 涂料涂刷遍数、涂层厚度均应符合设计要求。

检查数量：接每 500m² 为一检验批，不足 500m² 的也为一个检验批，每个检验批每 100m² 至少检验一处。

④ 沥青面层交工检查时试验检测项目及控制标准应符合表 5-38 的要求。

沥青面层交工检查时试验检测项目及控制标准　　表 5-38

路面类型	项目		检查频度	质量要求或允许偏差（单点检验）	
				高速公路、一级公路 城市快速路、主干路	其他等级公路 与城市道路
沥青混凝土、沥青碎石或卵石路面	面层总厚度[a]	代表值	每 1km　5 点	−8mm	−5mm 或 −8%
		极值	每 1km　5 点	−15mm	−10mm 或 −15%
	上面层总厚度[a]	代表值	每 1km　5 点	−4mm	
		极值	每 1km　5 点	−8mm	
	平整度	标准差	全线连续	1.8mm	2.5mm
		最大间隙	每 1km10 处，各连续 10 尺		5mm
	沥青用量		每 1km　1 点	±0.3%	±0.5%
	矿料级配		每 1km　1 点	符合设计级配	符合设计级配
	压实度[b]	代表值	每 1km　5 点	符合设计要求	符合设计要求

路面类型	项目		检查频度	质量要求或允许偏差（单点检验）	
				高速公路、一级公路 城市快速路、主干路	其他等级公路 与城市道路
沥青混凝土、沥青碎石或卵石路面		弯　沉c	每20m　1点	符合设计要求	符合设计要求
	抗滑表层d	构造深度	每1km　5点	符合设计要求	符合设计要求
		摩擦系数摆值	每1km　5点	符合设计要求	符合设计要求
		横向力系数μ	全线连续	符合设计要求	符合设计要求

　　a　高速公路、一级公路面层除验收总厚度外，尚须验收上面层厚度。其他等级公路，当设计厚度大于6cm时，以厚度的百分数计，不大于6cm时，以绝对值控制。

　　b　表中压实度以马歇尔试验密度为标准密度。

　　c　弯沉可选用贝克曼梁或自动弯沉仪。

　　d　抗滑表层的摩擦系数摆值或横向力系数根据设计需要决定是否检测。

　　注：各项指标应按单个测值评定，有关代表值要按规定进行计算。

（4）桥梁工程

1）桥梁工程的验收内容

① 施工前的各种配合比试验工作，台背回填土的标准击实试验。

② 施工中原材料检测，混凝土抗压、抗渗等试件取样，砂浆试件取样，地基承载力，桩基完整性、漆膜厚度、焊缝无损等结构性检测。

③ 桥梁竣工时的验收内容：主体钢筋保护层厚度及结构强度、整桥动、静载试验。

　　验收后的桥梁工程，应结构坚固、表面平整、色泽均匀、棱角分明、线条直顺、轮廓清晰，满足城市景观要求。

2）桥梁工程的现场试验要求及规定要求

① 泥浆性能检测

A. 泥浆含砂量试验步骤：

a. 把泥浆充至测管上标有"泥浆"字样的刻线处，加清水至标有"水"的刻线处，堵死管口并摇振。

b. 倾倒该混合物于滤筒中，丢弃通过滤筛的液体，再加清水于侧管中。摇振后再倒入滤筒中。反复，直至测管内清洁为止。

c. 用清水冲洗筛网上所得的砂子，剔除残留泥浆。

d. 把漏斗套进滤筒，然后慢慢翻转过来，并把漏斗嘴插入测管内。用清水把附在筛网上的砂子全部冲入管内。

e. 待砂子沉淀后，读出砂子的百分含量。

B. 泥浆比重计试验步骤：

a. 标定：将泥浆杯中盛满纯净水，盖上杯盖，此时应有纯净水从杯盖中心孔溢出，擦干净泥浆杯外，将泥浆杯连同秤杆放在泥浆比重计支架上，移动砝码至1，然后将钢珠放入秤杆后的调节筒，盖上筒盖，直到秤杆平衡（气泡居中），倒出泥浆杯中的纯净水。

b. 将泥浆杯中盛满泥浆，此时应有泥浆从杯盖中心孔溢出，擦净泥浆杯外的泥浆，将泥浆杯连同秤杆放在泥浆比重计支架上，移动砝码使秤杆平衡（气泡居中），读出的数值即为泥浆比重。

C. 泥浆黏度计试验步骤：

a. 用手指堵泥浆黏度计的下管口，用有隔层的量杯容量，一端为 $500cm^3$，另一端为 $200cm^3$，将两端共 $700cm^3$ 的泥浆过网筛注入黏度计。

b. 用有隔层量杯容量为 $500cm^3$ 一端，接泥浆，移开手指的同时开动秒表，量杯接满泥浆停止计时，所需的时间即为泥浆黏度，单位为秒。

D. 泥浆性能三指标

泥浆调制时：黏度（Pa.s）：$22\sim30$，含砂率（%）$\leqslant4$，相对密度：$1.2\sim1.4$；清孔后泥浆指标：黏度（Pa.s）：$17\sim20$，含砂率（%）$\leqslant2$，相对密度：$1.03\sim1.1$。

② 灌注桩灌注混凝土用导管密闭性试验

A. 先把导管首尾用密封扣件相连。

B. 把拼装好的导管，两端封闭，两端焊水管接头，从一端灌入 70% 的水，导管需滚动数次，经过 15min 不漏水即为合格。

③ 预应力孔道压浆剂、支座灌浆料流动度试验方法

A. 校准：称取纯净水 $1725\pm5g$ 倒入底端封闭的流动度测试仪（容积：$1725\pm5mL$），将点测规下旋接近水面，开启底口，使水自由流出，流出的时间应为 $8.0\pm0.2s$。

B. 正式测定时，先将漏斗调整水平，封闭底口，将搅拌均匀的浆体均匀倾入漏斗内，直至表面触及点测规下端（$1725\pm5mL$ 浆体）。开启底口，使浆体自由流出，记录浆体全部流出时间（s），称为压浆剂、灌浆料的流动度测量，结果精确到 $0.5s$。

④ 桥梁动静载试验

为了全面检验大跨径桥梁设计、施工质量，也为了更好地了解结构体系在试验荷载作用下的实体工作状态和受力特性，在桥梁开通之前必须进行现场竣工静动载试验。

注：大跨径桥梁是指跨径大于 40m 的梁式桥、跨径大于 60m 的拱式桥；另外也应按各地方针对本地桥梁检测的要求以及设计要求进行桥梁动静载检测。

静载试验对于新建桥梁静载试验主要是为了判断和检测桥梁的结构设计和施工质量，检验桥梁结构的承载能力和使用状态，其试验结果是评定工程质量优劣的主要依据之一。通常对于新型、异形结构、新材料、新工艺施工的桥梁，也采用静载试验来了解其实际承载能力，核实理论计算和设计参数。

动载试验是为了研究桥梁结构的自振特性和车辆动力荷载与桥梁结构的联合振动特性，动载试验的检验结果是判断桥梁运营能力和承载能力的重要指标。动态荷载会对路面产生附加动压力和动应变，这种附加的动压力和动应变会加带路面的损坏，研究动态荷载对桥梁维护和设计有着重要意义。

试验步骤如下：

A. 公路桥梁动静载试验组织：

第一，收集设计文件、施工资料、验收报告、试验材料、交通量分析等技术资料。

第二，桥梁现状的外观检查，其目的是初步分析桥梁病害原因、桥梁大致工作情况，包括上下部结构、支座等的外观检查，如构件尺、支座布置、裂缝情况、混凝土剥落情况、附属设施质量等。

第三，动静载试验加载设备选择，静载试验常用的加载设备有车辆荷载直接加辆或重物加载两种，车辆荷载加载是桥梁静载试验采用较多的方法，一般利用重型载重汽车或施

工机械车辆进行，重物加载承载架的搭设和加载物的堆放应注意安全、合理，符合加载重量分布的要求。

B. 现场准备工作包括脚手架的搭设、加载位置的放样、试验程序技术交底、仪器仪表检查标定等，具体如下安排：

第一，脚手架的搭设要以经济、方便、安全为原则，要充分考虑测试人员的安全和测量结果的准确度，不能影响仪表、测点正常工作且不能干扰测点的附属设施，如果不方便搭设脚手架，可根据情况采用吊架、挂篮等。

第二，放样是为了使加载位置更为准确，在时间允许和程序较少的情况下，可在加载程序前临时放样，但如果加载程序较多则需要预先放样并标明加载程序的荷载位置，同时还应预先安排试验卸载位置。

第三，技术交底需要在正式试验前进行，技术交底包括测试内容、试验程序、注意事项等方面，要保证整个测试团队所有人员都做到心中有数。

C. 桥梁静载试验：静载试验的试验孔选择需要结合被测桥梁的具体情况进行，多孔结构桥梁相同跨径的结构可选 1～3 个具有代表性的桥孔进行静载试验，选择时要以该孔计算受力最不利，施工质量较差、缺陷较多、病害较重，便于搭设脚手架和试验加载为条件进行。要试验时要注意温度变化对测试结果的影响，最好选择温度较稳定的晚 10 点至早 6 点进行，尤其是加卸载周期较长的试验更要注意温度补偿措施。

D. 桥梁动载试验：在进行动载试验时，要避免振源频率同桥跨结构自振频率相等，以免引起二者共振。动载试验一般包括模态分析、行车试验、跳车试验几部分内容。在布置测点时，要根据动载试验目的和要求，结合桥梁结构形式来确定。拾振器的布置要按照其振型形式在变位较大的位置布设，并尽量避开各阶振型节点，以免出现模态丢失现象。动应变点的布置应设置于结构最大应变截面处，同时还需要注意温度补偿。

六、现场试验资料的管理

《建设工程质量管理条例》第十七条规定，"建设单位应当严格按照国家有关档案管理的规定，及时收集、整理建设项目各环节的文件资料，建立、健全建设项目档案，并在建设工程竣工后，及时向建设行政主管部门或者其他有关部门移交建设项目档案"。工程资料是反映工程实体最终成果的重要性文件，它贯穿于工程建设的全过程，而试验资料是工程资料必不可少的组成部分。

（一）试验台账的建立

台账是工地生产管理的原始记录，真实反映了项目的管理水平和工作质量。建筑工程的施工周期一般比较长，为确保检测试验工作做到不漏检、不错检，并保证检测试验工作的可追溯性，因此记录好试验台账是工程过程管理工作中的一个重要环节，必须按照单位工程分别建立试验台账，以便管理。

真正做好试验台账并不是那么容易，首先是记录台账的人员要有恒心和毅力，坚持注重点滴积累，积少成多，保证台账内容的充实。其次是真实，对台账中收集的信息、数据必须是真实的，如果做假，那么就失去了建立台账的意义了。最后是及时，坚持按时记录相关的数据、措施，时间要准确。

根据《建筑工程检测试验技术管理规范》JGJ 190—2010 的规定：

（1）试验台账应符合下列要求：

1）试验台账包括：钢筋试样台账、钢筋连接接头试验样台账、混凝土试件台账、砂浆试件台账等需要建立的其他试样台账。

2）现场试验人员抽取试样并做出标识后，应按试样编号顺序登记试样台账。

3）检测试验结果为不合格或不符合要求时，应在试样台账中注明处理情况。

4）台账应作为施工资料保存。

（2）试验台账的格式：

通用试样台账（JGJ 190—2010）　　　　　　　　　　　　　　　表 6-1

试样编号	品种/种类	规格/等级	产地/厂别	代表数量	其他参数	是否见证	取样人	送检日期	委托编号	报告编号	检测试验结果	备注

钢筋试样台账（JGJ 190—2010）　　　　　　　　　　　表 6-2

试样编号	种类	规格(mm)	牌号(级别)	厂别	代表数量（t）	炉罐号	是否见证	取样人	取样日期	送检日期	委托编号	报告编号	检测试验结果	备注

钢筋连接接头试样台账（JGJ 190—2010）　　　　　　　表 6-3

试样编号	接头类型	接头等级	代表数量	原材试样编号	公称直径(mm)	是否见证	取样人	取样日期	送检日期	委托编号	报告编号	检测试验结果	备注

混凝土试件试样台账（JGJ 190—2010）　　　　　　　表 6-4

试件编号	浇筑部位	强度、抗渗等级	配合比编号	成型日期	试件类型	养护方式	是否见证	制作人	送检日期	委托编号	报告编号	检测试验结果	备注

注：1. 试件类型是指混凝土试件的试验内容：抗压、抗渗、抗折或者弹性模量等；
　　2. 养护方式包括：标准养护、同条件养护或者混合养护方式。

砂浆试件试样台账（JGJ 190—2010）　　　　　　　　表 6-5

试件编号	浇筑部位	强度等级	砂浆种类	配合比编号	成型日期	养护方式	是否见证	制作人	送检日期	委托编号	报告编号	检测试验结果	备注

注：1. 砂浆种类是指水泥砂浆或混合砂浆；
　　2. 养护方式：标准养护或同条件养护。

（二）试验资料的整理与归档

　　工程试验资料是对工程实物质量的真实写照，是设计、施工、科学研究成果的重要记载，是进行竣工验收评定，编制竣工文件和试验技术总结的主要依据，是工程质量事故调查分析的重要凭证，所以试验资料的整理必须按规范要求做到及时、真实、准确、完整。

1. 试验资料的整理

（1）施工检验试验资料是指按照设计及国家规范标准的要求进行试验，并记录下原始数据和计算结果，所进行的各种检测及测试资料的统称。

工程部位必须写清楚，与工程资料的部位统一。按分部分项填写（单位工程—分部工程—子分部工程—分项工程—检验批）。比如：＊＊楼＊＊轴交＊＊轴＊＊层（＊＊m）＊＊部位，＊＊墩台号＊＊桩基编号（按设计图纸的工程部位填写）

（2）工程开工时应编制实体检验方案，方案中具体应将同条件养护试件的留置方式和取样数量、等效养护龄期、检验方式方法、试验室的资质条件；钢筋保护层厚度检验范围、取样部位数量、偏差、判定方法等明确，方案必须由建设、监理及施工单位共同确认。

主要收集的试验资料内容有：土工试验、混凝土强度检验报告、砂浆强度检验报告、防水工程试水检查记录、桩基检测报告、焊缝探伤检测报告、幕墙物理性能检测报告、水暖、机电系统运转测试报告或测试记录及各种原材料检测报告等。

1）土工试验：回填土施工前应对填料作击实试验，确定最优含水率、最大干密度，并依据设计压实系数计算出控制指标（控制干密度）；对于回填土，应按规范、设计要求，进行液塑限等试验；回填压实后应分段、分层取样进行压实度试验。

2）混凝土强度检验报告：每次混凝土浇筑应按要求留置标准养护试件，混凝土标养试件强度以 28d 龄期为准。混凝土强度检验评定应按不同强度等级、不同分部分批进行汇总，按《混凝土强度检验评定标准》GB/T 50107—2010，进行混凝土标定。

现场混凝土同一强度等级的同条件试件，其留置组数应据混凝土工程量和重要性确定，不宜少于 10 组，且不应少于 3 组；同条件养护试件等效养护龄期可取按日平均温度逐日累计达到 600℃·d 时所对应的龄期，0℃及以下的龄期不计入；等效养护龄期不应小于 14d，也不宜大于 60d。

当设计有特殊要求时，还需做抗冻、抗渗等试验。

3）砂浆试块强度检验报告：同一强度等级、同一配合比、同种原材料的砂浆，每台搅拌机、每一楼层或 250m³ 砌体为一取样单位，基础砌体可按一个楼层计。砂浆强度以标准养护龄期 28 天的试块抗压试验结果为准。按单位工程同品种、同强度等级砂浆为同一验收批的标养 28 天试块，进行砂浆强度评定。

4）防水工程试水检查记录：凡地下室、屋面、厨房、厕所等有防水要求的部位必须有防水工程试水检查记录。人防地下室口部从里做满水 7 天试验，而且每天要填写检查记录；屋面、厨房、厕所等一般做蓄水试验，蓄水最低线水位不得低于 20mm，而且要浸泡 24h 后撤水；不便做试水试验的工程要经过一个雨季的考验，并做好观察记录。

试水检查记录要画简图，并说明试水方法，试水结论要明确。

5）结构实体检验报告：结构验收前，必须做混凝土实体强度检测、钢筋间距规格检测、楼板厚度检测、钢筋保护层检测、拉结筋拉拔力检测等。

6）各种专项检测试验：单位工程竣工验收前，必须做建筑节能工程实体检验、室内环境检测、水电检测、通风与空调检测、消防验收、电梯检测、桥梁成桥动静载等。

7）支护与桩基工程：锚杆应按设计要求进行现场抽样试验，做抗拔力试验；地基应按设计要求进行承载力检验；桩基工程质量检测包括成桩质量（结构完整性）和承载力检测两部分，应先进行成桩质量检测，后进行承载力检测。

8）钢结构工程：钢结构的检验试验记录主要包括全熔透焊缝无损检测报告及记录；节点承载力试验；挠度值检测；焊接工艺评定报告；钢结构涂料厚度检测报告等。

① 探伤报告：设计要求全焊透的一、二级焊缝应用超声波探伤进行内部缺陷的检验，超声波探伤不能对缺陷作出判断时，应采用射线探伤。

② 建筑安全等级为一级、跨度40m及以上的公共建筑钢网架结构，且设计有要求时，应对其焊（螺栓）球节点进行节点承载力试验。

③ 结构安装工程完工，防火涂料施工前，需进行防腐涂料厚度抽查；防火涂料施工完成后也需要检查其厚度。

9）幕墙工程：幕墙的试验检验记录主要包括建筑幕墙四性试验；螺栓抗拔力检验报告；超声波探伤报告、记录；防雷接地电阻测试；幕墙淋水试验记录；高强度螺栓抗滑移系数检测报告；钢结构焊接工艺评定；钢结构涂层厚度检测报告等。

① 物理性试验：幕墙物理性试验必须在开工前进行，符合有关规范和规定后，才可施工。所有幕墙应有抗风压性能、空气渗透性能、雨水渗透性能及平面变形性能检测报告，如果设计有要求，还需增加保温性能、隔声性能、耐撞击性能检测。

② 膨胀螺栓抗拔试验：幕墙工程应以预埋件为主，尽量避免使用膨胀螺栓，如不得已使用，则设计单位应通过验算确定抗拔力，并由检测机构进行现场抗拔力试验。

③ 防雷接地电阻测试：为预防侧击雷的打击，幕墙的金属构架必须做防雷接地，其接地电阻应达到设计要求；也可与水电安装施工单位一起测试。

④ 幕墙淋水试验：幕墙一般做淋水试验，一般两个层高、20m长度为一个试验段。建筑外窗也需要做淋水试验，每种规格外窗抽查5%。试水检查记录要画简图，并说明试水方法，试水结论要明确。

（3）工程物资资料

1）工程物资资料收集的相关要求：第一，质量证明文件的复印件应与原件内容一致，加盖原件存放单位公章，注明原件存放处，并有经办人签字和时间；第二，凡使用的新材料、新产品应由具备鉴定资格的单位或部门出具鉴定证书，同时应有质量标准和试验要求，还应有安装、维修、使用和工艺标准等相关技术文件；第三，进口材料和设备应有商检证明、中文版的质量证明文件、性能检测报告，以及中文版的安装、维修、使用和工艺标准等相关技术文件。第四，涉及消防、电力、卫生、环保等有关物资，须经行政管理部门认可的，应有相应的认可文件。第五，国家规定须经强制认证的产品应有认证标志（CCC），生产厂家应提供认证证书复印件，认证证书应在有效期内。

2）物资资料包括：钢材出厂合格证及试验报告；焊接试验报告、水泥出厂合格证及试验报告；砖出厂合格证及试验报告；预制构件出厂合格证；商品混凝土出厂合格证及试验报告；防水材料出厂合格证及试验报告；砂试验报告；碎（卵）石试验报告；混凝土外加剂试验报告；混凝土掺合料试验报告；混凝土配合比试验报告、砂浆配合比试验报告等。

各相关的物资资料详细如下：

① 对于商品混凝土，混凝土浇灌前商品混凝土供应单位应提供：开盘鉴定、混凝土

配合比设计检验报告（原件）、水泥 3 天出厂合格证及检验报告、砂检验报告、石检验报告、外加剂和掺和料出厂合格证及检验报告。混凝土浇灌 28 天以后，32 天以内，混凝土供应单位应提供商品混凝土合格证、水泥 28 天出厂合格证及试验报告、混凝土抗压强度报告、抗渗试验报告。

混凝土供应单位应按每个配合比计算混凝土碱总含量、CL^- 总含量计算书，出具混凝土碱总含量、CL^- 总含量检验报告。

② 装饰装修工程物资主要包括木材、玻璃、石材、金属板、铝合金型材、钢材、粘结剂及密封材料、五金件及配件、连接件和涂料等检测报告。主要物资应有质量证明文件（产品合格证、检测报告、商检证等）。

③ 预应力工程物资主要包括预应力筋、锚具、夹具和连接器、水泥和预应力混凝土用金属螺旋管等。主要物资应用质量证明文件，包括出厂合格证、检测报告等。预应力筋、锚夹具、连接器等进场复试报告。

④ 钢结构工程物资主要包括钢材、焊接材料、连接用紧固标准件、焊接球、螺栓球、封板、套筒、金属压型板、涂装材料等。主要物资应有质量证明文件，包括出厂合格证、中文标志及检测报告等，按规定应复试的物资必须有复试报告。

⑤ 幕墙需对下列材料及其性能指标进行复验：玻璃幕墙用结构胶的邵氏硬度、标准条件拉伸粘结强度和相容性试验；石材幕墙结构胶粘结强度，密封胶的耐污染性试验报告；石材的弯曲强度检测（长江流域及其以北地区幕墙用石材除一般的物理性能试验外，还应测定石材的吸水率，并进行冻融试验），室内用花岗石的放射性；铝塑复合板的剥离强度；幕墙玻璃可见光透射比、传热系数、遮阳系数、中空玻璃露点；保温材料导热系数、密度、阻燃性；隔热型材抗拉强度、抗剪强度。

⑥ 建筑节能的主要材料应具有出厂合格证，其中应对以下材料进行进场复验：保温板材的导热系统、材料密度、压缩强度、阻燃性；保温浆料的导热系统、压缩强度、软化系数和凝结时间；粘结材料的粘结强度；增强网的力学性能、抗腐蚀性能；幕墙玻璃的可见光透射比、传热系数、遮阳系数、中空玻璃露点；隔热型材料的拉伸、抗剪强度；其他保温材料的热工性能等。

建筑外窗应按下列要求进行复验：严寒、寒冷地区应对气密性、传热系数和露点进行复验；夏热冬冷地区应对气密性、传热系数进行复验；夏热冬暖地区应对气密性、传热系数、玻璃透过率、可见光透射比进行复验。

通风与空调设备应按下列要求进行核查或复验：对风机盘管机组、组合式空调机组、柜式空调机组、新风机组、单元式空调机组、热回收装置等设备的风量、风压及热工技术性能进行核查；对风机的风量、风压、效率等技术性能进行核查；对空调与采暖系统冷、热源等设备的热工技术性能进行核查；对冷却塔、水泵等辅助设备的技术性能进行核查。

配电与照明必须采用设计要求的高效节能照明光源和灯具及其附属装置，其光参数应在现场进行见证取样检测，每种照明光源不少于 3 套，灯具至少 1 套。

2. 试验资料的归档

试验资料收集过程中，应按照工程的特征，将资料按类归档。混凝土和砂浆强度报告应按分项、分部工程分门别类的进行归档，物资资料复检报告及材料证明文件按物资种类分开进行归档，且要做到台账与报告——对应，可追溯。并在收集过程中，做好强度评定与试验资料汇总的工作。

根据《建设工程质量管理条例》（国务院第 279 号令）、《城市建设档案管理规定》（建设部第 90 号令）、国家标准《建设工程文件归档规范》GB/T 50328—2014 和行业标准《建筑工程资料管理规程》JGJ/T 185—2009 的规定，工程自竣工验收合格之日起 3 个月内必须向市城建档案馆报送一套符合规定的工程档案。试验资料的归档文件必须完整、准确、系统，能够反映工程建设活动的全过程。

应遵循下列原则：

（1）归档的试验报告及质量证明文件均为原件。

（2）试验资料的内容必须真实准确与工程实际相符合。

（3）试验资料应采用耐久性强的书写材料如碳素墨水，蓝黑墨水，不得使用易褪色的书写材料，如：红色墨水、纯蓝墨水、圆珠笔、复写纸及铅笔等。

（4）试验资料应字迹清楚、图样清晰、图表整洁、签字盖章手续完备。

（5）试验资料的纸张采用能够长期保存的韧力大、耐久性强的纸张，且幅面尺寸规格宜为 A4 幅面（297mm×210mm）图纸，不足的粘贴在 A4 幅面的图纸上。

（6）试验资料按地方要求且应符合国家的相关规范要求进行整理立卷。